世界の化石遺産
化石生態系の進化
Evolution of Fossil Ecosystems

Reader in Palaeontology, University of Manchester, UK
P. A. セルデン
Paul A. SELDEN

Senior Lecturer in Palaeontology, University of Manchester, UK
J. R. ナッズ——著
John R. NUDDS

京都大学名誉教授
大阪学院大学名誉教授
鎮西清高——訳
CHINZEI Kiyotaka

朝倉書店

献 辞

本書を Charles H. Holland 教授と Harry B. Whittington 教授に捧げる．

EVOLUTION OF FOSSIL ECOSYSTEMS by Paul A. Selden and John R. Nudds

Copyright © 2004 Manson Publishing Ltd

All rights reserved. No part of this publication may be reproduced, stored in a retrieval system or transmitted in any form or by any means without the written permission of the copyright holder or in accordance with the provisions of the Copyright Act 1956 (as amended), or under the terms of any licence permitting limited copying issued by the Copyright Licensing Agency, 33–34 Alfred Place, London WC1E 7DP, UK.

Any person who does any unauthorized act in relation to this publication may be liable to criminal prosecution and civil claims for damages.

A CIP catalogue record for this book is available from the British Library.

For full details of all Manson Publishing Ltd titles please write to:
Manson Publishing Ltd, 73 Corringham Road, London NW11 7DL, UK.
Tel: +44(0)20 8905 5150
Fax: +44(0)20 8201 9233
Website: www.manson-publishing.com

Japanese translation rights arranged with Manson Publishing Ltd., London through Tuttle-Mori Agency, Inc., Tokyo

目次
Contents

	謝　辞	4
	はじめに	5
	略語表	6
	序　論	7
Chapter 1	エディアカラ	10
Chapter 2	バージェス頁岩	19
Chapter 3	スーム頁岩	29
Chapter 4	フンスリュックスレート	37
Chapter 5	ライニーチャート	47
Chapter 6	メゾンクリーク	59
Chapter 7	ボルツィア砂岩	71
Chapter 8	ホルツマーデン頁岩	79
Chapter 9	モリソン層	88
Chapter 10	ゾルンホーフェン石灰岩	99
Chapter 11	サンタナ層とクラト層	109
Chapter 12	グルーベ・メッセル	121
Chapter 13	バルトのコハク	131
Chapter 14	ランチョ・ラ・ブレア	142
Appendix	博物館と産地訪問	151
	索　引	155

謝 辞

図版の提供

American Museum of Natural History Library: 158, 161.
Cristoph Bartels, Deutsches Bergbau-Museum, Bochum: 49, 50, 63, 65, 66, 70.
Fred Broadhurst, University of Manchester: 97, 98, 100, 101, 102, 103, 104, 105, 106, 107, 108, 109, 110, 111, 112, 113, 114, 115, 116.
Simon Conway Morris, University of Cambridge: 25, 27, 28, 36, 38.
Richard Fortey, Natural History Museum, London: 44.
Sarah Gabbott, University of Leicester: 43, 45, 46, 47.
Jean-Claude Gall, Université Louis Pasteur de Strasbourg: 121, 122, 123, 124, 125, 127, 128, 129, 130, 131, 132.
David Green, University of Manchester: 30, 60, 185, 186, 192, 203, 206, 209.
Richard Hartley, University of Manchester: 1, 4, 5, 12, 18, 19, 22, 39, 41, 48, 53, 77, 78, 83, 84, 85, 86, 87, 88, 91, 92, 93, 94, 95, 96, 99, 117, 118, 120, 133, 136, 153, 155, 174, 179, 193, 194, 219, 232, 233, 249, 252.
Rolf Hauff, Urwelt-Museum Hauff: 137, 139, 140, 142, 144, 145, 147, 150, 151, 152.
David Martill, University of Portsmouth: 201, 213, 214, 215, 216, 218.
Barbara Mohr, Humboldt Museum Berlin: 208.
Natural History Museum of Los Angeles County: 254, 257, 259, 266.
John Nudds, University of Manchester: 2, 3, 6, 8, 11, 15, 20, 21, 51, 52, 55, 57, 58, 59, 61, 68, 134, 135, 154, 156, 157, 165, 168, 169, 171, 175, 176, 195, 196, 197, 198, 199, 200, 202, 204, 205, 250, 251, 253, 262, 264.
Burkhard Pohl, Wyoming Dinosaur Center: 167.
Glenn Rockers, PaleoSearch, Kansas: 188.
Graham Rosewarne, Avening, Gloucestershire: 23, 24, 26, 29, 31, 32, 33, 35, 37, 54, 56, 62, 64, 67, 69, 138, 141, 143, 146, 148, 149, 160, 163, 166, 170, 173, 180, 182, 183, 184, 187, 191, 210, 212, 217, 255, 256, 258, 260, 261, 263, 265.
Sauriermuseum Aathal, Switzerland: 159, 162, 172.
Paul Selden, University of Manchester: 7, 9, 10, 13, 14, 16, 17, 40, 42, 71, 72, 73, 74, 75, 76, 79, 80, 81, 82, 89, 90, 119, 126, 207, 230, 231.
Forschungsinstitut und Naturmuseum Senckenberg, Messel Research Department: 220, 221, 222, 223, 224, 225, 226, 227, 228, 229.
Geoff Thompson, University of Manchester: 177, 178, 181, 189, 190, 211.
The University of Wyoming Geological Museum: 164.
Wolfgang Weitschat, University of Hamburg, Germany: 234, 235, 236, 237, 238, 239, 240, 241, 242, 243, 244, 245, 246, 247, 248
H.B.Whittington, University of Cambridge: 34.

産地解説およびその他の援助

Artur Andrade, Brent Breithaupt, Paulo Brito, Des Collins, John Dalingwater, Mike Flynn, Jim Gehling, Zhouping Guo, Rolf Hauff, Andre Herzog, Ken Higgs, Mary Howie, Neal Larson, Bob Loveridge, Terry Manning, David Martill, Cathy McNassor, Urs Möckli, Robert Morris, Sam Morris, Robert Nudds, Jenny Palling, Burkhard Pohl, Helen Read, Glenn Rockers, Chris Shaw, Bill Shear, Roger Smith, Wouter Südkamp, Hannes Theron, Rene Vandervelde, Jane Washington-Evans.

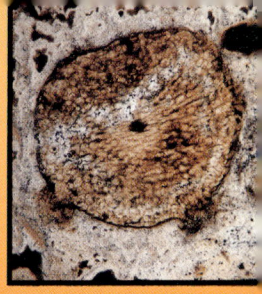

はじめに
Preface

　地球生命史の研究における近年の大きな進歩は，いずれも例外的によく保存された化石群（Fossil Lagerstätten，化石ラガシュテッテン）*の研究に基づいている．実際，たとえばカナダ西部，ブリティッシュコロンビアのバージェス頁岩や南ドイツ，バイエルンのゾルンホーフェン石灰岩のような化石産地は，いずれも多くの科学普及書などで解説されて大変に有名となった．地質史のいろいろな時代にあちこちに知られるこのような特別な産地は地球の生命史に開いた窓のようなもので，これを適切に選んで研究すれば，過去の生態系の進化についてほとんど完全なイメージを得ることができる．

＊：化石鉱脈ともいう．だが英語では元のドイツ語のまま Fossil Lagerstätte（単数形），Lagerstätten（複数形）として広く用いられているので，本訳書でも，原音に近いカナ表記（ラガシュテッテ，ラガシュテッテン）を用いることにする．

　この本が生まれたのは，現在の古生物学の教科書には欠けた部分があるのだが，よく知られた化石ラガシュテッテンを簡潔に紹介した一冊の本によってそれを埋めることができそうだ，ということを実感したことからであった．本書の読者対象は第一に大学院生・学部学生，化石好きのアマチュアである．私たちは学部3年生向けの講義で化石ラガシュテッテンの事例研究を中心に授業しており，またこのテーマに基づいてマンチェスター大学博物館の新しい化石展示をデザインした．

　本書では，初めに化石ラガシュテッテンの概説とその地質時代における分布を説明し，続く各章ではそれぞれ一つの化石産地を扱う．各章は同じスタイルで構成されている．すなわち，その化石ラガシュテッテンの進化史上の意義について短い紹介のあと，その産地の研究史，堆積学的な背景，層序と古環境，生物群の紹介，古生態についての考察，と続く．最後に同じころのあるいは同じような環境の他の化石ラガシュテッテンとの比較を論じ，さらに参考文献をあげてある．巻末に付録として，各産地の産出化石を展示している博物館に関する情報と，当の化石産地を訪れる際の注意事項を記した．

（訳出にあたって）

　訳書には読者の理解を助ける目的で訳注を加えた．だが，訳書は原書と全く同じレイアウトで本文と図を配することになっていて，スペースに余裕がなく，不十分な注になったことをお詫びする．

　本書で扱った生物の分類体系，分類群の分類階級や名称は，原文に明示されていない場合には，分類群間の統一性と読者の便宜も考えて，なるべく『岩波生物学辞典 第4版』付録の生物分類表に従った．分岐論などの観点から分類体系が大幅に見直される可能性があるので，注意していただきたい．

略語表

図に示した標本の収蔵元はキャプション中に以下のような略語で示した.

AMNH	American Museum of Natural History（アメリカ自然史博物館）[ニューヨーク, USA]
BKM	Bad Kreuznach Museum（バードクロイツナッハ博物館）[ドイツ]
BM	Bundenbach Museum（ブンデンバッハ博物館）[ドイツ]
BSPGM	Bayerische Staatssammlung für Paläontologie und Historische Geologie, München（バイエルン国立古生物学地史学資料館）[ミュンヘン, ドイツ]
CFM	Field Museum, Chicago（フィールド自然史博物館）[シカゴ, USA]
DBMB	Deutsches Bergbau-Museum, Bochum（ドイツ鉱業博物館）[ボッフム, ドイツ]
GCPM	George C. Page Museum（George C. Page 博物館）[ロサンジェルス, USA]
GGUS	Grauvogel-Gall Collection, Université Louis Pasteur, Strasbourg（Grauvogel-Gall コレクション）[ルイ パストゥール大学, ストラスブール, フランス]
GMC	Geological Museum, Copenhagen（地質学博物館）[コペンハーゲン, デンマーク]
GPMH	Geologische-Paläontologisches Museum, Universität Hamburg（ハンブルク大学地質学古生物学博物館）[ドイツ]
GSSA	Geological Survey of South Africa（南アフリカ地質調査所）
HMB	Humboldt Museum, Berlin（フンボルト大学自然史博物館）[ベルリン, ドイツ]
MM	Manchester University Museum（マンチェスター大学博物館）[英国]
MU	Manchester University Earth Sciences Department（マンチェスター大学地球科学部）[英国]
NHM	Natural History Museum（自然史博物館）[ロンドン, 英国]
PC	Private Collection（個人コレクション）
SCM	Santana do Cariri Museum（サンタナ・ド・カリリ博物館）[ブラジル]
SI	Smithsonian Institution（スミソニアン協会）National Museum of Natural History（国立自然史博物館）[ワシントン DC, USA]
SM	Simmern Museum, Germany（シンメルン博物館）[ドイツ]
SMA	Sauriermuseum, Aathal（ソーリエ博物館）[アータル, スイス]
SMFM	Senckenberg Museum, Frankfurt-am-Main（ゼンケンベルク博物館）[フランクフルト・アム・マイン, ドイツ]
SMNS	Staatliches Museum für Naturkunde, Stuttgart（国立自然史博物館）[シュツットガルト, ドイツ]
UMH	Urwelt-Museum Hauff, Holzmaden（ハオフ古代世界博物館）[ホルツマーデン, ドイツ]
UWGM	University of Wyoming Geological Museum（ワイオミング大学地質学博物館）[ララミー, ワイオミング, USA]
WAM	Western Australian Museum（西オーストラリア博物館）[パース, オーストラリア]
WDC	Wyoming Dinosaur Center（ワイオミングダイノソアセンター）[サーモポリス, ワイオミング, USA]

序論
Introduction

　化石記録は驚くほど不完全である．どの時代をとっても，そこに生息していた植物や動物のうち，ごくわずかな部分だけが化石として保存されている．古生物学者が過去の生態系を復元しようと試みるのは，あたかもジグソーパズルで，箱のふたに完成の絵がなく，ジグソー片（ピース）の大部分が失われているものを完成させようとするようなものである．通常の保存条件下では，おそらくわずか15％ほどの生物が保存されるにすぎないであろう．そのうえ化石記録は，保存されやすい硬い鉱物質の殻や骨格・クチクラなどをもつ動植物，あるいはまた海に生息しているもの，に偏っている．このように，特定の生物の保存のポテンシャル（preservational potential）は，おもに2つの要因，その体の構成（硬い部分をもつのがよい）とその生息域（地層が堆積する環境に生息するのがよい）によってきまる．

　だが，ときに，驚嘆するようなすばらしい化石記録のプレゼントがある．きわめてまれではあるが，例外的な状況下で，生物体の軟体部が保存されたり，化石化がめったに起こらない環境のものが保存されたりすることがある．普通の場合よりはるかに完全に保存された化石を含む地層は，地球の生命の歴史に開いた「窓」であるといえる．このような部分は化石ラガシュテッテン（Fossil Lagerstätten）とよばれている（Seilacher et al.,1985）．これは，ドイツの鉱山で特別に富んだ鉱床の部分を指す用語に由来する．

　化石ラガシュテッテンには2つのタイプがある．一つは密集的ラガシュテッテン（Konzentrat-Lagerstätten）である．これは読んで字のごとく，大量の化石が集積している地層，たとえばコキナ（coquina 貝殻の集積），ボーンベッド，洞窟堆積物，自然のトラップなどである．個々の化石の質は特別よいとはかぎらないが，その数そのものが情報を提供する．これに対し，保存的ラガシュテッテン（Konservat-Lagerstätten）は，数よりも保存の質のよさが重要である．この用語は，特殊な保存環境のもとで動植物の軟組織を，ときには驚くほど細かい部分まで残しているまれな例に限定して用いる．この本で紹介するほとんどの化石ラガシュテッテンがこの保存的ラガシュテッテンである．

　保存的ラガシュテッテンにもさまざまなタイプがある．保存トラップ（conservation trap）には，たとえばコハクに埋没したもの，永久凍土中に冷凍されたもの，石油の池に落ち込んだもの，脱水によってミイラ化したもの，などがある．より大規模な場合では急速埋没堆積物（obrution deposit）で，ときたま起こる堆積物の覆い被せにより，主として底生（海底に生息する）群集が急速に埋没され，また停滞堆積物（stagnation deposit）では，特に遠洋性の群集が，無酸素（低酸素）か高塩分の水のため，バクテリアによる分解が抑えられて保存される．実際には，ほとんどの保存的ラガシュテッテンで，急速埋没と停滞が相伴って軟組織の保存に働いている．

　タフォノミー（taphonomy，化石化過程）とは，動植物が化石として保存されるまでの過程を指す言葉である．これは実際には2つの主な過程からなる．前半は遺骸堆積（biostratinomy）の過程で，死んでから地層中に埋没されるまでの一連の出来事を指す．これに要する時間は数分（たとえば昆虫がコハク中に捕らえられる過程，あるいは哺乳類がタール中に落ち込む過程など）から骨や貝殻の集積のように何十年もかかる場合まである．理想的には，軟組織が保存されるためには，死から酸素や分解生物から隔離されるまでが短いほどよい．埋没に続いて第二の過程，続成（diagenesis）が始まる．これは軟らかい堆積物から硬い岩石への変化のことである．有機物分子のさらなる分解はこの過程で起こる．たとえば，熱によって有機物分子が石油とガスに変わり，動植物のクチクラが粗粒の砂の中で砕かれ細片化する．

　軟組織の保存には重要な意義が3点ある．まず，軟体

部の形態の研究は，殻や骨格の形態の研究と合わせて現生生物との比較がより多面的にでき，そのグループの系統を考察する情報が増す．第二に，普通は化石になる機会のない完全な軟体性の動植物が保存される．たとえばバージェス頁岩（第2章）の属の85％は完全な軟体性の動物で，ふつうの化石化過程で保存されたカンブリア紀生物界には欠落している種類である．第三の意義として，このような保存的ラガシュテッテンでは古生物学者にとって完全な（あるいはずっと完全に近い）群集が保存されていることを意味する．このような層準を年代的枠組みの中において比較することから，地質時代を通して生態系の進化についての見通しが与えられる．

　本書で記載する化石ラガシュテッテンは，先カンブリア時代末のエディアカラの化石群から第四紀のランチョ・ラ・ブレア化石群まで，時代順に配列してある（**表1**）．時代順に並べることで，地球の生態系の発展を追うことができる（Bottjer et al., 2002もみよ）．これらの化石群が，進化する地球生命圏の完全な姿をみせてくれるわけではないが，化石ラガシュテッテンは，通常の保存条件下でみられるよりはるかに多くの種類の化石を保存しているので，きわめて重要である．これによって，その環境における生物どうしのより完全な生態的相互作用を知ることができる．たとえば先カンブリア時代末期のエディアカラ生物群には，その後の顕生累代にみられる生物たちとは，体のつくりの基本構造と生活様式においてレベルの違うものがいたようにみえる．この生物群は，硬組織をもった生物が現れる前，捕食が一般にみられるようになる前，に生息していた．カンブリア紀の中頃までにはほとんどすべての動物門が出現し，捕食者，腐食者，濾過食者，堆積物食者などの生態的要素がすべてそろって，海底の生態的なダイナミクスを再現させることが可能となった．デボン紀のフンスリュックスレートでも同様に多様な化石群をみることができる．エディアカラも，バージェス頁岩もフンスリュックスレートもいずれも主として底生動物が残されている．バージェス頁岩では，これらは内在の（堆積物の内部に生息する）ものと表在の（堆積物表面上に生息する）ものとに分けられる．バージェス頁岩とフンスリュックスレートの化石のあるものは遊泳生物であった．オルドビス紀のスーム頁岩の場合には遊泳動物が優占的であった．それはここの海底がまれにしか底生動物の生息に適した状態にならなかったためである．海の生活スタイルの全体像を完成させたのはプランクトン（浮遊生物）の出現であった．

　古生代中頃に起こった進化上の主要な進歩の一つが植物と動物の陸上への進出である．デボン紀のライニーチャートは最古の陸上動植物を含む化石群のひとつで，最も古くから知られ，またいまも最もよくわかっている化石群である．石炭紀後期には熱帯域の陸地はよく発達した森林に覆われるようになり，そこには昆虫類とそれを捕食する動物がいた．メゾンクリーク化石群はこのよ

うな森林生態系をよく保存し，それに混じって三角州性の，この主要な石炭生成期によくみられる淡水生物群を含む．ペルム紀の終わりには，当時の生物群の80％が絶滅するという史上最大の大量絶滅が起こった．だが，三畳紀のボルツィア砂岩中の三角州の化石群を調べると，それはメゾンクリーク化石群といろいろな点で似ていることに気付く．ジュラ紀からは3つの化石ラガシュテッテンを紹介する．2つは海，1つは陸上のものである．ホルツマーデンのポシドニア頁岩はジュラ紀の遠洋の生活をスナップショットしたもので，そこでは，巨大な長頸竜や魚竜，ワニなどの海生脊椎動物が彼らの獲物である頭足類や魚類と一緒に発見される．対照的にゾルンホーフェン板状石灰岩には，海の浮遊性・遊泳性・底生性の動物（アンモナイト，カブトガニ，甲殻類など）とともにまれながら飛行性の動物（たとえば始祖鳥 *Archaeopteryx*）もいる．すべて嵐のときに一緒に礁湖に吹きとばされてきたものである．ジュラ紀の陸上では，恐竜類がその風景を支配していた．アメリカ西部のモリソン層はこれらの巨体を保存していて，最もよく知られた化石ラガシュテッテンである．

　白亜紀には，現在のブラジル北東部に2つもの化石ラガシュテッテン，サンタナ層とクラト層がみられる．サンタナ層はその団塊中に保存された魚類と翼竜類の化石で，また，クラト層は板状石灰岩に保存される昆虫と植物で有名である．恐竜はアンモナイトや海生爬虫類その他のいくつかの動植物とともに白亜紀末に絶滅した．続く新生代では脊椎動物の哺乳類が優占的となり，ドイツ，グルーベ・メッセルからは，すばらしい哺乳類化石が森林性の植物や動物とともに産出する．陸上の動植物は，湖や海など地層の堆積場所に生息するものより化石として一般にはるかにまれである．したがって陸上生物を保存している化石ラガシュテッテンは特に貴重である．グルーベメッセルはそのようなラガシュテッテンで，驚異的な昆虫化石群を含むバルトのコハクもその一つである．コハク（硬化した樹脂）は昆虫とその捕食者を捕らえる粘っこいワナとして働いた．同様に，ランチョ・ラ・ブレアのタールの池は，飲み水を探す哺乳類や鳥たちを引きつけただけでなく，それらをねらう捕食者も腐食者も，いっしょにして粘っこいタールで絡め取ってしまった．ランチョ・ラ・ブレアには，過去4万年間の南カリフォルニアにおける陸上生活のスナップショットが保存されているのである．

参考文献

Bottjer, D. J., Etter, W., Hagadorn, J. W. and Tang, C. M. (eds.). 2002. *Exceptional fossil preservation*. Columbia University Press, New York, xiv + 403 pp.

Seilacher, A., Reif, W-E. and Westphal, F. 1985. Sedimentological, ecological and temporal patterns of fossil Lagerstätten. *Philosophical Transactions of the Royal Society of London*, Series B 311, 5-23.

現在からの時間（百万年）	代	紀		ラガシュテッテン
2.5	新生代	第四紀	完新世 / 更新世	ランチョ・ラ・ブレア
23.5		新第三紀 / 第三紀	鮮新世 / 中新世	バルトのコハク / グルーベ・メッセル
		古第三紀	漸新世 / 始新世 / 暁新世	
65				
146	中生代	白亜紀		サンタナ層とクラト層
205		ジュラ紀		ゾルンホーフェン石灰岩 / モリソン層 / ホルツマーデン頁岩
251		三畳紀		ボルツィア砂岩
290	古生代	ペルム紀		
320		石炭紀後期 (ペンシルバニア紀)		メゾンクリーク
353		石炭紀前期 (ミシシッピ紀)		
409		デボン紀		フンスリュックスレート / ライニーチャート
439		シルル紀		
510		オルドビス紀		スーム頁岩
540		カンブリア紀		バージェス頁岩
4600	先カンブリア時代			エディアカラ

表1 本書でとりあげたラガシュテッテンの地質時代を示した地質年代表

Chapter One
エディアカラ
Ediacara

背景：地球最初の生命

生命はおよそ35億年前に現れた．"生命"を構成しているものは実際には何か，またそれはこの惑星で出現したものか，あるいは地球外で単純な形で生まれ，その後ここで進化したものか，議論がある．それはともかく，最古の化石である単細胞の原核生物は，現生のシアノバクテリア（藍藻）に似ていて，西オーストラリアのチャートから発見される．生物が出現してから25億年のあいだは，進化はゆっくりだった．原核生物から真核生物（核と小器官をもつ細胞からなる生物）が生まれ，それから多細胞生物が発達してきたのは10億年より前のことではなかった．これら最初の多細胞生物がこの章の主題である．それが植物（metaphyte：後生植物）か，動物（metazoa：メタゾアあるいは後生動物）か，あるいはそのどちらでもないか，わかっていない．だが，これらは基本的には扁平な体型で，体積に比して体表面積が大きい生物である．多細胞化は進化における主要な段階の一つである．それによって体サイズを増し，組織の分化によって器官系を発達させ，いまの動植物を出現させた．

20世紀中頃まで，カンブリア紀より古い時代は先カンブリア時代と一括され，多細胞生物の化石はないとされていた．カンブリア系の基底は，殻をもった化石，たとえば腕足動物・三葉虫・海綿などが突然現れることで明確だった．だから，クラゲやミミズ型の軟体性多細胞生物が先カンブリア時代後期の地層から発見されたのは大きな驚きであった．この発見は，多細胞生物化石の徹底的な見直しを迫っただけでなく，生命の進化とその地球環境（大気，海洋）との関係の再評価を促したのである．「なぜ突然カンブリア紀初めに多細胞生物が現れたか」という問題から，「カンブリア紀の初めになぜ突然硬い殻をつくるようになったか」に変わったのである（第2章を参照）．

エディアカラ生物群の発見史

1946年，Reginald C. Sprigg（オーストラリア政府の地質学者）は，アデレードの北約300km付近，Flinders Ranges中のエディアカラ丘陵（Ediacara Hills）とよばれる地域を調査していた（図1）．ここで，軟体性とみられる生物の印象が，多くはコーツァイト（珪岩）や砂岩の下側の面に保存されているものを発見した（図2, 3）．ほとんどは円盤形のもので，Spriggはクラゲ型生物

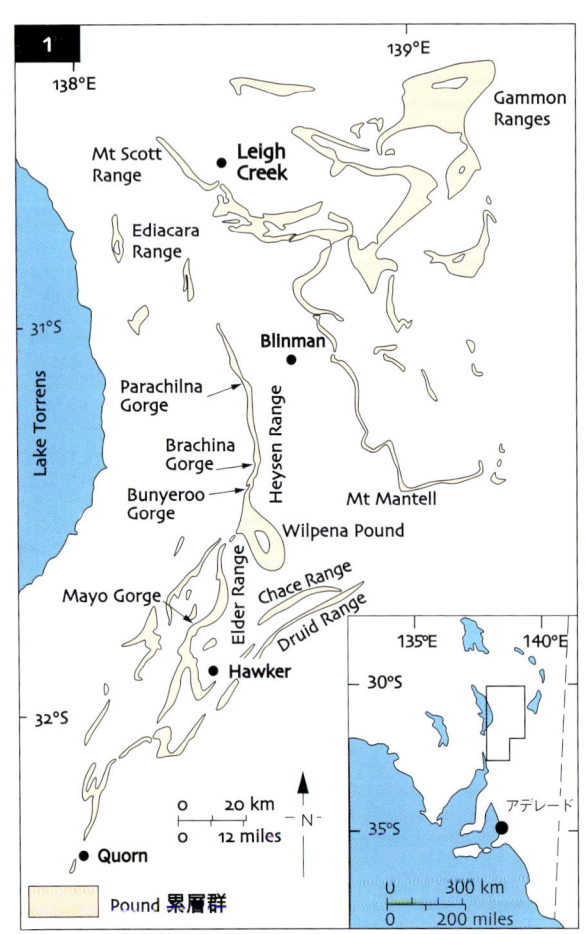

図1 南オーストラリアにおけるPound累層群の分布（Gehling, 1988による）．

図2 エディアカラ丘陵の Greenwood Cliff. 1946年, Sprigg が Rawnsley コーツァイトから最初に化石を発見した場所.

図3 リップル（漣痕）の裏面に化石が保存されている Rawnsley コーツァイトの岩塊. 裏返しになっている. エディアカラ丘陵にて.

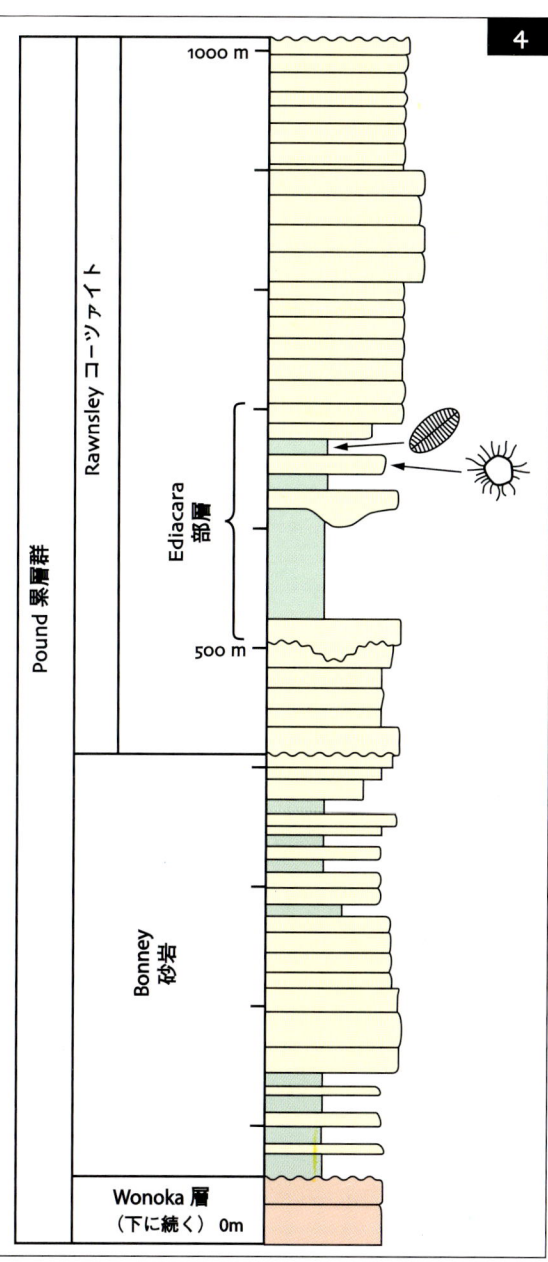

図4 南オーストラリアの原生代層, Pound 累層群の層序. エディアカラ部層の層位とエディアカラ化石群の産出層準を示す（Bottjer, 2002 による）.

（medusoid）とよんだ（Sprigg, 1947）. 他のものはミミズ型の虫（蠕虫）および節足動物に似ており，いくつかは分類不能であった．

　はじめ Sprigg は，この地層の時代は化石を含むのだからカンブリア紀だと考えた．だが後の研究で，これが実際は先カンブリア時代後期のものであることが確立された．先カンブリア系中から軟体性の化石が産出する記録は，19世紀中頃以後，学術論文中に点々とあったが，Sprigg の報告は，保存状態のよい多様な群集が先カンブリア時代から発見された最初であり，アデレード大学の Martin Glaessner と Mary Wade (1966) によって詳しく研究された．Sprigg の発見後まもなく，英国 Leicestershire (Ford, 1958) とナミビアでも軟体性化石が発見された．いまでは，エディアカラ型の化石は，ロシアの白海沿岸，ニューファウンドランド，カナダ北西部，ノースカロライナ，ウクライナ，中国，その他いろいろなところから発見されている．どこでもおよそ6億7000万年前から最前期カンブリア紀（5億4000万年前）までの時期に現れる．この時期はエディアカラ紀（Ediacaran, あるいはベンド紀 Vendian）とよばれ，これらの化石の存在で特徴づけられる時代である．

エディアカラ化石群の層序的位置とタフォノミー

　Sprigg は最初の化石をエディアカラ丘陵で発見したのだが，含化石層は南方の Heysen Range を刻む峡谷（たとえば Parachilna Gorge, Brachina Gorge, Bunyeroo Gorge, Mayo Gorge, 図1）や，Chace Range の東端部にも露出する．化石は，Rawnsley コーツァイト（石英質砂岩，図4）下部に挟まれるエディアカラ部層の，厚さ110m以下の層準のみから発見されている．この層準は，この地域の

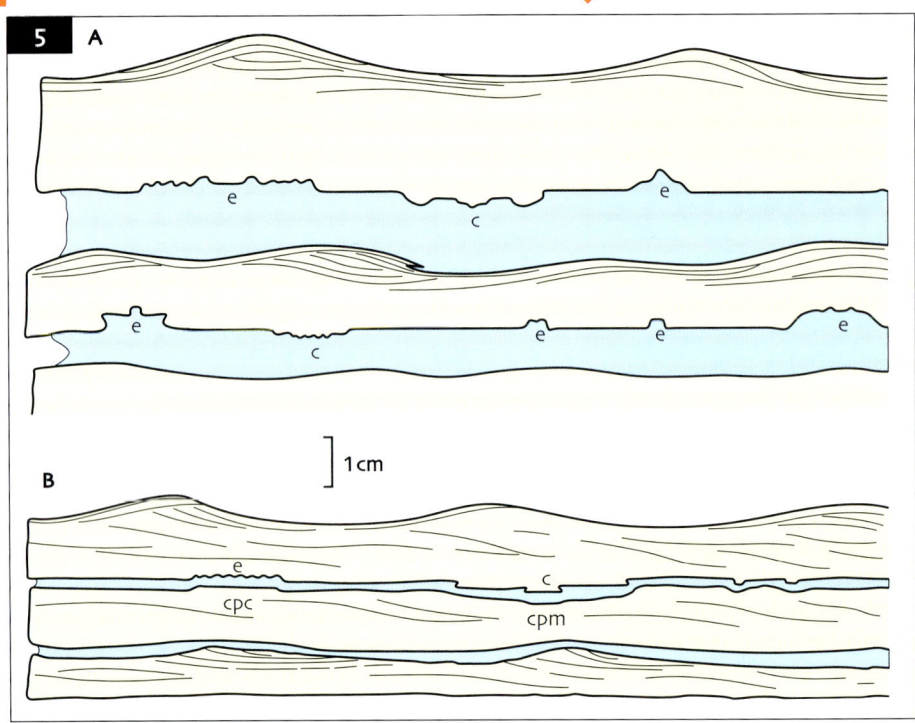

図5 エディアカラ部層における化石の保存様式. Aは厚い泥岩層を挟む場合, Bは薄い泥岩層の場合. c：砂岩下面の雄型, e：砂岩下面の外形雌型, cpc：砂岩上面に残る反対側雄型, cpm：砂岩上面に残る反対側雌型（Gehling, 1988による）.

図6 Rawnsleyコーツァイトのリップル表面に保存されている微生物のマット. エディアカラ丘陵.

カンブリア系基底より500m下位になる. エディアカラ部層はPound累層群の上部に位置する（図4）. 名称の由来となったWilpena Poundではコーツァイトが向斜をつくり, その崖が外に面して円形にとり囲んでいて, 天然の城塞のようである.

Ediacara部層は遠洋から潮間帯までを代表する泥岩と砂岩からなる. そこは大陸縁部で, ここから堆積物がときに深海にタービダイトとして流し込まれ, またときに三角州ができて潮線下ないし潮間帯にまで浅海化する, ということを繰り返したと解釈されている. ストーム層準もいくつかみられる. 化石が出るのは, 浅海で, ストーム時の波浪限界付近の層準である. ストーム堆積物と思われる高エネルギー環境で堆積した砂層の間に, 静穏な環境で細粒の懸濁物から堆積した薄い泥のフィルムがあって, 化石はその境界面に保存されている. 粘土がある程度まで接着剤の役をして海底面に横たわる遺骸と下側の砂とを膠着し, また鋳型として細部の印象を保存していて, 形態の解析を可能にしている. リップル（漣痕）の表面はときに海底で微生物（バクテリア）のマットに覆われていた証拠があり（図6）, このマットがまた遺骸を包んで閉鎖環境にとじ込め, 化石の保存に働いた.

軟体なので, 化石は押しつぶされている. 泥層は続成の過程で著しく収縮し, したがって化石の凹凸は砂岩の方に保存されている. 図5（Gehling, 1988による）に泥層の厚さの違いによる保存され方の違いを示す. ある場合, 化石上面の外形雌型（external mould）が上位の砂岩の底面に凹んだ印象を残す（図5のe）. また他の場合, 生物が崩れてまたは分解してできた空間に砂が詰まって下面の雄型（cast）となり, 化石は砂岩の底面に突き出してみえる（図5のc）. 泥層が薄い場合（図5B）には, 雄型は下側の未固結の砂にまで突き出して, 反対側の外形雌型（counterpart mould, 図5Bのcpm）をつくる. 逆に反対側の外形雄型（図5Bのcpc）の印象も残る. このようにして, 腹側と背側の構造が重なり合って残されることになる. あるものでは, 外壁が薄く, より抵抗性のある内部構造が雌型として選択的に残ることもある. た

Chapter One — エディアカラ

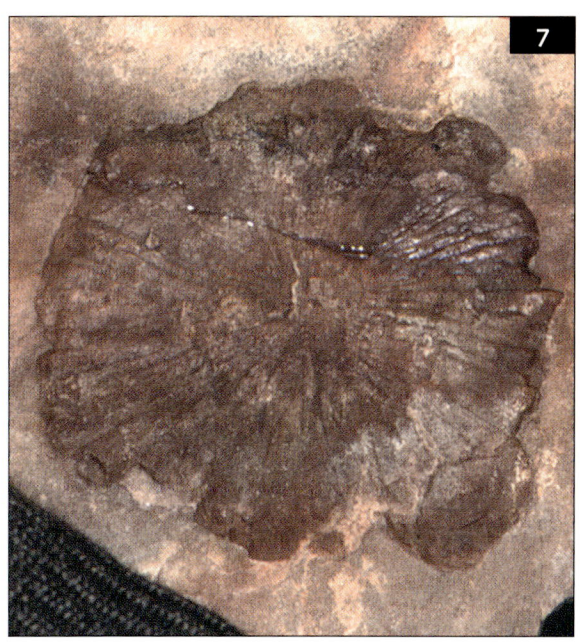

図7 巨大な *Cyclomedusa*. 直径30cmに達する.

図8 小型の *Cyclomedusa*. 図3に示した地点産. 硬貨は直径24mm.

図9 *Pseudorhizostomites* の雄型（MM）. 直径50mm.

とえばクラゲ型生物の生殖腺らしいものなどがそれである．この化石群の保存に関する最近の解釈（Gehling, 1999）では，微生物マットが保存に貢献しているという．

化石は雄型か雌型だけで有機物は残っていないので，野外では夕日などで，また室内では斜めの投光など低角度の光でみるのが最もよい．ときに，雌型からつくったシリコンの雄型，あるいはその逆，の方がよくみえるものもある．

エディアカラの化石群

Ediacaria は同心構造をもつ円盤型で，Spriggが1940年代に最初に記載したもの．いまではカナダ北西部など他の産地でも見つかっている．クラゲか，底生の生物か，あるいは何か別の生物が他物に固着するための装置である可能性もある．

Cyclomedusa（図7，8）は基本構造が放射状だが，中央付近に同心構造があり，径1m近くまで大きくなる．これはエディアカラで最も多い化石であろう．初期の研究者は大型の浮遊性のクラゲとし，Seilacher（1989）は底生生物だと考えた．あるいは，背の低い円錐状のイソギンチャクであると考えることもできる（Gehling, 1991）．そのほか，群体性の八放サンゴの付着装置にすぎないとする説もある．イソギンチャクとする根拠は中央部の同心状の構造だが，これは圧縮によってできた二次的構造の可能性がある．多数の標本が密集し折り重なって産するが，浮遊生物ではこんな産状は考えにくい．数が多いことは，付着部であるとする説の根拠となっている．

Pseudorhizostomites（図9）は，放射状の構造をもち，

図10 *Tribrachidium* の雄型（MM）．直径約 20mm．

図11 *Inaria*．図3の地点産．硬貨は直径は 23mm．

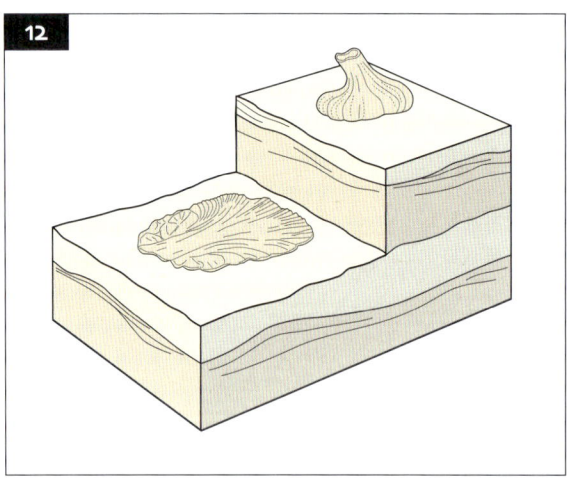

図12 *Inaria* の復元図（上）と実際の地層中での様子（下）（Gehling, 1988 による）．

図13 *Charnia* の雌型（MM）．長さ約 150mm．

縁は不定形である．クラゲ型生物かもしれないし，他の大型生物の付着装置の可能性もある．

Tribrachidium（図10）は小型で（直径 20mm ほど），円盤状．中央部に3本の腕（lobe）をもつ三放射対称の生物．それぞれの腕には太い盛り上がった主縁（leading edge）があり，主縁は中央円盤部の外側を丸く囲んでいる．外側帯（outer zone）には3つの平滑な部分があり，これから腕が出ているようにみえる．腕には放射状に並ぶリッジがある．*Tribrachidium* は現生のどの動物門とも簡単には比較できない．

Mawsonites はもう一つの放射状生物である．葉状の構造（lobate form）が同心状の列をつくる．各 lobe は中心から外側に向かって大きくなる．Glaessner and Wade (1966) によってクラゲ型生物とされた．だが Seilacher (1989) は複雑な構造の生痕と解釈した．

Arkarua は Jim Gehling によって Chace Range から記載された．これは五放射対称で，最古の棘皮動物であることを示唆している．だが，この動物門の現生のものに典型的な石灰質骨板（calcareous plate）はまだない．

Inaria（図11, 12）は放射状生物にみえるが，復元するとニンニクの球根に似ている．これを記載した Jim Gehling (1988) は，イソギンチャクの一型だろうという．

Charnia（図13）は Trevor Ford が英国，Leicestershire の Charnwood Forest から 1958 年に記載した2つの化石の一つで，もう一つは *Charniodiscus* である．*Charnia* は木の葉のような構造で，中央に堅そうな軸があり，その左右に分節（segment）が並ぶ．*Charniodiscus* は同心状の構造をもつ円盤で，*Ediacaria* に似ている．のちに *Charniodiscus* の上に *Charnia* がつながっている標本が見つかり，いまでは *Charniodiscus* は葉状の *Charnia* の根か付着装置であることが確実になっている．*Charnia* は刺胞動物のウミエラ網 Pennatulacean 群の祖先型と考えられた．

ージェス頁岩から見つかり（*Thaumaptilon*, p.23），現在もいる．

Rangea は *Charnia* に似ているが，両側の各分節に二次分節（subsegment）がある．

Pteridinium は別のウミエラ型の種類で，これは二次分節がない．

Ernietta は生きていたときはふくらんだ靴下のような形の生物．分節は上方を向き，基部は堆積物が詰まっていて固定の役をするらしい．

Kimberella ははじめ四回対称のクラゲ型生物とされた．後の研究では，これは底生のナメクジに似た動物で，初期の軟体動物らしい，とされる．

小型の **Dickinsonia**（図14）はまるで放射状生物にみえる．だが大きくなる（長さ1mに達する）と長くなり，二側対称となる．*Dickinsonia* には中央線の両側に分節があるが，頭部も尾もない．見かけは扁形動物に似ている（図15）が，分節が左右で対応しない点で異なる．

Parvancorina（図16）は二側対称の小型の生物で，端にはっきりした「頭」がある．

Praecambridium も，もう一つの小型二側対称の生物．「頭」があり，体には分節がある．Birket-Smith (1981b) は *Spriggina* の幼体だとする．

Vendia は *Praecambridium*, *Parvancorina* とともに小型の生物．左右対称，はっきりした頭部と分節がある．

Spriggina（図17）は小型（50mmほど）で，馬蹄形の頭とそれに続く長い葉状の体部，体部は中央線の両側にある左右の短い分節からなる．初め，これは *Nereis* のような多毛類だと考えられた．だが分節を詳しくみるとま

図15　大型の *Dickinsonia*. 図3の地点産．硬貨は直径23mm．

図14　小型の *Dickinsonia*（MM）．長さ約50mm．

図16
Parvancorina の雄型（MM）．長さ約30mm．

図17
Spriggina の雄型（MM）．長さ約50mm．

さに *Dickinsonia* と同様，中央線の両側で対応しない．Seilacher (1989) は，上下を逆に置いて，これが別タイプのウミエラで，「頭」としたものは付着装置の可能性があることを示唆した．

　エディアカラ生物群に加わるもう一つのタイプの化石は生痕である．動物が堆積物の表面を這いまわった（crawl）痕，堆積物中を掘り返しまわった（plough）証拠が多くの産地で見つかっている．たとえば，エディアカラで見つかった螺旋状の這い痕は，単に A 点から B 点に移動したあとではなく，食みまわり（graze，むしり食い）の痕であろう．現在の生物より体制の種類が少ない（穿孔者がいない）とはいえ，化石が真のメタゾアである証拠となっている．

　Sprigg (1947, 1949)，Glaessner (1961)，Glaessner and Wade (1966) などによるエディアカラ生物群分類の最初の試みでは，刺胞動物や環形動物を含む現生の多様な動物門の存在が示唆された．*Mawsonites*，*Cyclomedusa*，*Kimberella*，*Eoporpita*（これだけに触手がみえる）など 15 種が刺胞動物のクラゲ（クラゲ型生物）として記載され，*Charnia*，*Pteridinium*，*Rangea* などは同じ刺胞動物のウミエラあるいはソフトコーラルとされ，*Dickinsonia* と *Spriggina* は環形動物に似ているとされた．だが他のもの，たとえば *Tribrachidium* などは現生のどの動物門にも属させることができなかった．この 3 回対称の基本構造は，現生のどの動物にもないものである．

　Seilacher (1989) は，エディアカラの生物のすべてをメタゾアから分けて，独立の「界」，ベンドゾア界（Vendozoa）* とした．これらの生物はその機能的デザインが動物とも植物とも異なるというのが理由である．彼はこれらの生物の構成形態（constructional morphology）から，内部が静水圧で支えられる骨格をもち，車のタイヤのように内圧によって堅さを保っていたとした．小部屋に分かれていることには意味があり，1 ～ 2 の分節がパンクしても全体がつぶれて死ぬことはない．これらは空気マットレスのようなキルト型の生物であった．体積に対する面積の比が大きいことから，皮膚を通じて呼吸し，おそらく，McMenamin (1998) が示唆したように現在のサンゴと同じく光合成藻類と共生していた，あるいは化学共生であった（chemosymbiotic，化学合成生物と共生し，したがって光のない還元的な深海でも生息できた），さもなくば，体の外壁を通じて物質を取り込んでいたものであろう．Seilacher は捕食が少なかったので，このような骨格も殻ももたない生物も生息できたのだ，とした．

＊：後に Seilacher はベンド生物（Vendobionta）に改めた．

　1980 年代に Fedonkin はエディアカラ生物の分類体系を提案した．これは生物学的な解釈とは無関係に形態の対称性で分類したものであった．彼はこれらを 2 大別し，Radiata（円盤状で左右対称でないもの），および Bilateria（見たところ左右対称性があるもの），とした．Radiata はさらに，Cyclozoa（たとえば *Ediacaria* のように放射状でなく同心円状のパターンのあるもの），Inordozoa（*Cyclomedusa* などのように放射状のパターンがあるが，半径が一定でないもの），Trilobozoa（三回対称のもの，たとえば *Tribrachidium*），とした．他の放射状のものは，刺胞動物の絶滅亜綱コニュラータ類あるいは鉢虫類（Scyphozoa，真正クラゲ）に属すと考えた．Bilateria には，特にはっきりした頭・尾のないもの（双方向性 bidirectional，*Dickinsonia* など），また頭や根などの構造をもつもの（単方向性 unidirectional，*Spriggina* など）がある．これらの間，たとえば同心円状のものと不定形放射状のものの間には中間型がある．Inordozoa の *Cyclomedusa* には同心構造が特に中心付近にある．これらの生物について進化的関係を論ずることもできる．Inordozoa（*Cyclomedusa* など）から，もっと組織化され，形のはっきりした種類（たとえば *Tribrachidium*）を生じたのであろう．あるいはもっと細長くなって（たとえば *Dickinsonia*），次いで方向性のある移動を始めたときに頭や尾を発達させたであろう（*Spriggina* など）．この分類方式の問題点は，Gehling が指摘したように，生物が扁平な場合にだけなりたつ点である．多くの復元が示すように生物たちは多くは 3 次元的である．たとえば *Inaria* は球形らしいし，*Pteridinium* は *Charnia* のような 2 枚でなく 3 枚の "翼" をもっている．

　これまでの話でも十分奇怪なのだが，もっとおかしなことに，エディアカラ生物のうち不定形のものの成長を調べたオレゴン大学の Greg Retallack (1994) は，彼らには成体のサイズというものがなく，また成体に定まった形態がないという．たとえば *Dickinsonia* には成体の大きさとか形などというものがない．彼はまたエディアカラ化石のタフォノミー，ことにその圧縮について調べた．その結論は？　彼によればエディアカラの化石は地衣類だというのである！　地衣類とは緑藻（光合成をする）と菌類（体を提供する）の共生体である．Retallack のこの議論に賛成する人は少ない．いくつかのエディアカラ化石（たとえば *Spriggina*）は，はっきりした固着装置（あるいは頭）をもち，成長はミミズ型動物に比べて確定的とはいえないが，でたらめではないし，全体形の大きさや形は現生の地衣とはまったく似ていない．それに現生の地衣は陸生で海にはいない．一般の合意としては，エディアカラの化石生物はメタゾアのレベルに達している動物である，というものである．葉状のものは大型の植物という可能性もある．

　Dewell *et al.*(2001) の研究によると，ほとんどのエディアカラ生物は群体性であって（*Charnia* などウミエラ類は群体性），わずかな細胞タイプしかもたない単純な海綿より高度な体制レベルにあり，だが組織や器官が分化した高度な真正メタゾア（Eumetazoa）ほど高いレベルではなかった，という．エディアカラ生物はたぶん独立した界ではなく，動物界の一員で，おなじみのメタゾアの体制が発達する初期の段階のものであると思われる．

Chapter One—エディアカラ

エディアカラ生物群の古生態

　エディアカラの風景を復元する初期の試み（たとえば Glaessner, 1961）では，ここはクラゲとウミエラが優勢な浅海であった，と考えられた．だが上記のようなその後の証拠から，もっと深い海で，違う生活様式をとっていた生物群であると示唆されるようになった．Gehling (1991) は，エディアカラ化石群に関する刺激的なエッセイのなかで，初期に広く受け入れられていた数々の神話を一気に片づけてしまった．まず，エディアカラ生物はカンブリア紀の生物に比して大型であると考えられていた．確かに大きな *Dickinsonia* がいるが，ほとんどの標本は小型である．エディアカラ生物の形の基本は2次元的であるという先入観があったが，それは保存の要素を考えなかったからで，復元してみると多くのものは円錐形，半球形，あるいは管状である．初期の復元ではクラゲ類が多いとされたが，実はほとんどの生物は着生性または可動性で底生であった．ある一般化によると化石は異地的（堆積場所に運び込まれたもの）であるという．いくつかの産地（たとえばナミビア）では確かにそうだが，多くは原地的で，それに遠洋性の種類が2～3混入している，といえる．生痕化石（たとえばCrimesによって記載されたもの）をつくった動物は，はじめ，体化石ではみられない種類である，と思われた．だがGehling は多くの生痕が体化石のみられる種類によってつくられた，と示唆している．Schopf and Baumiller (1998) は，エディアカラ生物の生体力学（biomechanics）を研究し，堆積構造が示唆するように流れが強くなると，扁平な動物は海底から動かされがちであったとした．彼らは，動物たちは静穏な環境から保存場所に運ばれた，と推測する（だがそうだとしたら，化石がなぜこんなにきれいに保存されているのだろう？）．彼らは他の研究者が考えるよりもっと重たかったか，もっと底質にくっつきやすかったか，あるいは堆積物中に少し潜って生活していたのではないか，などと推測する．

エディアカラと先カンブリア末期の他の化石群との比較

　エディアカラ化石が世界中に広く分布していることは図18の地図からもわかるであろう．図にはまたカンブリア紀のバージェス頁岩型動物群（第2章）の分布も示す．多くのエディアカラ化石群産地で同じような種類の化石

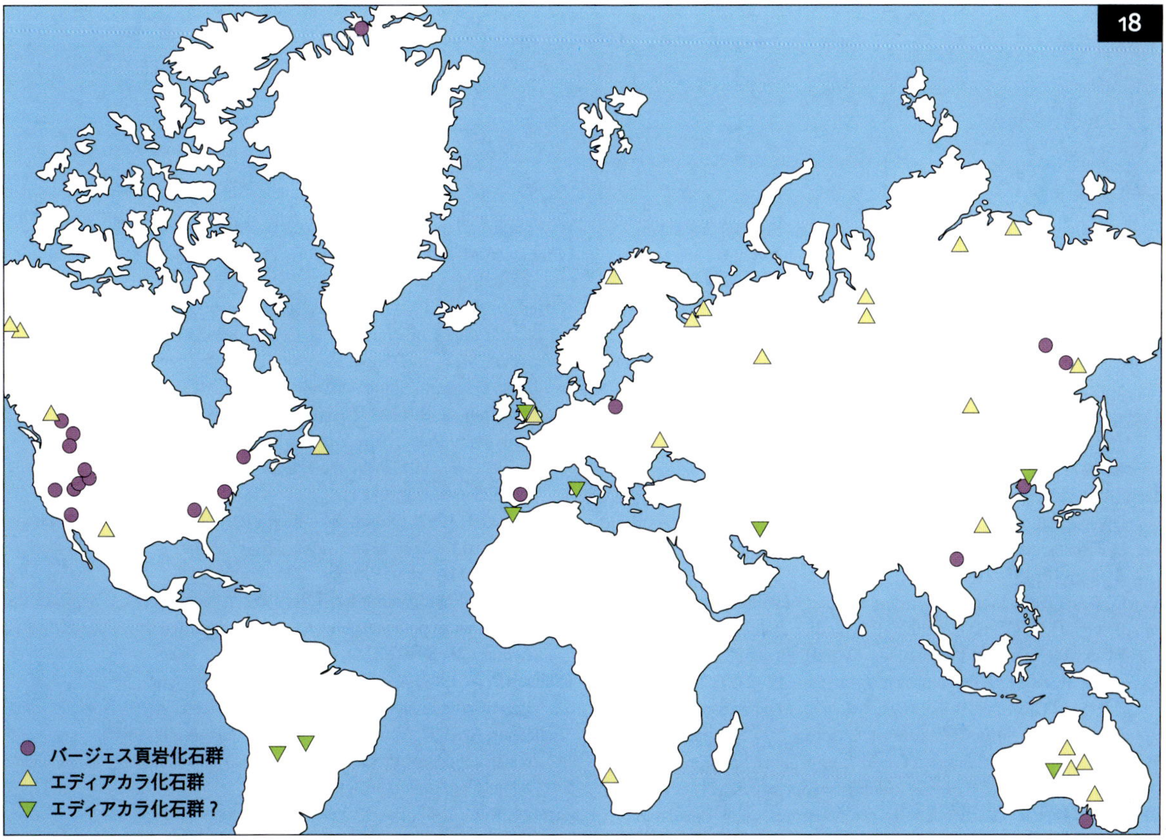

図18　エディアカラ化石群とバージェス頁岩化石群（第2章）の分布（Conway Morris, 1990 による）．

が記録されてはいるが，産地によって重要な差異，たとえばタフォノミーの違いがある．エディアカラでは前述のように静水環境で，砂岩中の泥岩薄層に保存されている．ニューファウンドランドのMistaken Pointでは火山灰層の底面に化石が保存されており，また，ナミビアでは化石の堆積中に砂や泥が動いていた証拠がある．エディアカラの化石群は，ロシア・ウクライナ（白海，ポドリア，ウクライナ南部，ウラル山地，シベリア），カナダ北西部，オーストラリア中央部，ノルウェーのフィンマルク，英国Leicestershireの Charnwood Forest，中国南部・北部，アメリカ南西部，メキシコ北部，ノースカロライナなどから発見されている．わずかな種類や怪しいものも含めると，インド，イラン，アイルランド，モロッコ，サルデイニア，英国のPembrockeshireなどからも知られている．

先カンブリア時代の終わりにエディアカラの生物たちに何が起こったのであろうか．あるものは確かに今日まで続いて生存していた．たとえばウミエラはバージェス頁岩中に出現し（第2章の*Thaumaptilon*），現在まで生きている．クラゲ類は現在も海のプランクトンの重要なメンバーである．だが，多くの種類がカンブリア紀の始まりまでは生き延びなかったことに疑問の余地はない．カンブリア紀初頭のTommotian階[*1]には，最初のカンブリア紀型骨格化石群に先行して，独特の"小型有殻化石群"

（small shelly fossils）がいる．そのなかには，たとえば軟体動物など明らかに現生の動物門に属すものがいる．だが，この小型有殻化石の種類の多く（たとえばヒオリテス類hyolithes）が，カンブリア紀より後まで生き残ることはなかった．興味深いのは燐酸塩質の小さな棘や錠剤のような形の骨片（sclerite）で，これは*Onychophora*あるいは*Halkieria*[*2]のような軟体性動物のクチクラ上にちりばめられていたものらしい．エディアカラの生物とこれら小型有殻化石の生物たちとの関係は完全には解明されてはいない．

[*1]：カンブリア系の最下位下限は，最近のIUGS層序委員会の決定によって，Tommotian階の下にあるNemakit-Daldynian階までを含めることになった．N-D階にはカンブリア紀型の生痕化石が産出するが，エディアカラ型生物群はみられず，小型有殻化石もほとんどない．
[*2]：カンブリア紀のバージェス頁岩（第2章）に特徴的な動物化石．

エディアカラ生物が動物か，植物か，ベンド生物か，あるいはどのように生きていたか，などの問題はともかく，先カンブリア時代末の浅海域の光景は，現在の地球のいかなる生息場所ともまったく違ったものであった．これからもエディアカラ生物のいろいろな化石が各地から記載され，その類縁関係や生活スタイルについて新しい考えが提出されることであろうが，それでも先カンブリア時代の生命に関する議論は収まることなく続くであろう．

参考文献

Birket-Smith, S. J. R. 1981a. A reconstruction of the Pre-Cambrian *Spriggina*. *Zoologische Jahrbuch, Anatomie* **105**, 237–258.

Birket-Smith, S. J. R. 1981b. Is *Praecambridium* a juvenile *Spriggina*? *Zoologische Jahrbuch, Anatomie* **106**, 233–235.

Bottjer, D.J., Elter, W., Hagadorn, J.W. and Tang, C.M. (eds.). 2002. *Exceptional fossil preservation*. Columbia University Press, New York, xiv+ 403pp.

Conway Morris, S. 1990. Late Precambrian and Cambrian soft-bodied faunas. *Annual Reviews of Earth and Planetary Science* **18**, 101–122.

Dewell, R. A., Dewell, W. C. and McKinney, F. K. 2001. Diversification of the Metazoa: ediacarans, colonies, and the origin of eumetazoan complexity by nested modularity. *Historical Biology* **15**, 193–218.

Erwin, D. H. 2001. Metazoan origins and early evolution. 25–31. *In* Briggs, D. E. G. and Crowther, P. R. (eds.). *Palaeobiology II*. Blackwell Scientific Publications, Oxford, xv + 583 pp.

Fedonkin, M. A. 1990. Precambrian metazoans. 17–24. *In* Briggs, D. E. G. and Crowther, P. R. (eds.). *Palaeobiology: a synthesis*. Blackwell Scientific Publications, Oxford, xiii + 583 pp.

Ford, T. D. 1958. Pre-Cambrian fossils from Charnwood Forest. *Proceedings of the Yorkshire Geological Society* **31**, 211–217.

Gehling, J. G. 1987. Earliest known echinoderm – a new Ediacaran fossil from the Pound Supergroup of South Australia. *Alcheringa* **11**, 337–345.

Gehling, J. G. 1988. A cnidarian of actinian-grade from the Ediacaran Pound Supergroup, South Australia. *Alcheringa* 12, 299–314.

Gehling, J. G. 1991. The case for Ediacaran fossil roots to the metazoan tree. *Geological Society of India Memoir* **20**, 181–224.

Glaessner, M. F. 1961. Pre-Cambrian animals. *Scientific American* **204**, 72–78.

Glaessner, M. F. 1984. *The dawn of animal life. A biohistorical study*. Cambridge University Press, Cambridge, 244 pp.

Glaessner, M. F. and Wade, M. 1966. The Late Precambrian fossils from Ediacara, South Australia. *Palaeontology* **9**, 599–628.

McMenamin, A. S. 1998. *The Garden of Ediacara*. Columbia University Press, New York, xvi + 295 pp.

Retallack, G. J. 1994. Were the Ediacaran fossils lichens? *Paleobiology* **20**, 523–544.

Runnegar, B. 1992. Evolution of the earliest animals. 65–93. *In* Schopf, J. W. (ed.). *Major events in the history of life*. Jones and Bartlett, Boston, MA, xv + 190 pp.

Schopf, K. M. and Baumiller, T. K. 1998. A biomechanical approach to Ediacaran hypotheses: how to weed the Garden of Ediacara. *Lethaia* **31**, 89–97.

Seilacher, A. 1989. Vendozoa: organismic construction in the Proterozoic biosphere. *Lethaia* **22**, 229–239.

Seilacher, A. 1992. Vendobionta and Psammocorallia: lost constructions of Precambrian evolution. *Journal of the Geological Society of London* **149**, 607–613.

Sprigg, R. C. 1947. Early Cambrian (?) jellyfishes from the Flinders Ranges, South Australia. *Transactions of the Royal Society of South Australia* **71**, 212–224.

Sprigg, R. C. 1949. Early Cambrian 'jellyfishes' of Ediacara, South Australia and Mount John, Kimberley District, western Australia. *Transactions of the Royal Society of South Australia* **73**, 72–99.

バージェス頁岩
The Burgess Shale

Chapter Two

背景：カンブリアの爆発

多細胞の動物が出現したのは先カンブリア時代最末期のことであったが（第1章），その直後のカンブリア紀初期における動物の進化はきわめて速かったため，その様子は"カンブリアの爆発"（Cambrian Explosion）という名で知られている．大狂乱の進化のなか，カンブリア紀初頭の1000万年あまりの短い間に，ほとんどすべての動物門と，現在みられる動物のすべての基本体制と，加えていくつかの奇怪な形態の，今はいない動物が出現したのである．後者は出現後すぐに絶滅し，この出来事が進化の実験的段階であったことを示唆している．現在おおよそ35の動物門が知られているが，カンブリア紀の海では確実にもう6～7門は多かった．ある専門家は100もの動物門がいたと主張する．

さまざまに分化したこの動物群の突然の出現は，長い間，人々を困惑させる難問であった．ダーウィンは，これらの動物門は先カンブリア時代の間にゆっくり進化していたのだが，それらはみな軟体だったので化石に残らなかったのではないかと考えた．あるいはこれらの動物は，カンブリア紀の初めに，（大気中の酸素量あるいは海水の組成が変化してある値を越えたのに対応して），一斉に硬い殻や骨格を獲得したものなのかもしれない．もしそうならカンブリア爆発は，化石が保存されたかどうかという二次的な現象にすぎないことになる．

だが，20世紀後半におけるエディアカラ化石群（第1章）の発見によって，先カンブリア時代末に確かに軟体性動物は存在したが，それはほとんどが原始的な環形動物・節足動物・刺胞動物で，とてもカンブリア紀に特徴的な古杯動物・腕足動物・軟体動物などの動物の祖先とは思えない，ということがわかった．それに，軟体性の動物でも生痕を残すはずだが，先カンブリア時代最末期の地層を除けば生痕はない．

爆発的進化の最初の波は，カンブリア系下部のTommotian階*に，突然，たくさんの小型の有殻動物化石（small shelly fossils）が出現することで始まった．おそらく，Fortey (1997) や Conway Morris (1998) が論じたように，先カンブリア時代に長い歴史をもった軟体性の祖先がいたが，あまりに小型でその体も生痕も化石に残らなかったと考えてもよい．だが，長さ2～3mmほどの微細な動物が，その後カンブリア紀になってはっきりしてくるようなさまざまな体制をもっていたことは考えにくく，さらに，これら「小型の有殻の動物」として知られる化石は，単に軟らかい皮膚の動物体を覆う硬い棘や角にすぎないらしいのである．

*：第1章の訳注 p.18 を参照．

これらが出現したすぐ後に進化の主たる爆発がくる．その引き金となった事件がいろいろ推論されている．30億年に及ぶシアノバクテリアによる（そして後には植物による）光合成で酸素が徐々に集積した結果，大型で活動的で複雑な体制をもち，競争者のいない，空だったニッチを開発する能力をもった動物の出現を許した．また，捕食者の出現が軍拡競争を引き起こし，動物たちは速く動いて逃げるか，あるいは大型化するか，または硬い殻を発達させて防御するかしなくてはならなかった．また大陸の分布の変化（したがって海流系の変化）が原因ともいわれている．あるいは遺伝のメカニズムがいまよりもっと融通のきくもので，それが分化を速めたものかもしれない．

カンブリアの爆発（Conway Morris (1998) は「創造のるつぼ」とよんだ）が起こったときの動物や植物に関する知識は，その多くが，カナダ，ブリティッシュコロンビアのバージェス頁岩（Burgess Shale）から丹念に集められたものである．ここはすべての化石ラガシュテッテンのうちで最もよく知られているもので，地史の偶然によって，この泥岩の薄層は，カンブリア紀中期，地球生命史の中で最も決定的な時期の海の生態系がいかに豊富であったかをみせてくれる"窓"となっている．ここでは，まだ完全には理解できていない何らかの過程によって，

腐敗の進行が阻まれ，このため，多くの軟体性動物を含むカンブリア紀の海の生物群が，完全な多様性を保ち，内臓や筋肉までも含めて，実に美しく保存されている．

これらの生物は，Stephen Jay Gould (1989) が，彼の著書『ワンダフル・ライフ』で"奇妙な不思議生物"（weird wonder）と呼んで有名になったものである．そして，バージェス産の属の85％ほどがまったくの軟体性の動物で，そのため他のカンブリア紀化石群には見つからないことを思うと，もしもこの化石ラガシュテッテが保存されていなかった，あるいは発見されていなかったとしたら，化石記録からいかに誤った印象を受けるか，明らかだろう．

バージェス頁岩発見の歴史

バージェス頁岩をカナディアン・ロッキーの高所で（**図19**）最初に発見したのは，当時スミソニアン研究所（Smithsonian Institution）の長官をしていたアメリカ人 Charles Doolittle Walcott である．その発見にまつわる次のようなロマンチックな話がある．1909年の調査シーズンの終わり，いまは Yoho 国立公園に入っている Mount Wapta と Mount Field の間の尾根から下る急傾斜の Packhorse Trail を下っているとき，Walcott 夫人の馬が石につまずき，Walcott は下馬して道を開けるために邪魔な石を割ったところ，すばらしい軟体性のレースガニ（lace crab），*Marrella* が黒い頁岩の面に銀色のフィルムと

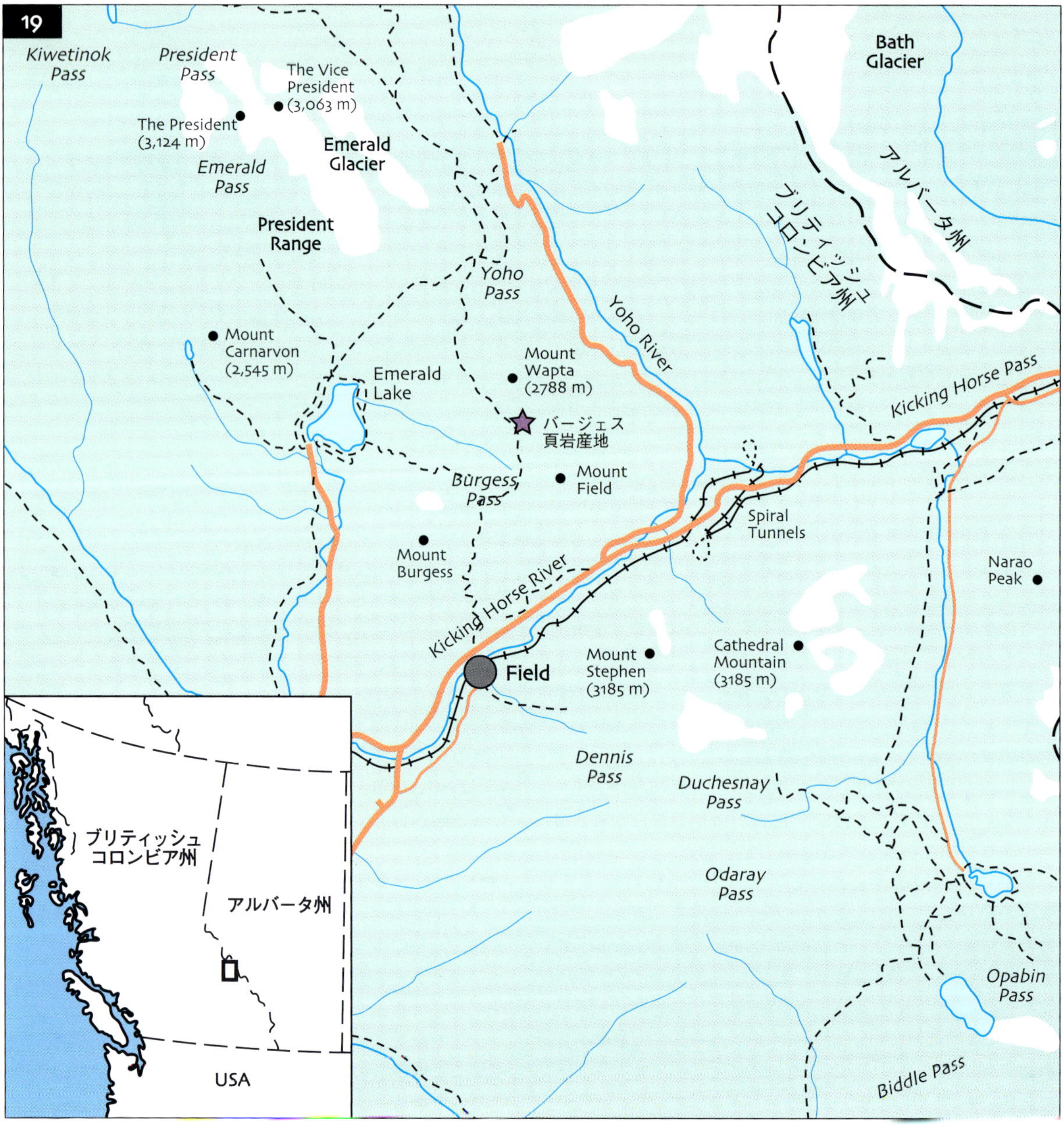

図19 バージェス頁岩の採掘地点付近を示す地図．Yoho 国立公園内，カナディアンロッキー．

Chapter Two — バージェス頁岩

なって輝いていた，という．

残念ながら彼の日記はこの話と合わない．だが確かにWalcottは1909年に最初の化石を発見し，1910年の夏には精力的に発掘を行っている．家族を伴ったこの調査は1913年夏まで続き，その後彼はこの産地に1917, 1919, 1924年にも訪れている．彼は亡くなる1927年までに6万5000個に達する標本を集め，ワシントンDCに運び，それはいまも国立自然史博物館に保存されている．

1912年までにWalcottは彼の多くの発見物について公表した．現在バージェスから知られる170種のうち100種以上が彼自身によって記載されたものである．

Walcottのバージェス頁岩採掘場（図20, 21）はMount WaptaとMount Fieldを結ぶ尾根（Fossil Ridge）の直下，2300mのところにある．そこはすばらしい場所で，夏でも雪が残っているが，この地点から西をみると，雪をかぶった山々，氷河，湖水，森が息をのむような大パノラマになって広がる．Mount Burgessが天を指し，鮮やかな緑色のEmerald湖がその右に，そしてEmerald氷河がその上に懸かっている．Walcottのキャンプ地も眼下のHigh Lineトレイル脇に見分けることができる．

Walcottは，これより高所で，いまRaymond採掘場として知られる地点でも発掘を行った．ここは1930年代にハーバード大学のPercy E. Raymond教授が詳細な発掘を行ったことを記念してこう命名され，その採集品はいま，ハーバード大学比較動物学博物館に保管されている．1960年代，イタリアの生物学者Alberto Simonettaは，バージェスの三葉虫のいくつかを詳しく記載したが，これを除けば，これらの驚くべき化石は深く研究されないまま，その完全な再調査が1966年にHarry Whittington教授[*]によって提案されるまで放置されていたのである．

[*]：三葉虫の研究とカンブリア爆発の発見・解明により2001年の国際生物学賞（日本）を受賞した．

Whittingtonは英国人だが，1966年当時はハーバード大学で古生物学の教授であった．彼は再研究がタイムリーな計画であるとカナダ地質調査所を説得し，1966年と1967年の採集行で1万個を越す新標本を得た．もっとも，新しい種類はいくらもなかった．1966年にはWhittingtonはマサチューセッツのケンブリッジから英国のケンブリッジへ移り，同時にこのプロジェクトももっていった．すぐに彼は若い2人の大学院生を募って，バージェスの動物たちの再記載という膨大な仕事を手伝わせることになった．Dereck Briggsは節足動物を，Conway Morrisはミミズ型の動物を引き受けた．

ケンブリッジのチームは骨の折れる化石掘り出しと描図，写真撮影を進め，これまでの研究者が知らなかったたくさんの新しい事実を明らかにした．Whittingtonは，Walcottが最初に発見し，バージェスで最も標本数の多い"レースガニ"*Marrella*を研究しなおし，バージェスの化石の新しい標準的な記載のあり方を示した．BriggsとConway Morrisはバージェスの所属不明化石（problematica）のうちの真のモンスター2つ，*Anomalocaris*と*Canadia sparsa*（のちに*Hallucigenia*と改名）をそれぞれ調べて驚異的な探究をすすめ，これらバージェス中でも最も奇怪な動物たちの真の類縁関係を明らかにすることに成功した．

1975年，カナダのトロントにあるRoyal Ontario Museum（ROM）のDesmond Collinsが，落ちている岩片を採集する許可をパーク・レンジャーから得た．この隊は1981, 1982年にもやってきて新しい産地を探索し，含化石層がこれまで考えられていたより実際は広く分布していることを確かめた．Walcottの採掘場の上や下に10カ所かそれ以上の新産地が，すべてカテドラル断崖（Cathedral Escarpment，図22）に沿って見つかっている．

この場所は1981年にUNESCOの世界遺産に指定された．だがROMチームの活動は1980年代から90年代へと続き，いくつかの大きな発見をしている．

図20 Walcottの採掘場とバージェス頁岩．カナダ，Yoho国立公園内の標高2300m地点．左奥にMount Waptaがみえる．

図21 バージェス頁岩採掘場にみられる葉理の発達した頁岩．粗いオレンジ色の部分を基底とし細粒で暗灰色の部分に向かって上方細粒化している．露頭に書き込まれた数字は，Walcottの"Phyllopod Bed"から下方に向かっての厚さ（単位：cm）．

バージェス頁岩の層序的位置およびタフォノミー

バージェス頁岩（Burgess Shale）という地層名は，Walcott 採掘場に露出する保存のよい軟体性化石を含む薄い地層だけをさす名称である．この頁岩（Walcott の葉脚類*層，Phyllopod bed）はカンブリア紀中期，おおよそ 5 億 2000 万年前の Stephen 層の一部である．Stephen 層は Fossil Ridge において約 150m の厚さがある．

*：葉脚類は甲殻類鰓脚亜綱（ミジンコ類）の旧名．Phillopod Bed は Walcott がフィールドノートに記した地層名．

Walcott の採掘場の北で，この暗色の Stephen 頁岩は突然なくなり，もっと明るい色の Cathedral 層というドロマイト（苦灰岩）層にアバットしてる．両者の境界はほとんど垂直である（**図 22**）．ところがこれらの上に重なる Eldon 層および Stephen 層自体の最上部は，この境界のところで中断されずに連続する．このことからみて，この垂直に近い境界は断層ではなく，カンブリア紀の海底のもとの地形を反映していて，ここには海底にほぼ垂直な断崖があったと判断される．重要なのは，バージェス頁岩の化石は必ずこの海底崖の麓から発見される点である．

ふつうに解釈すると，この崖は当時の石灰藻礁の縁で，礁の上は浅いプラットフォームになっており，そこは陸源の砂泥が流入しない光がよく透る浅海であった．バージェスの動物はこの崖の麓で，深い暗い泥の表面あるいは泥中に潜って生息していた．崖から離れると，海底はさらに深く無酸素で生命の棲めない海底へ続いていた．いろいろな証拠を集めると，バージェスの動物は，彼らが生息していた場所で化石として保存されているのではないことがわかった．第一に，この薄い頁岩層は横に長距離にわたって続き，泥には生物が這ったり潜ったりした生物擾乱の跡がみられない．第二に，化石は頁岩中にあらゆる角度を向いている，ときには頭を下にしているものすらある．第三に，Walcott の採掘場の薄い頁岩層をよくみると，各層はいずれも上方細粒化していて，オレンジ色の粗い部分を基底とし，細粒で暗灰色の層が順に上に重なっていて，各層はそれぞれ独立の出来事を表す，すなわち堆積物が 1 層ごとに流入したものらしい（**図 21**）．

バージェスの動物たちの堆積過程に関し，一般に受け入れられている考えは次のようなものである．嵐や地震の揺れのため，ときには単に水を含んで積もった堆積物自身の不安定性のために，ときどき，崖の麓から泥が落ちて，堆積物の雲となって生物の棲めない深みへと急速に流れ，このとき，思いがけないことで逃げる暇のなかった動物たちを巻き込んだものだという．Conway Morris（1986，挿図 1）は“海底地すべり前”と“地すべり後”の周囲の様子を描いている．前者には動物たちが生息し

22

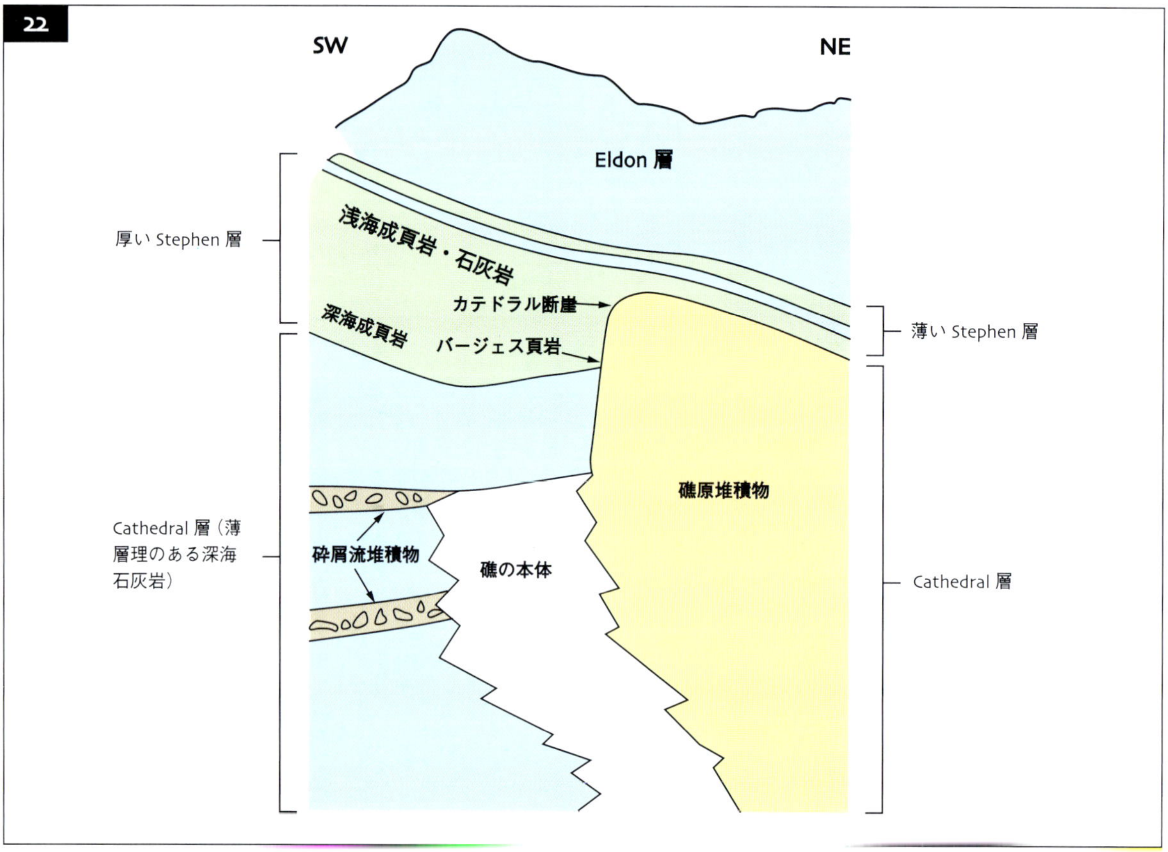

図 22　Mount Field における中部カンブリア系の層序と構造（Briggs *et al.*, 1994 に基づく）．

ていた場所が描かれ，後者では彼らが運び去られ地層中に保存された場所（いま Walcott 採掘場となっている）を示す．どちらも急崖の麓近くに位置し，混濁流が崖に沿って斜面を流れ下ったことを示唆している．地すべりの後には静穏な時期がきて，細粒の堆積物が沈殿し，頁岩にいまみられる細かな層理をつくった．

　バージェスの動物たちがどのようにして保存されたか，まだ完全にはわかっていない．軟組織（soft tissue）が保存されるには，一般に 2 つの前提が必要で，この場合も疑いなくこれが働いている．すなわち細粒の堆積物中に急速に埋没すること，および酸素を欠く海底で堆積すること，である．地すべり後，無酸素で有害な環境は腐食者を寄せ付けず，堆積物の雲が収まったとき，遺骸の体腔には完全に泥が詰まって堆積物中に閉じこめられる．だが，酸素のないところでも，嫌気性の微生物が軟らかい筋肉組織を比較的速やかに分解するので，これらの微生物の活動を抑える別の要因がなくてはならない．

　Butterfield（1995）は，いろいろなバージェスの軟体性動物から組織を分離し，それらは元の有機物が変質したものである場合が多いことを示した．そして，この物質は Ca, Al を含む雲母に似た珪酸塩鉱物の薄い被膜をかぶっていて，それでバージェスの化石に光をあてると銀色にみえるのだという．彼はこの被膜は動物が埋没した泥の中の粘土鉱物に由来し，この被膜をなす鉱物がおそらく酵素の反応を止め，嫌気性バクテリアによる分解を防いだのであろうと推定している．このような保存の方式は例外的で，筋肉や消化管のように非常に軟らかい組織は，ふつうは続成過程の初期に他の鉱物で置き換えられたときにだけ保存される．

バージェス頁岩の化石群

Vauxia（海綿動物門）：灌木状で枝分かれする海綿（図 23）．はっきりした骨針をもっていない．だがこの動物はスポンギン（spongin）*に似た物質からなるじょうぶな骨格をもっていて，これがバージェス頁岩の海綿化石のなかで最も多い理由がわかる．

*：海綿の骨格をつくるコラーゲン様蛋白．

Thaumaptilon（刺胞動物門ウミエラ目）：バージェス頁岩の着生性動物のなかではまれな種類だが，しかしこのウミエラらしい動物（図 24）は，先カンブリアのエディアカラ動物群（第 1 章）の生き残りの一つだという点で重要で，*Charnia* 属に似ている．太い中央の軸とそれに 40 ほどの分枝があり，各分枝には数百の星形のポリプがある（Conway Morris, 1993 をみよ）．

Ottoia（鰓曳動物門）：これは泥中に生息する鰓曳動物の中で最も数が多く（図 25, 26），とくにバージェス頁岩

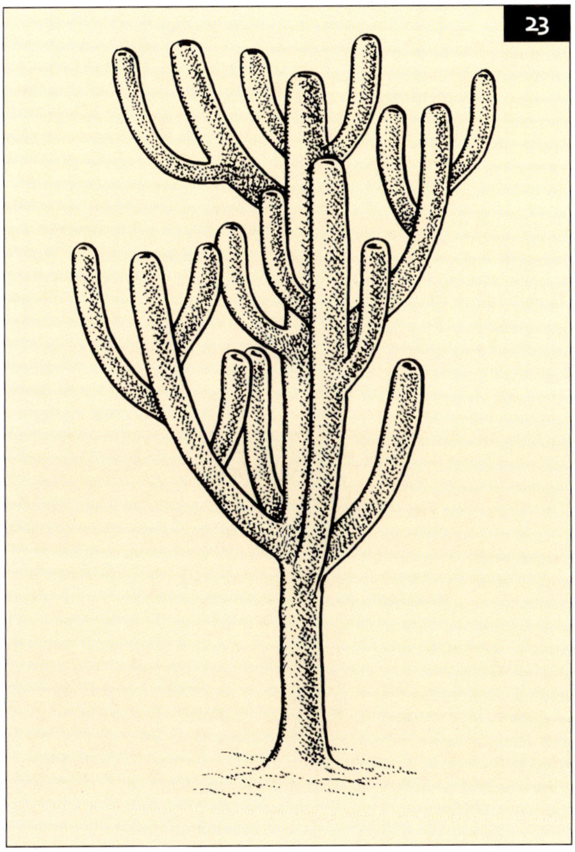

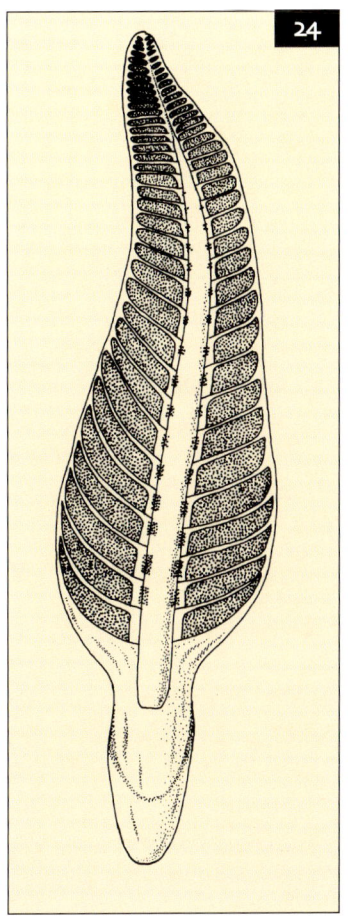

図 24　*Thaumaptilon* の復元図．

図 23　*Vauxia* の復元図．

の上部に多い．鰓曳動物は肉食動物で，現在ではまれだがカンブリア紀には多かった．前部に丸い吻をもち，多数の恐ろしい鉤や棘に取り巻かれている．吻の先端に鋭い歯をもつ口があり，胃にはときに最後に食べた獲物，ヒオリテス，腕足動物などが残っている．内容物に他の *Ottoia* がある場合もあり，共食いをしていたことがわかる．この動物はふつう U 字型に化石化していて，彼らが U 字型の孔に棲んでいたと推定される．だが，最近まっすぐな標本が発見され，U 字型は死後の収縮によるものである可能性が出てきた（Conway Morris, 1977a をみよ）．

Burgessochaeta と ***Canadia***（環形動物門多毛綱）：これらはヒモ型の多毛類（図 27）で，体節があり，無数の剛毛あるいは網状突起をもつ付属肢が対になっている（Conway Morris, 1979）．

Hallucigenia（有爪動物門カギムシ目）：この属はバージェスの動物の中で最も有名で，Stephen Jay Gould (1989) の古典的な"奇妙な不思議生物"の代表とされる．この新属が，他のどんな動物にも似ていない夢のような特徴をもつことから Conway Morris がこう名づけた（図 28, 29）．これが有名なのは，一つにはこの動物が初め上下逆さまに，固い棘の上に立って触手を水中で波打たせていたと復元されたことによる．その後新しい標本が発見されてこの解釈は，突然，背側と腹側が逆さまになり，そしてこの属は海生のカギムシで，葉状肢動物（lobopods）とよばれるイモムシ様のグループの一員であることが明白になった．*Hallucigenia* は肉質の足で這い回り，長い棘を防御に用い，分解しかかった食物をあさっていた．*Aysheaia* もこのバージェスの葉状肢動物の一つである（Conway Morris, 1977b をみよ）．

Marrella（節足動物門）：小型で，羽毛のように軽やかな節足動物である．その名は"レースガニ"という意味で，バージェスの動物の中で最も数が多く 1 万 5000 個体以上も発見されているが，ほかのカンブリア系からはまったく知られていない（図 30, 31）．これは Walcott が最初に発見し，Whittington によって最初に再記載されたものである．頭楯は 2 対のカーブした長い棘になっており，頭部に 2 対の触角がある．体節は 20 でそれぞれ同形の 1 対の足があり，これらの特徴は，これが原始的な節足動物で，海生節足動物の主要な 3 グループ（甲殻類，三葉虫類，鋏角類）の祖先である可能性を示している（Whittington, 1971 をみよ）．

Sanctacaris（節足動物門鋏角綱）：これは，クモ・サソリなどを含む鋏角類の最古の記録という点で，Collins と ROM チームが発見したうちで最も重要な標本である（図 32）．大きな頭楯が頭部の 6 対の付属肢を保護し，うち 5 対は棘だらけの爪で獲物を捕らえる働きをし，それが "Santa Claws"* というニックネームとなった（Briggs and Collins, 1988 をみよ）．

* : 聖人は Santa Claus．

図 25　鰓曳動物の *Ottoia prolifica*. 前部の吻と棘を示す（SI）．直径 10mm．

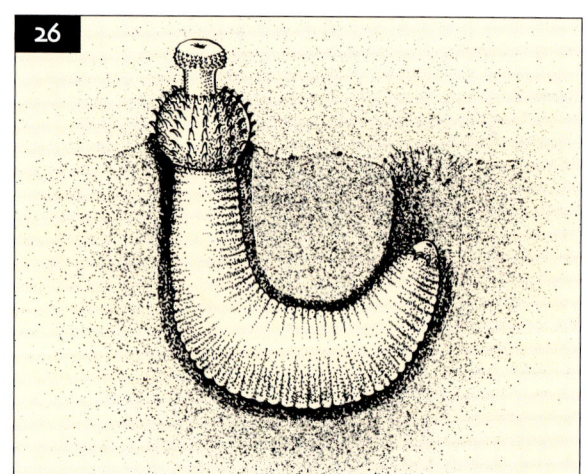

図 26　*Ottoia* の復元図．

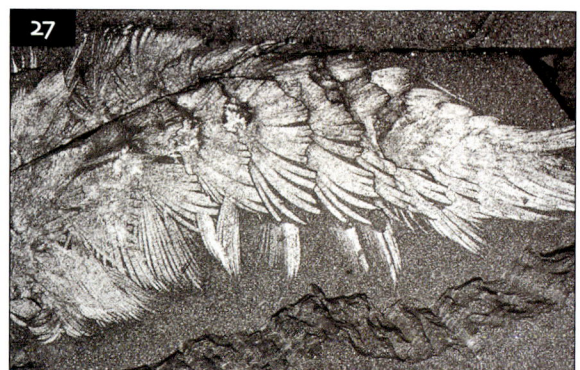

図 27　多毛類の *Canadia spinosa*（SI）．長さ約 30mm．

Chapter Two—バージェス頁岩

図28 有爪動物 *Hallucigenia sparsa*（SI）. 長さ約 20mm.

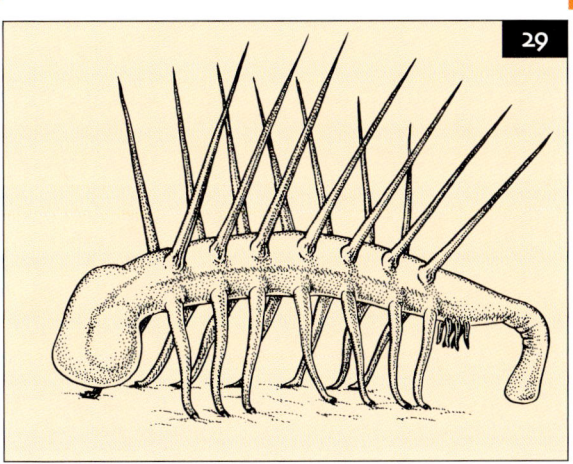

図29 *Hallucigenia* の復元図.

図30 節足動物の *Marrella splendens*（MM）. 長さ 20mm.

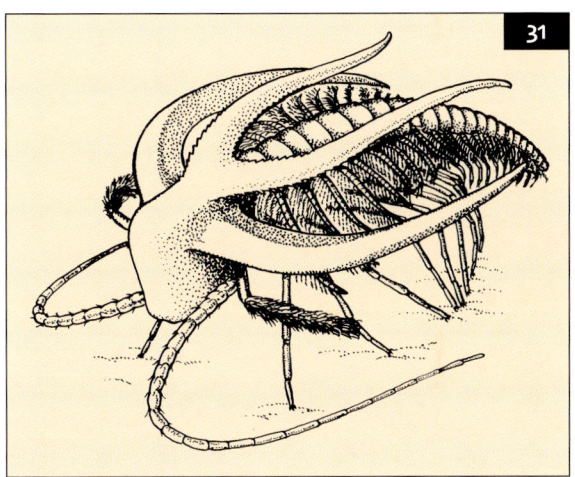

図31 *Marrella* の復元図.

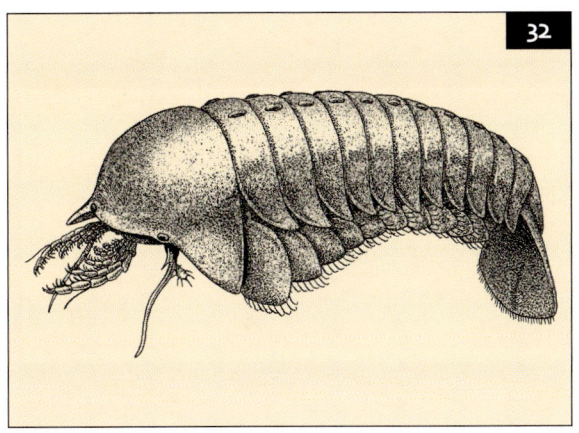

図32 *Sanctacaris* の復元図.

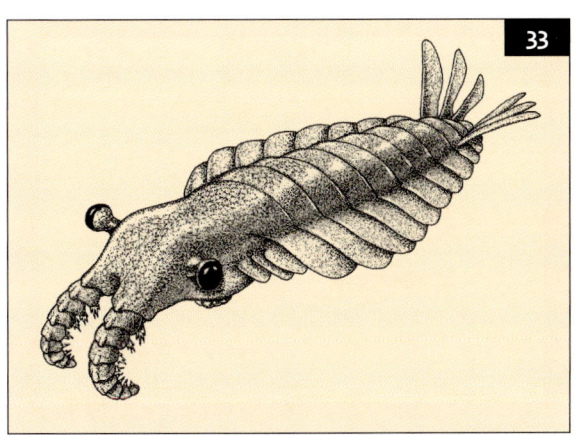

図33 *Anomalocaris* の復元図.

Anomalocaris （所属不明，あるいは節足動物？）：*Anomalocaris* はバージェス頁岩のモンスター捕食者，あらゆる動物のいずれとも似ておらず，短期間だけ生存した，節足動物に近い実験的な動物門の例であると長くいわれてきた（図33）．獲物をつかむ前方の付属肢は，はじめ，体節をもつ甲殻類の腹部であるとされ（このため属名は"異様なカニ"を意味する），その後巨大な節足動物の対になった脚であると解釈された．一方，円盤状の口の部分は，はじめクラゲであるとされ，*Peytoia* とよばれていた．より完全な標本からこれらはバージェス中で最大の動物で，体長1mに達するものの一部であることがわかった．頭には1対の大きな眼があり，胴はひれ状の構造物に覆われ，尾は見事な扇形になっている（Whittington and Briggs, 1985 をみよ）．

Opabinia （所属不明）：これは実に奇妙な動物で，頭の頂部に5つの眼があり，長い柔軟な吻をもつ．吻の先端には多数の棘があり，これは明らかに獲物をつかむための器官である（図34, 35）．各体節の側面にはエラをもつ葉状の構造（lobe）があり，おかしな格好の尾は3対のひれで構成される．いまでは，何人かの専門家は，これは *Anomalocaris* と系統的に近いもので，どちらもおそらく節足動物だと信じている（Whittington, 1975 をみよ）．

Wiwaxia （所属不明）：この泥上を這いまわる奇怪な動物は，捕食者に対する防御として背中を覆う鱗状の骨片（sclerite）と2列の鋭い棘をもつ（図36）．腹側はナメクジか巻貝のような軟らかい足となっている．開いた口からは歯舌が突出していて，これも軟体動物を思わせる．だが，骨片の微細構造は環形動物の多毛類に似ている．このように *Wiwaxia* の真の類縁関係はまだ疑問のままだが，しかし *Halkieria* （図38）と関係があるのは確実といえる（次頁の Sirius Passet の項をみよ．また Conway Morris, 1985 を参照）．

Pikaia （脊索動物門）：*Pikaia* は，あまり目立たないがバージェス動物群のきわめて重要な要素で，背部に沿って堅い桿（rod）状の構造をもち（図37），これが原始的な脊索動物（ヒトやすべての脊椎動物を含む動物門）で，カンブリアの爆発の時代にすでにわれわれの祖先たちすらも存在していたことを示している．小さな前端部には1対の触角があり，後端は広がってひれ状の尾になっている．カップを次々と差し込んで重ねたような筋肉の配列もときにきれいに保存されている．

バージェス頁岩の古生態

バージェス頁岩の動物群は，海底崖の麓で，海底面下の泥の中あるいは泥面直上に棲んでいた底生群集である．そこでは泥が積み上がって海底の停滞水より十分上に出ていた．その場所は外洋に面しており，当時は北緯15度付近の熱帯域内にあった．光合成藻類の存在から，水深は100mより多少深い程度だったことが示唆される．

図34　所属不明の *Opabinia regalis* （SI）．長さ約65mm.

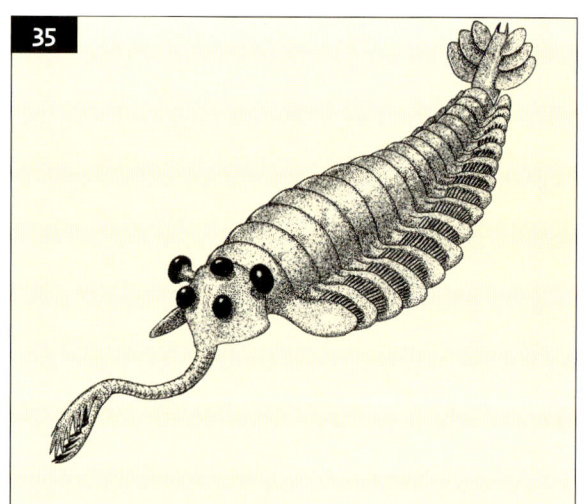

図35　*Opabinia* の復元図．

図36　所属不明の *Wiwaxia corrugata* （SI）．長さ約35mm.

Chapter Two — バージェス頁岩

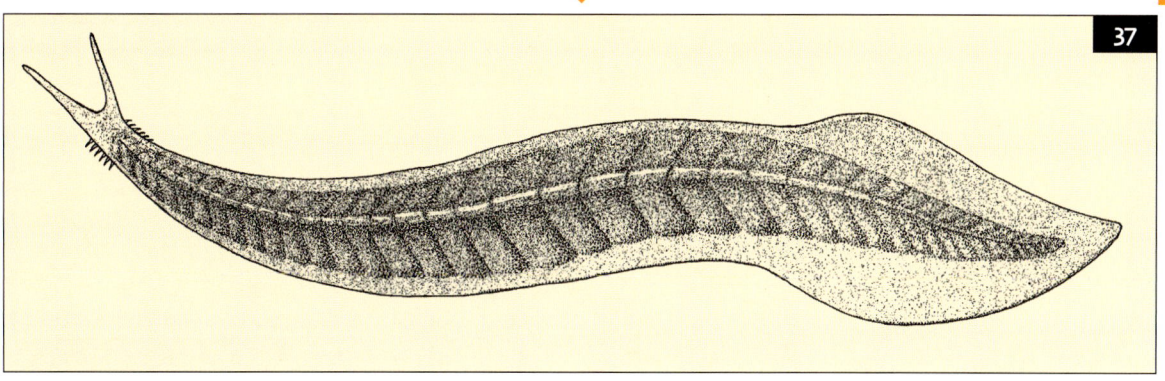

図37 *Pikaia* の復元図.

図38 グリーンランドで発見された *Halkieria evangelista*. 長さ約60mm.

Conway Morris (1986) は，古生態的解析で，3万個の岩片，6万5000個の化石個体を調べた．おおよそ10％の生物が内在的（infaunal），すなわち堆積物のなかに棲むもので，そのなかでも穿孔性（burrowing）鰓曳動物の *Ottoia*, *Selkirkia*, *Louisella* など，および多毛類の *Burgessochaeta* と *Canadia*，などが優占的である．

バージェスの動物の大多数（約75％）は底生の表在動物（epifauna），すなわち海底面上に生息するもので，これは固定あるいは着生性表在動物（約30％）と，海底面上を歩いたり這ったりする可動性表在動物（約40％）に分けられる．着生性の生物は海綿が主で，枝分かれするタイプの *Vauxia* や，*Choia*, *Pirania* など，鋭いガラス質の骨針を骨格として体を支え，捕食者に対する防御の役もさせるものがいる．ウミエラ類の *Thaumaptilon* は数少ない着生性表在動物で，得体の知れない *Dinomischus* もこの類で，これは細い柄で海底面上に1cmほど突き出していた小さな花のような形態の動物である．

可動性の動物は他にもいろいろいる．だが節足動物が多い．*Olenoides* や軟体性の *Naraoia* などの三葉虫は節足動物のごく一部にすぎず，移動性動物では普遍的にいるレースガニ *Marrella* や，腐食性の多様な葉状肢動物，特に *Hallucigenia* と *Aysheaia* が目立つ．また最も奇怪な移動性動物として *Wiwaxia* がいる．これはナメクジのような足を使って泥上を這い回っていた．

泥の面より上，水中に棲んでいた動物はバージェスでは少なく，全体の10％ほどを占めるにすぎない．これは，単に泥流から泳いで逃げやすかった，という理由からである．だが遊泳性底生動物（nektobenthos，海底近くを泳いでいた動物）は混濁流の広がりの範囲内にいて，小型の脊索動物 *Pikaia* などは巻き込まれた．クラゲ類とされた *Eldonia* は真のクラゲよりナマコに似ており，おそらく遊泳性底生動物か，あるいは浮遊性の動物であろう．海底面より上を泳ぐ遊泳動物（nekton）には，巨大な捕食者の *Anomalocaris* と，ノズル状の吻を使って食物をあさる謎のような *Opabinia* がいた．

Coway Morris (1986) は，栄養解析（trophic analysis）＊によってこの化石群中にいくつかの食性型を識別した．濾過食者（filter feeder）には海綿類が多い．堆積物食者（deposit feeder）の多くは節足動物（堆積物を拾い集める）と軟体動物（堆積物を吸い込む）で，腐食者（scavenger）に *Hallucigenia* や *Aysheaia* がおり，最後に捕食者（predator）として *Anomalocaris*, *Sidneya* などの大型節足動物，それに鰓曳動物がいる．捕食は，バージェス動物群の生態の枠組み中で重要な役割を果たしているが，この点が，他のカンブリア紀の有殻化石群（shelly assemblage）と対照的で，バージェスの特質である．

＊：化石群の生態的組成，すなわち栄養段階別，食性タイプ別の組成比などを解析し，化石群の生態的特性を調べること．

バージェス頁岩と他のカンブリア紀生物群との比較

バージェス頁岩型の化石群は世界でおおよそ40カ所知られている．そのうち2カ所がとくに重要である．

北グリーンランド，Sirius Passet

グリーンランド地質調査所によって，北グリーンランド Peary Land の J. P. Koch フィヨルド近くで1984年に発見された．ここはいまでは Sirius Passet として知られていて，1989年に初めて本格的な調査・採集が行われた．調査を始めてすぐに，ここはカンブリア紀軟体性動物化

石に富んだもう一つの産地で，化石を含む地層はやはり浅い石灰質の礁に近い場所で堆積した深海の泥であることがわかった．いまは Buen 層と命名されたこの地層から得られた標本が 3000 を越す数となった．この産地で重要なことは，ここはカンブリア紀前期の Atdabanian で，バージェスより少し古く，カンブリア爆発がまだ進行中のものであるという点である．

Sirius Passet で最初に発見された標本のうちで最も興味を引くのは Halkieria である．これはナメクジに似た動物（図 38）で，背側が Wiwaxia（図 36）と同じように鱗状の骨片で覆われている．だが，長い体の前端と後端とに無関節腕足動物にそっくりな殻がある（Conway Morris and Peel, 1990; Conway Morris, 1998, 挿図 86 をみよ）．あるいはこの動物の存在は，軟体動物・環形動物・腕足動物がこれまで想定されていたよりも互いに近縁であることを示すのか？　分子生物学はこの結論を支持している．

中国南部，澄江（Chengjiang）

同じく 1984 年に"発見"された（実際には 1912 年以来知られていた），澄江の化石ラガシュテッテは，中国南部雲南省昆明（Kunming）近くの帽天山（Maotianshan）に最もよく露出している．ここでも豊富な"バージェス型"の軟体性動物化石が産出している（Chen & Zhou, 1997；Hou et al., 2004 をみよ）．Sirius Passet のものと同時代（カンブリア紀前期 Atdabanian 期）ではあるが，澄江からは，節足動物・蠕虫（ミミズ型のムシ類）・海綿動物・腕足動物などここ独特の新属に加え，Hallucigenia や Anomalocaris の完全な標本など，バージェスに特徴的な多くの動物が見つかっている．この動物相の類似は，南中国の大陸が北米やグリーンランドを含む Laurentia 大陸から数千 km 以上も離れたところにあったことを考えると，注目すべきものである．

ここで発見されたいくつもの新しい種類の中に，Shu et al. (2001) によって新しく提唱された古虫動物門（Vetulicolia）がある．これには体節があり，明瞭な鰓孔（原索動物の鰓嚢壁に開く小孔）があって，新口動物（Deuterostomia）＊に類縁が深いことを示す．だが最も驚くべきは，Shu et al. (1999) が報告した魚の無顎類の発見であろう．従来はオルドビス紀前期が脊椎動物の最古の記録であった．脊椎動物までがカンブリアの爆発の時に出現したのである．

＊：成体の口が，発生初期につくられる原口からでなく，口陥から新しく形成される動物（棘皮動物・半索動物・脊索動物などを含む）の総称．

化石の保存は，オレンジ色の頁岩の層理面上に赤紫色の印象として残っている見事なもので，これも生きている間に破滅的な混濁流によって急速に埋められた結果である．澄江の動物はおそらく埋没した場所の近くで生活していたもので，そこは三角州の先端に近いところであったとされている．玉案山（Yu'anshan）層の帽天山頁岩部層は 50m ほどの厚さで，級化層理を示す薄い泥岩からなり，ときたま起こる短期的でイベント的な堆積によって形成されたものである．

参考文献

Briggs, D. E. G. and Collins, D. 1988. A Middle Cambrian chelicerate from Mount Stephen, British Columbia. *Palaeontology* **31**, 779–798.

Briggs, D. E. G., Erwin, D. H. and Collier, F. J. 1994. *The fossils of the Burgess Shale*. Smithsonian Institution Press, Washington DC, xvii + 238 pp. ［ブリッグスほか著，大野照文監訳，2003，バージェス頁岩化石図譜，朝倉書店，231pp］

Butterfield, N. J. 1995. Secular distribution of Burgess Shale-type preservation. *Lethaia* **28**, 1–13.

Chen, J. and Zhou, G. 1997. Biology of the Chengjiang fauna. *Bulletin of the National Museum of Natural Science* **10**, 11–105.

Conway Morris, S. 1977a. Fossil priapulid worms. *Special Papers in Palaeontology* **20**, 1–95.

Conway Morris, S. 1977b. A new metazoan from the Cambrian Burgess Shale of British Columbia. *Palaeontology* **20**, 623–640.

Conway Morris, S. 1979. Middle Cambrian polychaetes from the Burgess Shale of British Columbia. *Philosophical Transactions of the Royal Society of London*, Series B **285**, 227–274.

Conway Morris, S. 1985. The Middle Cambrian metazoan *Wiwaxia corrugata* (Matthew) from the Burgess Shale and *Ogygopsis* Shale, British Columbia. *Philosophical Transactions of the Royal Society of London*, Series B **307**, 507–582.

Conway Morris, S. 1986. The community structure of the Middle Cambrian Phyllopod Bed (Burgess Shale). *Palaeontology* **29**, 423–467.

Conway Morris, S. 1993. Ediacaran-like fossils in Cambrian Burgess Shale-type faunas of North America. *Palaeontology* **36**, 593–635.

Conway Morris, S. 1998. *The crucible of creation*. Oxford University Press, Oxford, xxiii + 242 pp. ［コンウェイ・モリス著，松井孝典監訳，1997，カンブリア紀の怪物たち，講談社現代新書，301pp］

Conway Morris, S. and Peel, J. S. 1990. Articulated halkieriids from the Lower Cambrian of north Grenland. *Nature* **345**, 802–805.

Fortey, R. 1997. *Life: an unauthorised biography*. Flamingo, London, xiv + 399 pp. ［フォーティ著，渡辺政隆訳，2003，生命 40 億年全史，草思社，493pp］

Gould, S. J. 1989. *Wonderful Life: the Burgess Shale and the nature of history*. Norton, New York, 323 pp. ［グールド著，渡辺政隆訳，2000，ワンダフル・ライフ，ハヤカワ文庫，602pp］

Hou, X. G., Aldridge, R. J., Bergström, J., Siveter, D. J., Siveter, D. J. and Feng, X. H. 2004. *The Cambrian fossils of Chengjiang, China*. Blackwell, Oxford, 256pp. ［ホウほか著，大野照文監訳，2008，澄江生物群化石図譜，朝倉書店，232pp］

Shu, D. G., Luo, H. L., Conway Morris, S., Zhang, X. L., Hu, S. X., Chen, L., Han, J., Zhu, M., Li, Y. and Chen, L. Z. 1999. Lower Cambrian vertebrates from south China. *Nature* **402**, 42–46.

Shu, D. G., Conway Morris, S., Han, J., Chen, L., Zhang, X. L., Zhang, Z. F., Liu, H. Q., Li, Y. and Liu, J. N. 2001. Primitive deuterostomes from the Chengjiang Lagerstätte (Lower Cambrian, China). *Nature* **414**, 419–424.

Whittington, H. B. 1971. Redescription of *Marrella splendens* (Trilobitoidea) from the Burgess Shale, Middle Cambrian, British Columbia. *Bulletin of the Geological Survey of Canada* **209**, 1–24.

Whittington, H. B. 1975. The enigmatic animal *Opabinia regalis*, Middle Cambrian, Burgess Shale, British Columbia. *Philosophical Transactions of the Royal Society of London*, Series B **271**, 1–43.

Whittington, H. B. and Briggs, D. E. G. 1985. The largest Cambrian animal, *Anomalocaris*, Burgess Shale, British Columbia. *Philosophical Transactions of the Royal Society of London*, Series B **309**, 169–609.

スーム頁岩
The Soom Shale

背景：古生代前期の化石ラガシュテッテ

　下部‐中部カンブリア系の驚異的な化石群（すなわちバージェス頁岩や澄江，第 2 章）から，シルル‐デボン紀の，これも例外的に保存のよい初期の陸生生物群，ライニー（Rhynie，第 5 章），ルドロー（Ludlow），ギルボア（Gilboa）などまでの間には，目立った化石ラガシュテッテンは知られていない．ことにオルドビス紀はこのような例外的化石に乏しい．だが，南アフリカ，Western Cape 地方の下部古生界，Table Mountain 層群 Soom Shale（スーム頁岩）部層は，1990 年代に，筋肉や摂食器官が保存された巨大なコノドント動物の発見で一躍有名になった．スーム頁岩はオルドビス紀で最も重要な化石ラガシュテッテンであり，この化石群は，高緯度（60°S），寒冷で氷河の影響をうけた海洋環境に棲んでいた，という点で大変ユニークである．進化的みると，スーム頁岩の動物のいくつかは，カンブリア紀中期の化石群まで遡ることができる．たとえば Naraoia に似た三葉虫の Soomaspis がいたりする．しかしまた，他の動物，広翼類（ウミサソリ類）の Onychopterella などは，この時代の後により著しい多様化がくるることを予感させている．

スーム頁岩発見の歴史

　スーム頁岩は比較的軟らかいので，砂岩の荒々しい断崖と台地からなる南西 Cape 地方の特異な景観の中で，目立った岩棚をつくっている．そのため頁岩の存在はずいぶん以前から知られていた．砂岩層が卓越する Table Mountain 層群には化石が少なく，またスーム頁岩も一見同様に化石に乏しいようにみえる．実際，Table Mountain 層群から足跡や這い跡が発見された 1959 年まで化石は知られていなかった．1967 年に腕足動物と三葉虫の破片が発見され，1970 年に Cooks らによってその論文が公表された．この化石はスーム頁岩がオルドビス紀であることを最初に示したもので，南アフリカで最初に記載された古生代前期の化石群であった．

　スーム頁岩の化石群が最初に有名になったのは，1993 年，コノドント動物化石に眼が発見されたためであった．コノドントはふつうばらばらで小形の燐酸塩質の歯として，またときにそれが籠状に組み合わされた状態で発見されるのだが，それが軟体組織とともに発見されたのがわずか前，1983 年のことで，1993 年になってはじめてこれが初期の魚類であると確認されたばかりである．スーム頁岩のコノドント，Promissum pulchrum の大きな眼を支える軟骨組織も，コノドントが脊索動物の特徴をもっていることの証明になった．この発見に続き，協力してスーム頁岩からもっと多くの標本を得る努力が始まった．化石はきわめてまれなのでこれは忍耐のいる仕事であったが，英国 Leicester 大学の Dick Aldridge と Sarah Gabbott，南アフリカ地質調査所の Johannes Theron らの献身的な努力によって実にいろいろな動物・植物が発掘された．Promissum の追加標本が見つかり，それによってコノドントの形態について多くのことがわかった．1995 年には筋肉組織の残ったコノドントが報告された．スーム頁岩産のほかの化石で興味をそそられるのは，筋肉組織や消化管の詳細まで保存された広翼類の Onychopterella，異様な形態の三葉虫の Naraoia 類，イカやアンモナイトに近縁な頭足類で，まっすぐな殻をもつ直角石（Orthoceratida, orthocone cephalopods）などである．

スーム頁岩の層序的位置およびタフォノミー

　スーム頁岩部層は最大の厚さ 10m，黄褐色ないし明灰～暗灰色で特徴的な細かい葉理のある頁岩である．この上位にはもっと粗粒で淡黄褐色の Disa シルト岩部層（厚さ 130m）が重なる．両者を合わせて Cedarberg 層とよぶ（図 39）．この地層名は美しい景観の Cedarberg 山地（図 40）に由来している．この山地はケープタウンの北約 150km 付近，Citrusdal ～ Clanwilliam 間の南北の尾根を形成しており（図 41），このあたりに固有のクランウイリアム杉 Widdringtonia cedarbergensis に因んで命名された

が，この杉は18〜19世紀の伐採のためいまは山地の1000m以上のところにねじくれた個体がわずかに残されているだけである．スーム頁岩の時代は，スーム頁岩の主産地Clanwilliamから100kmほど離れたHexrivier山地から三葉虫のMucronaspis oliniが産出してオルドビス紀後期のAshgill期であるとされている（Cooks and Fortey, 1986）．化石の大部分はClanwilliamの東13kmに位置するKeurbos農場（図42）から得られ，いくつかはCitrusdalの東25km，Sandfontein農場の露頭で発見された．

Table Mountain層群は4000mに達する砂岩を主とする厚層である．下部の2層，Graafwater層とPeninsula層はケープタウンの有名なテーブルマウンテンをつくっている．それより上位の地層はずっと北でないと露出しない．Peninsula層と上のCederberg層の間にPakhuis層がある．これは当時の堆積環境を知るうえの鍵となる地層である．Pakhuis層は主として氷礫岩（tillite），固結した氷堆石/漂礫粘土，すなわち氷河の生成物からなる地層である．Pakhuis層の基底は，いたるところで磨かれ掘れ溝のついたPeninsula層の岩盤上に重なっている．擦痕（掘れ溝）は，氷河が流れてPeninsula層を削ってつくったものである．そこは侵食面であるからPakhuis層の基底は不整合である．だが上方へは細かな葉理のあるスーム頁岩に連続的に移り変わる．したがってスーム頁岩は氷河の先端から遠くないが静穏な水域に堆積した堆積物であるといえる．粘土とシルトの葉理は一般に1mmほどの厚さがあり，10mmに達することはまれで，横によく連続する．これらは氷河の融解した水からゆっくり沈殿した堆積物である．あるいは粗いシルトの層はタービダイトの末端相で，海底（汽水の内湾か）にひろがった砕屑物の突風のような部分からの最後の沈殿物を代表するものかもしれない．また粗粒部と細粒部が季節的な融解と凍結を表す，いわゆる氷縞（verve）なのかもしれない．海に氷が浮いていた証拠もある．ドロップストーン，すなわち流れていく氷山が融けて，氷に閉じこめていた礫を泥の海底に落としていったものがある．このスーム頁岩を覆うDisaシルト岩はもっと粗いシルト岩からなり，ときどき波浪や潮流の活動の跡も残っている．これは大陸氷河が融けて，浅い海底に大量の砕屑物が運び込まれてきたことを示している．

スーム頁岩には生物擾乱（動物が堆積物中で活動した痕）がみられない．これは動物が堆積物中や表面上で活動できなかったことを示す．あるいは水温が低すぎたのかもしれない．だが，後で論ずるように水中にはいろいろな動物が生息していた．おそらく海底は無酸素だったか，何らかの原因で有毒だったのだろう．多くの葉理面

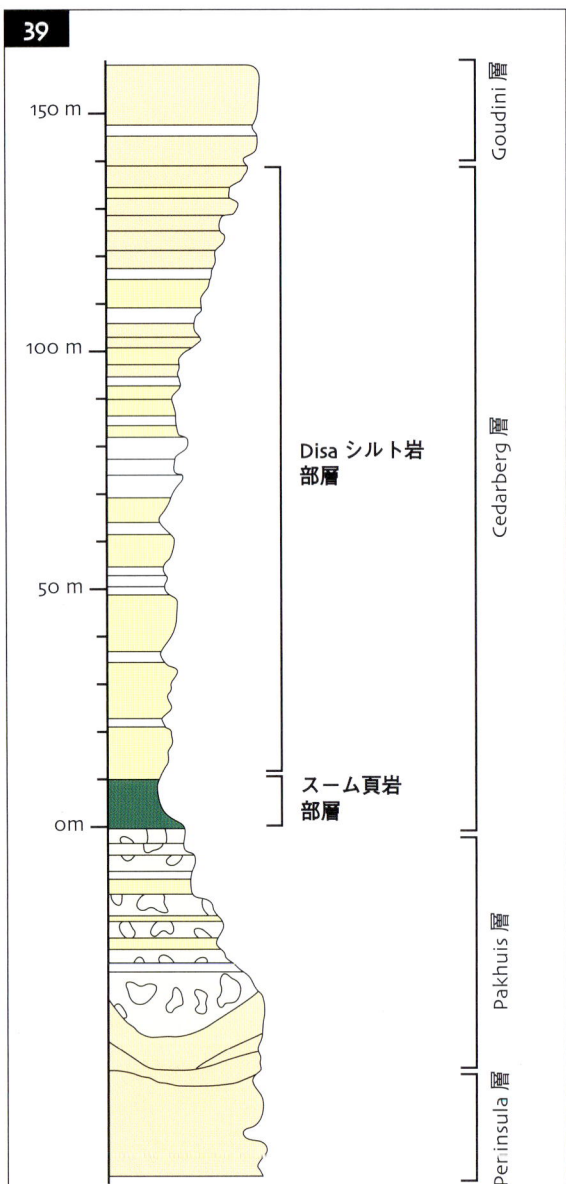

図39　スーム頁岩部層（Table Mountain層群Cederberg層）の層準を示す柱状図（Theron et al., 1990による）．

図40　Cederberg層の砂岩の岩陰壁に描かれたJan岩松しBrandewyn Riverの谷を隔ててCederberg山地をみる．

Chapter Three — スーム頁岩

図41 南アフリカ，ケープ地域における Table Mountain 層群の露頭分布図．

にはリボンのような海藻がある．もっともこれらの藻類は必ずしも底生性とはいえない．海の表層に生息していて，そこで死んでから海底に沈んだ可能性もある．

スーム頁岩の動物化石では，遺骸の元の有機質あるいは鉱物質の組織は粘土鉱物の薄いフィルムに置換されている．頁岩は堆積後著しく圧縮されるので，化石は非常に薄く押しつぶされている．化石が保存されるに至った一連の出来事は興味深い．ある部分はここ独特であるといえる．先に記したことを根拠に，当時，水は冷たく，浅海で（あるいはあまり深くなく），流れがなかった，といえる．もし流れがあれば，頁岩の表面にリップル（漣痕）が残ってもよいはず．また長い形態の化石，たとえば正体不明の棘状の *Siphonacis* などの配列に方向性があってよいはずである．海底付近の水は無酸素状態であったと思われる．すなわち，ここには底生動物はいなくて，

図42 Keurbos 農場におけるスーム頁岩の化石産地．Western Cape, Clanwilliam の南13km 付近．

生物擾乱はみられず，ふつう酸素が十分にある海底ならみられるはずの腐食者に食われたりひどく腐敗分解した様子はなく，動物体はほとんど完全に残っているようにみえる．海底がいつも無酸素ではなかったことも考えられる．だが遺骸が保存されるのは無酸素のときだけである．冷たい水は有機物の分解を妨げ，また炭酸カルシウムの溶解度を増す．これは，方解石の殻は残っていないのに有機質の組織が保存されていることの説明になる．保存過程の早いうちに有機物は粘土鉱物のイライトに置換され，その後に，コノドントの歯や腕足動物の殻の一部にみられる燐灰石がシリカに置換された．有機質の組織がどのようにして粘土鉱物に置換されたか，意見の対立がある（Gabbott, 1998; Gabbott et al., 2001 をみよ）．すなわち，有機物が最初カオリナイトに置換され後にイライトに変わったのか，有機分子が直接イライトに置換されたのか．Gabbott は後者を主張する．

スーム頁岩の保存がユニークとされるのは，有機物が直接粘土鉱物に置換されたという点で，これは他の化石ラガシュテッテンではこれまで確認されたことがなかった．バージェス頁岩（第2章）の動物たちはきらきらする雲母質の粘土鉱物のフィルムとして保存されており，またある場合には粘土鉱物は三葉虫のクチクラに付着していることもある．しかし，これらの粘土鉱物は有機物の表面に吸着されているようにみえ，またスーム頁岩における置換に比べ続成のやや後の段階で起こっている．スーム頁岩でも粘土鉱物の置換に先行して吸着が起こった可能性がある．スーム頁岩で特異な現象が起こったのか，さまざまな地球化学的過程のスペクトラムのうちの極端な例にすぎないのか，なお研究が必要である．

スーム頁岩の化石群

オルドビス紀の他の浅海群集，たとえば北ウェールズやスコットランドのものと比べると，スーム頁岩の化石群はその構成が相当に限定され，多様度が低い．化石群の中には植物の胞子，アクリターク，キチノゾアなど，微化石群集がいる．後二者は有機質の壁をもつ類縁関係不明のシスト（cyst, 休眠胞子）である．

微化石：キチノゾア（chitinozoa）はスーム頁岩中で特に保存がよい．これはフラスコ型（大きさ 0.15 〜 0.3mm 程度），アクリターク（acritarch）と同様に有機質の壁をもつ微化石で，類縁関係は不明．キチノゾアはオルドビス紀から石炭紀前期までの地層だけに産出し，アクリタークがその組成（胞子や花粉をつくるスポロポレニンに似た有機物）から植物に関係があるとされるのに対し，キチノゾアはキチンに似た物質からなり，動物と関係のあることが示唆される．さらに，キチノゾアは堆積岩の細粒部を分解すると一般に単独で見つかるが，岩石を割った面でみると，ひも状に繋がっていたり，放射状に集まっていたり，ときには卵塊の中に詰まっていたりする．スーム頁岩のコノドント動物や直角石化石の周囲

を調べた Gabbott et al., (1998) は，この4タイプ，単独・ひも状・塊状・マユ内，のすべてがみられることを明らかにした．キチノゾアを動物としてみたときもっともありそうなのは，これは卵あるいは卵塊ないしマユであって，時代的分布がキチノゾアと同じオルドビス紀から石炭紀前期までの動物のものだ，という推定である．これで可能な候補はいくらか狭まり，さらにスーム頁岩動物群にいるはずだと仮定すると，候補は大きく狭まって，コノドント動物か，直角石かのどちらかになる．ほかの候補，たとえば筆石や腹足動物などはスーム頁岩にいないかまれに見つかるだけなので，除外することができる．ここでは，コノドントより直角石の方がキチノゾアと相伴って産出する場合が多い．したがってキチノゾアが直角石の卵嚢である可能性の方がいくらか高い．

腕足動物：大型化石でたくさん産出するものは少ない．そのなかで，いくつかの腕足動物は他に比べて多くみられる．腕足動物には Orbicula 型と Lingula 型の無関節類（燐酸質の殻をもつ），それに肋がある有関節類（石灰質の殻をもつ）2 〜 3 種がいる．Lingula は浅海に限られ，底質中に潜る．すなわち酸素を含んだ底質を必要とする．この動物がどこか他所から流れてきて混入したものであるとは考えられない（すなわち原地的 autochthonous である）．したがってその存在は，スーム頁岩の堆積当時の海底がときどきは酸素が供給されるような場所であったことを示している．Keurbos 地点で，これまでに頁岩中に散在する Orbicula 型腕足動物が 100 個体以上採集されたが，大多数は直角石頭足類に伴って発見されている．この腕足動物は着生動物（epizoan）として直角石の殻に付着していた，それも，殻の全体に付着し，方向性がないことからみて，付着したのはこの頭足類が生きていて泳ぎ回っていたときであったと推定される．そのうえ，もし直角石が生きているうちに着生したものなら，殻頂（すなわち最初に形成された端）に近い腕足動物個体の方が殻口（殻が成長を続けている端）に近いものより大きいことが期待されるだろう．特別大きく保存状態のよい直角石（図 43）とその着生生物を調べた Gabbott (1999) は，殻頂付近と殻口付近とで腕足動物にはっきりした大きさの違いを見いだせなかった．だが彼女は，殻頂付近に着生している腕足動物の数が少なく，また殻上の腕足動物より，周囲の泥岩中にバラバラに散在している腕足動物の方がサイズが大きいことに気付いた．この分布を説明するためには，直角石が死んだときに何が起こったか，を考えなくてはならない．直角石の死骸は海底に沈み，分解を始める．生きていたとき浮力を得るために殻内にあったガスにおそらく腐敗ガスが加わって，直角石の殻頂部を持ち上げ，一方，殻口部は海底の堆積物に埋もれるだろう．このため殻口付近の腕足動物は泥に埋もれて死め，一方，殻頂付近の大型の個体も，殻頂部が腐敗ガスの抜けた穴から脱落すれば，離れて殻頂周辺に散らばることになる．

図43 頭足類の直角石，着生生物として*Orbicula*類の腕足動物化石を伴っている（GSSA）．長さ243mm.

図44 三葉虫の*Soomaspis splendida*（GSSA），長さ30mm.

　三葉虫：オルドビス紀後期に生存し，広域的に分布する三葉虫*Mucronaspis*が，主産地であるKeurbos地点からおよそ100kmも離れた場所のスーム頁岩から発見され，一緒に産する腕足動物とともにこの頁岩がオルドビス紀後期である根拠となっている．三葉虫で非常に興味深いのは，Fortey and Theron（1995）によって記載された奇妙な形態の*Soomaspis splendida*（図44）である．これは，眼がないこと，胸部の体節が3節しかないこと，頭部と尾板がほぼ同じ大きさであること（isopygousという），などの点で*Agnostus*類の三葉虫に類似している．しかしクチクラが石灰化していないので*Naraoia*類（第2章，p.27参照）に属すとされている．彼らは，*Soomaspis*を発見したことで*Naraoia*類と他の三葉虫との関係を再検討するというテーマに引き込まれることになった．胸部の体節数が少ない点で，*Agnostus*類と*Naraoia*類は表面的にはもっと典型的な三葉虫の幼年期に似ている．ふつうの三葉虫は体節なしで生まれ，発生の途上で1節ずつ増やしていく．また，*Agnostus*類の成体のサイズが小さいこと，付属肢の数が少ないこと，などは，彼らがその先祖の幼形のうちに早く成熟をはじめてしまったこと，すなわちプロジェネシス（progenesis）とよばれる幼形進化の一形式をとったことを示唆している．その結果，*Agnostus*類は底生動物としての長い生活を省略し，全生活をプランクトンで送りながら急速に世代を重ねたのである．これに対し*Naraoia*類はずっと大きな三葉虫で，胸部体節は0ないし2～3節までだが，バージェス頁岩産の*Naraoia*で証明されているように，石灰化していない背甲の下に多数の付属肢をもっている．すなわち，*Naraoia*類を造るには，胸部体節を増やすことをおさえ，成長率は正常ないしはやめ，成熟はふつうの成体の体サイズで起こるようにすればよい．このような進化過程を過形成（hypermorphosis）という．このように両者は異なる進化経路をたどり，*Agnostus*類は小型で外骨格が石灰化しているという点から，Fortey and Theron（1995）は，*Naraoia*類と*Agnostus*類は系統的に無関係である，と結論した．両者はしかし，どちらも三葉虫綱（Trilobita）に含めておいてもよいだろうという．*Agnostus*類はカンブリア紀のふつうの三葉虫に由来し，小形であることや眼を失ったことなどは二次的な特徴である．だが，*Naraoia*類は原始的な三葉虫で，典型的な三葉虫のような背面の眼，石灰化したクチクラ，多数の体節，などの形質を発達させたことはなかった．

　広翼類（Eurypteridida）：節足動物では，ほかに2～3種の貝形虫ミオドコーパ類（殻の石灰化度の低い貝形虫）が直角石に伴って発見されるが，最も興味深いものはBraddy *et al*.（1995）によって記載された広翼類の*Onychopterella*である（図45）．広翼類（ウミサソリ）はオルドビス紀からペルム紀まで生存し，最盛期はシルル

紀である．初期の広翼類は海生だが，シルル紀後期までに汽水および淡水域に進出し，あるものは水陸両生にまでなった．広翼類は体長2mに達した（おおよそこのサイズの広翼類がつくった這い痕が，Cedarberg山脈の南東150km，Laingsburg近くのペルム系から知られる）．広翼類は現在までに生息していた最大の節足動物で，およそ2億年の間，地球上の食物連鎖のトップに立つ捕食者であった．だが，スーム頁岩の2個体は，大きい方で体長15cmほどである．いくつかの特徴がこのスームの広翼類を重要なものにしている．第一に，南半球では広翼類はほとんど発見されず，*Onychopterella*はこれまで北米のシルル紀からしか知られていなかった．したがってこの産出はこの属の生存期間をオルドビス紀にまで広げ，これを含むErieopteridae科は分布がゴンドワナ大陸にまで広がったことになる．第二に，この広翼類には最後の付属肢対（遊泳用の肢）の巨大な底節（coxa）の間に奇妙ならせん状の構造が保存されている．Braddy *et al*. (1995) は，これは腸管のなかのらせん状のバルブで，泥中のデトリタス（有機物残滓）を食べあさっている動物にふつうにみられ，同じく南アフリカ産の別の広翼類*Cyrtoctenus*にも知られている構造だ，と解釈した．当時スームの海底には明らかに何も棲んでいなかったのだから，*Onychopterella*は泥を食べあさったとは思えない．したがって，これが*Onychopterella*に存在するというのは疑問である．第三に，*Onychopterella*には鰓弁（gill lamella）が保存されている．ずっと以前から広翼類が水中での呼吸に鰓を用いていたことがわかっていた．だがこれまで化石に保存されていたものはすべて独特のスポンジ様の物体で，そのガス交換用の表面積ではあの巨大な動物の呼吸には小さすぎる．Selden (1985) はこの古生理学的な謎について検討し，このスポンジ様の物体は彼らが陸上にいるとき空気を呼吸するための補助的器官で，両生性のカニ，ワラジムシなどにみられるものと同じであるとし，真の鰓は非常に薄いので，例外的な保存条件でないと残らないだろうと予想した．スーム頁岩はそれらの基本的器官を確認することができる例外的な保存環境を提供している（Braddy *et al*., 1999 をみよ）．

直角石頭足類：Gabbott (1999) によってKeurbos農場産の14個の直角石（Orthoceratida）が記載された（図43）．すべての標本に住房（body chamber）が残っており，いくつかはガス室のある気房（phragmocone）もある．最大の住房は長さ103mm，最長の気房部は243mm，最大幅が44mmあるので，最大の個体は350mmに少したりないほどの大きさである．どれも平らに潰れており，もとのアラレ石は溶解して雌型だけが残っている．殻に付着している着生生物については先に紹介した．この頭足類化石には例外的に摂食に用いた歯の列，歯舌（radula）が，その外形雌型として保存されているのである．化石頭足類では歯舌はまれにしか残っていない．歯舌が残っている例は古生代の頭足類より中生代のアンモノイドの方が多い．実際，古生代のアンモノイドでない頭足類でこれまでに歯舌が報告されたのは，わずか2例，石炭紀後期のメゾンクリーク（イリノイ州，第6章）とボリビアのシルル系のものだけで，したがってスーム頁岩の歯舌はこの類の最古の記録である．頭足類には2タイプの歯舌が知られている．すなわち，13の要素（element）が並ぶオウムガイ類と，7要素の列からなるイカ類（イカ，コウイカ）およびアンモノイド類，である．メゾンクリークの頭足類には13要素が認められるのでこれはオウムガイと考えられている．ボリビアのシルル系から産した直角石は7要素あるようにみえ，イカ・アンモノイド類とより深い類縁関係があることを示している．だが，スーム頁岩の頭足類にはわずか4要素だけしかみられない．これはもっとたくさんの要素があったのに保存されていないのか，見えている4要素によって覆われて見えていないか，どちらかであろう．したがってスーム頁岩の資料は頭足類の歯舌の進化を理解する助けにならない．

コノドント動物：スーム頁岩で最もよく知られているのは，おそらく例外的な保存のコノドント動物が産出したことであろう（図46）．コノドント（conodont）として知られる構造物は，燐酸質で小型，単純なあるいは複

図45　広翼類の*Onychopterella*（GSSA），長さ150mm．

雑な角状の化石である．発見されてから1世紀以上，今から20年前まで，その分類上の所属はいらいらするほどわからないまま時が経過してきた．ミミズ型のいろいろなムシ（蠕虫）がその所有者として競って次々と名乗りを上げた．だがほとんどは，コノドントを体内に含む問題の動物が，コノドント動物を食べたというだけではない，という証明が困難なのであった．1982年に一つの化石が発見された．それはコノドントのエレメントが確かにその動物体の構造の一部であること（Briggs *et al.*, 1983），およびその動物が脊索動物で，おそらく初期の無顎類のナメクジウオ（*Amphioxus*）やヌタウナギ（hagfish）と関係があることをと証明できるものであった．

スーム頁岩のコノドント動物 *Promissum pulchrum* は，最初1986年に非常に初期の陸上植物として記載された（Kovács-Endrödy, 1987）．本当に植物片なら，これは陸上植物の進化で重要な位置にあることが期待される（学名は'美しき期待'という意味）．ふつうコノドントは岩石を酸に浸して分解したときバラバラに分離したエレメントとして見つかるのだが，ときに十分大きい場合に層理面上で肉眼で認めることができる．エレメントが摂食用の構造と思われるような配置に組み合わされて産することもある．スームの標本を調べた一部の研究者（たとえばRayner, 1986）にとってはこの化石が植物でないことは明白だったが，では何か，と答えるのは簡単なことでなかった．あるいは巨大な筆石ではないか？ 筆石のエキスパートである Barrie Rickards が標本を調べて，最終的に結論したのはもしかすると巨大なコノドント動物だ，ということであった．そこでコノドントの専門家の Dick Aldridge に持ち込んで確認を求めた．その結果，*Promissum pulchrum* は，知られるかぎり最も巨大なコノドントの集合であり，明らかに巨大なコノドント動物の一部である（Theron *et al.*, 1990），として広く知られるようになった．もっと多くの標本を得る努力が続き，1993年に努力は報いられて軟体組織が残っている *Promissum*

pulchrum の標本が発見された（Aldridge and Theron, 1993）．Sandfontein 地点におけるその後の発見で，コノドントのエレメントをもつものがどんなタイプの動物であったかについて新情報が得られた．この動物は長さ40cmに達し，体の先端に1対の眼をもち，堅い棒状の脊索（notochord）が体の中央を通り，筋節（myomere，脊索動物門にある'く'の字型の筋塊）がある．筋節はこれがウナギのように体を胴から尾に向かって波打たせて推進したことを示唆する．コノドントのエレメントは眼の背後の下側に位置し，明らかに摂食と関係している．だがコノドントの解剖について1点だけ解決に時間を要した問題がある．それは，コノドント器官が摂食の際にどのように働いていたのか，という点である．おおざっぱにいうと，一説では，エレメントは歯あるいは引っ掻く道具であると主張する．他の説では（摩耗したところがないことと，成長様式とを強調して）これは肉質の組織の中に埋もれていて，内部から支える役をするものだ，とする．化学的分析では，コノドントは現生脊椎動物の骨やエナメル質と同じ物質でできているという．機能形態学的解析からこの器官が摂食にどう使われていたかが調べられている．だが，この複合した多様な構造は，あら

図46 コノドントの前部口器 *Promissum pulchrum*，左下に眼，中央に口器（GSSA），長さ22mm．

図47 未記載の奇怪な動物化石（GSSA），長さ400mm．

ゆる原始的魚類のどれにもまったく類似性がない．したがって最初の魚の顎が直接コノドントから由来したということはない．

その他：本書で取り上げたほかの化石ラガシュテッテンと同様に，スーム頁岩でも，知られているグループのどれにも入らない得体の知れない化石がいくつか見つかっている．その中で最も興味深いのは，非常に大きく（40cm），多数の体節からなる軟体性の動物（**図47**）で，所属不明．まだよく調べられていないし，報告が出ていない．また，有機質の壁からなる棘状の化石が散在していて *Siphonacis* と命名されている．これは何か棘の生えた動物のものか．最後に，直角石に付着していた着生生物中にコニュラリア（*Conularia*）がいる．これは古生代にいた小型の円錐型の生物で，所属不明である．

スーム頁岩の古生態

スーム頁岩化石群からの情報に堆積学的データを合わせると，当時ここは寒冷で浅い泥質の海で，海底にはほとんど生命がいなかった，という情景を描くことができる．だが水の中には多くの遊泳動物がいて，さまざまな食物ニッチ（feeding niche）を占めていた．広翼類，コノドント類，直角石類は，おそらく捕食者か腐食者で，いっぽう腕足動物とコニュラリア類は濾過食者であった．海底にもときおり腕足動物の *Lingula* 類（濾過食者），腐食性のミオドコーパ貝形虫などの底生動物が棲む機会があった．このほか，まだ発見されていないが大型の捕食者あるいは腐食者がいた形跡が，糞石，砕けた腕足動物の殻，コノドントの壊れたエレメントなどとして残されている．

スーム頁岩と他の古生代前期生物群との比較

この章の冒頭，"背景"のところで述べたように，オルドビス紀にはスーム頁岩に比較できるような特別な保存状態の化石群はほかにない．だがスーム頁岩の化石群はオルドビス紀後期という興味深いこの時代の，よく保存されていない他の生物群の特徴を反映している．スーム頁岩は，オルドビス系上部の Ashgill 階，なかでもその最上部の Hirnantian に対比されている．この時期にはゴンドワナの一部，現在の北および西アフリカにあたる地域に中心のある氷河の跡が知られている．もっとも氷河の影響はもっと広域にわたるもので，たとえば英国ではこの層準で筆石群集の多様度が急減する．筆石はふつう，低緯度の亜熱帯域にいるプランクトンであった．たしかにオルドビス紀末の大量絶滅は，恐竜を一掃した有名な白亜紀末の絶滅のように，当時の動物の"科"の1/4を死滅させたもので，Hirnantian 氷河作用と関連した出来事であった．このとき全三葉虫の3/4，腕足動物の1/4が絶滅し，より冷水に適応していたいわゆる Hirnantia 動物群に置き換わった．この動物群は世界中のいくつもの産地で知られている．シルル紀はオルドビス紀と同様に例外的保存の化石産地に乏しいが，最近になってシルル系下部の Wenlock 階から新しい化石ラガシュテッテが発見された（Briggs *et al*., 1996）．これは火山灰中に保存された化石群で，記載が始まったところである．

参考文献

Aldridge, R. J. and Theron. J. N. 1993. Conodonts with preserved soft tissue from a new Ordovician Konservat-Lagerstätte. *Journal of Micropalaeontology* **12**, 113–117.

Aldridge, R. J., Theron. J. N. and Gabbott, S. E. 1994. The Soom Shale: a unique Ordovician fossil horizon in South Africa. *Geology Today* **10**, 218–221.

Braddy, S. J., Aldridge, R. J. and Theron, J. N. 1995. A new eurypterid from the late Ordovician Table Mountain Group, South Africa. *Palaeontology* **38**, 563–581.

Braddy, S. J., Aldridge, R. J., Gabbott, S. E. and Theron, J. N. 1999. Lamellate book-gills in a late Ordovician eurypterid from the Soom Shale, South Africa: support for a eurypterid–scorpion clade. *Lethaia* **32**, 72–74.

Briggs, D. E. G., Clarkson, E. N. K. and Aldridge, R. J. 1983. The conodont animal. *Lethaia* **16**, 1–14.

Briggs, D. E. G., Siveter, D. J. and Siveter, D. J. 1996. Soft-bodied fossils from a Silurian volcaniclastic deposit. *Nature* **382**, 248–250.

Cocks, L. R. M., Brunton, C. H. C., Rowell, A. J. and Rust, I. C. 1970. The first Lower Palaeozoic fauna proved from South Africa. *Quarterly Journal of the Geological Society of London* **125**, 583–603.

Cocks, L. R. M. and Fortey, R. A. 1986. New evidence on the South African Lower Palaeozoic: age and fossils reviewed. *Geological Magazine* **123**, 437–444.

Fortey, R. A. and Theron, J. N. 1995. A new Ordovician arthropod, *Soomaspis*, and the agnostid problem. *Palaeontology* **37**, 841–861.

Gabbott, S. E. 1998. Taphonomy of the Ordovician Soom Shale Lagerstätte: an example of soft tissue preservation in clay minerals. *Palaeontology* **41**, 631–667.

Gabbott, S. E. 1999. Orthoconic cephalopods and associated fauna from the late Ordovician Soom Shale Lagerstätte, South Africa. *Palaeontology* **42**, 123–148.

Gabbott, S. E., Aldridge, R. J. and Theron, J. N. 1995. A giant conodont with preserved muscle tissue from the Upper Ordovician of South Africa. *Nature* **374**, 800–803.

Gabbott, S. E., Aldridge, R. J. and Theron, J. N. 1998. Chitinozoan chains and cocoons from the Upper Ordovician Soom Shale Lagerstätte, South Africa: implications for affinity. *Journal of the Geological Society of London* **155**, 447–452.

Gabbott, S. E., Norry, M. J., Aldridge, R. J. and Theron, J. N. 2001. Preservation of fossils in clay minerals; a unique example from the Upper Ordovician Soom Shale, South Africa. *Proceedings of the Yorkshire Geological Society* **53**, 237–244.

Kovács-Endrödy, E. 1987. The earliest known vascular plant, or a possible ancestor of vascular plants, in the flora of the Lower Silurian Cedarberg Formation, Table Mountain Group, South Africa. *Annals of the Geological Survey of South Africa* **20**, 893–906.

Rayner, R. J. 1986. *Promissum pulchrum*: the unfulfilled promise? *South African Journal of Science* **82**, 106–107.

Selden, P. A. 1985. Eurypterid respiration. *Philosophical Transactions of the Royal Society of London*, Series B **309**, 219–226.

Theron, J. N., Rickards, R. B. and Aldridge, R. J. 1990. Bedding plane assemblages of *Promissum pulchrum*, a new giant Ashgill conodont from the Table Mountain Group, South Africa. *Palaeontology* **33**, 577–594.

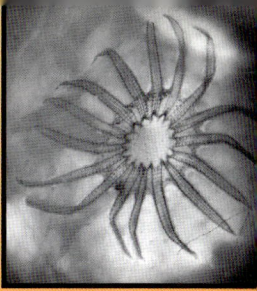

フンスリュックスレート
The Hunsrück Slate

Chapter Four

背景：脊椎動物の出現と魚類の時代

　脊椎動物〈背骨をもつ動物〉は脊索動物門（Chordata）の一員である．脊索動物はみな脊索（notochord：コラーゲンの柔軟な棒で体の全長を貫通している）とV字型の筋肉の束（myotome, 筋節）をもつ．長い間，記録上最古の脊索動物はカンブリア系中部，バージェス頁岩（第2章）産の小さな *Pikaia* であり，したがって脊索動物はカンブリア爆発のときに出現したもの，とされてきた．

　しかし，1999年に中国南部（第2章 p.28をみよ）の下部カンブリア系から無顎類（Agnatha）に属する脊椎をもった小型の魚が発見され，脊椎動物そのものの起源がまさにカンブリア爆発の最中，そのるつぼの中にまで遡ることになったのである．無顎類は，現生のヤツメウナギ，ヌタウナギなどで，顎骨がなく，吸盤のような口があり，脊椎動物中の原始的なグループである．だが，彼らの中には高等な脊椎動物の先祖になったものはいなかった．

　シルル紀前期になって第2のグループの魚類が現れた．謎の多い棘魚類（Acanthodii：その目立つ尾びれのため「棘鮫類」というあまり適切でない名でよばれている魚類）である．一般に小型で，背側と腹の鰭（ヒレ）の縁に多数の棘がある．デボン紀に淡水域で数を増してペルム紀前期末まで生存していた．彼らは化石記録の中で最初に顎骨をもった脊椎動物として重要である．

　だが，カンブリア紀からシルル紀までは魚化石の記録は非常に少ない．魚の初期進化における主要な出来事は，おそらくこの時期に淡水域で起こった可能性が最も高い．だがデボン紀まで淡水の堆積物は少なく，デボン紀になってはじめて（主として Old Red Sandstone 大陸[*1]上で）ふつうにみられるようになった．デボン紀は，この紀の終わりまでに魚の主要な5つのグループ[*2]がすべて出現し，場所によって非常に多くなったことから，"魚類の時代"として知られる（詳細は Benton, 2000 をみよ）．

[*1]：旧赤大陸．シルル紀末のカレドニア造山運動で北米側の大陸とヨーロッパ側の大陸が接合してできた超大陸．大陸上に砂漠成の赤色砂岩（Old Red Sandstone）が堆積した．
[*2]：無顎類，棘魚類，板皮類，硬骨魚類，軟骨魚類の5綱を指す．

　棘魚類に続いて出現した第3のグループは板皮類（Placodermi）である．顎骨は十分発達していないが頭部表面に骨質の頑丈な装甲をもつ魚類で，その生存期間はほぼデボン紀に限られ，いまは絶滅している．だが一時はこの類が優占的であり，頭部を頑丈に装甲した異様な形態の非常にさまざまな種類が現れ，なかには *Dunkleosteus* のように体長20mを越す巨大魚がいた．彼らの顎には歯がなく，ただ下顎の上縁が刃のように鋭くなっていた．

　最後に2つの現生魚類のグループ，硬骨魚類（Osteichthyes）と軟骨魚類（Chondrichthyes）がデボン紀に出現し，繁栄した．硬骨魚類はデボン紀前期に現れ，古生代の終わりまでにはほとんど唯一の魚類として，湖沼や河川を独占し，海へも進出していた．これには2つの系統がある．肉鰭類（Sarcopterygii, 葉状のひれをもつもの）には，肺魚やシーラカンスがふくまれ，デボン紀にはいまよりもっと重要なグループだった．もう一つは条鰭類（Actinopterygii, 放射状のひれをもつもの）で，これには現生の淡水魚のほとんどすべて，および海生魚類の大多数がふくまれている．

　サメ・ガンギエイ・エイ・ギンザメなどの軟骨魚類は魚類の5つの綱のうち最後に出現した．このグループはデボン紀中期の終わりころより前には知られていない．このことは，硬い骨のないことが原始的形質を表すのではなく，進化が骨を減少させる方向に進んだことを示唆する．

　淡水域や海域では，はじめ装甲をもった板皮類が優占的だったが，デボン紀末までに現代的なサメ類や硬骨魚類がとって代わった．そのうえ，肉鰭類がデボン紀中期の Givetian 期に現れて，脊椎動物第二の大グループにの

しあがった．そしてこのグループが最初に陸上を征服した脊椎動物となったのである．彼らがもっていた葉状のひれが，そのつけねにある1本の骨と強力な筋肉とによって身体を支えるようになったとき，そのひれが最初の両生類の四肢となったのである．

　脊椎動物の進化にとって重要なこの時期のようすは，いくつかのデボン紀含化石層に記録されている．西オーストラリアGogoの上部デボン系，北スコットランドCaithness地方Achanarrasの旧赤砂岩中の湖成層（本章末尾，p.46），ドイツ西部，Rhenish Massifの下部デボン系フンスリュックスレート（Hunsrück Slate），などである．フンスリュックスレートは脊椎動物以外にさまざまな植物や無脊椎動物化石を産する．これは真の保存的化石ラガシュテッテで，いろいろな動物の軟体組織までが見事に保存されている．なかでも注目されるのは棘皮動物（ことにヒトデ類）と節足動物である．それに，黄鉄鉱化（pyritization）というここ独特の保存様式のため，この化石はX線で観察が可能で，この方法で時にきわめて微細な部分まで観察することができる．

フンスリュックスレート化石群の発見と研究の歴史

　フンスリュックスレートは，ラインやモーゼル地方のラインスレート山地（Rhenish Schiefergebirge）地域で，数世紀にわたって屋根を葺くスレート板の重要な原料であった（図48）．スレートはローマ時代から使われていたことが西部ドイツの無数のローマ遺跡から知られている．だがこの地域で採掘していた記録の最初は14世紀からである（Bartels et al., 1998）．その後何世紀も盛んに採掘がおこなわれた．18世紀後期の産業革命とともに屋根用スレートの生産は著しく拡大し，ライン川やモーゼル川の船便で各地に輸出されていた．だが三月革命前後（1846～49年）の工業の崩壊がこの採掘集落に貧困と労苦をもたらしたのであった．

　1870～71年の普仏戦争後の経済的復興と新しいナショナリズムの勃興がスレート工業に再び活気をもたらし，大きな企業による大規模な採掘が始まった．20世紀初めには深い立坑があけられ，運搬に鉄道が用いられるなど，技術開発が進んだ．第二次大戦から1960年代まで生産が続けられたが，合成板や安い輸入スレートとの競争で衰

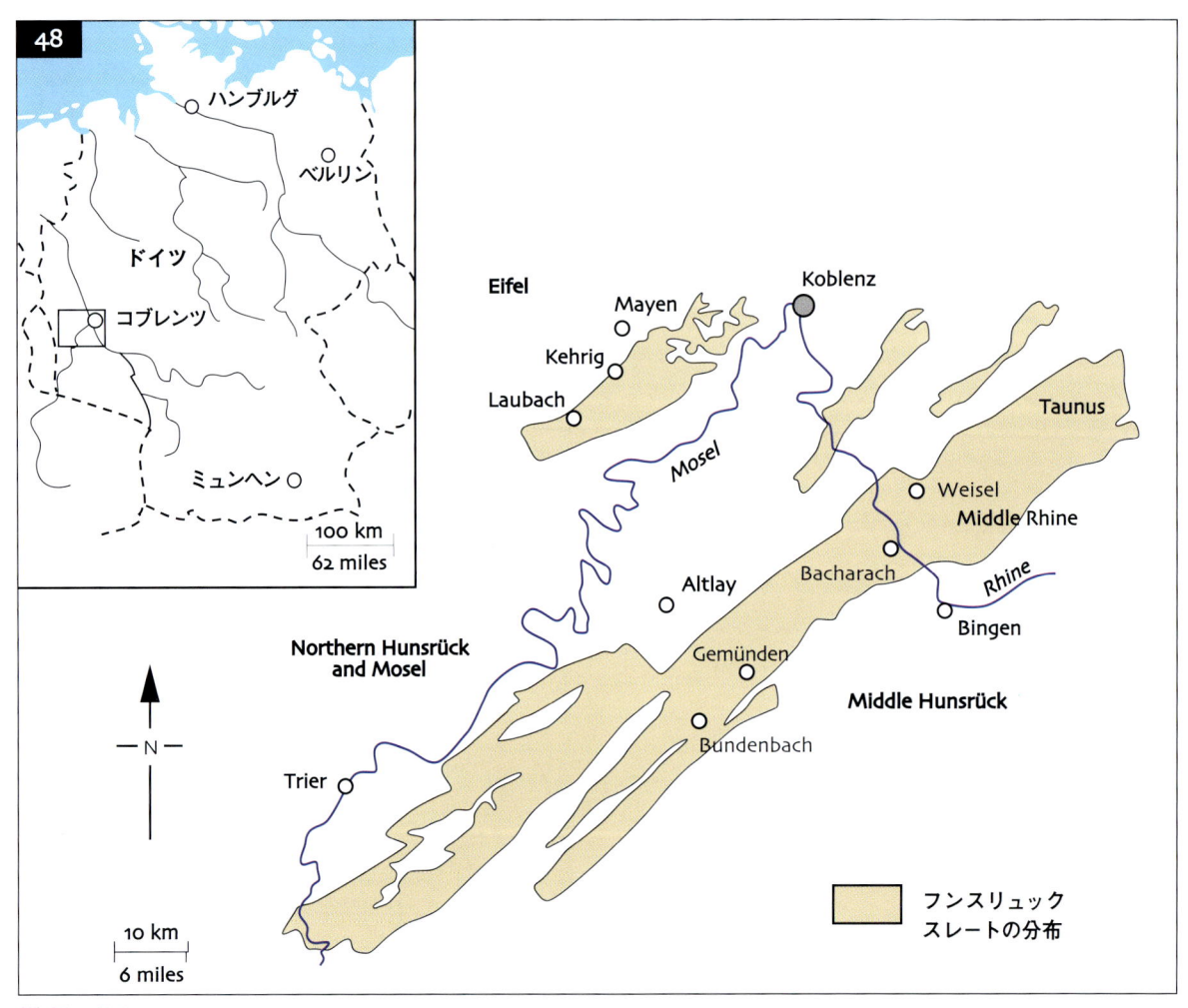

図48　ドイツ西部，フンスリュック山地におけるフンスリュックスレートの化石産地（Bartels et al., 1998による）

Chapter Four — フンスリュックスレート

退した．最近では Bundenbach 地域でただ 1 カ所（Eschenbach-Bocksberg 石切場）が稼行しているだけだったが，ここも 1999 年から採掘をやめ，スペイン，ポルトガル，アルゼンチン，中国などから輸入したスレートを加工するだけとなった．

スレートの採掘は化石の発見にとって不可欠であった．化石はそれほどまれではないとはいえ，大量の岩石を扱ってこそ容易に集められるものであり，博物館に展示してある美しい標本はみなスレートを薄く剥がす職人が発見したものである．この化石に関する最初の科学的論文は Roemer（1862）によるもので，彼は Bundenbach 地域のヒトデとウミユリを記載し図示した．R. Opitz（1890-1940），F. Broili（1874-1946），R. Richter（1881-1957），W. M. Lehmann（1880-1959）ら高名なドイツの古生物学者が 1920 年代から 1950 年代にかけてこのスレートの化石を盛んに研究したが，Lehmann の死とスレート工業の衰退とが重なり，とりわけ新らしい標本の発見が少なかったため，研究も対応して衰退した．

1960 年代末にシーメンス社の物理化学者・放射線学者の Wilhelm Stürmer が専門の技術を古生物学への自分の興味に結びつけ，X 線を用いてフンスリュックの化石を調べるという新しい手法を開発した（Stürmer，1970）．

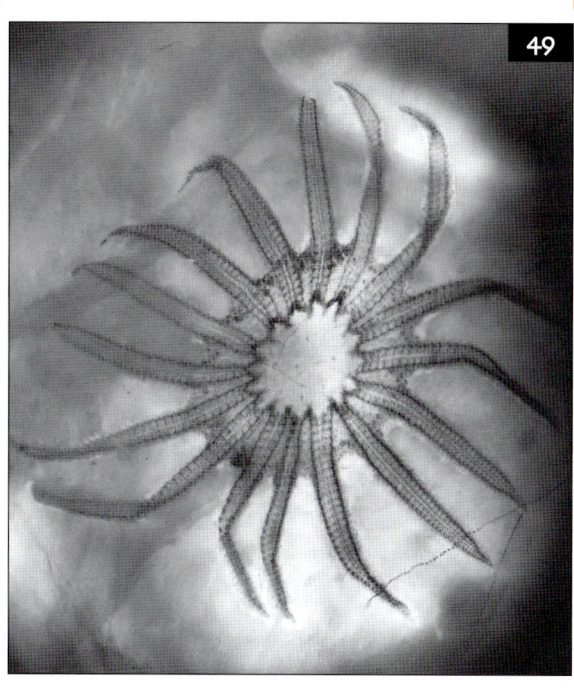

図 49　ヒトデ *Helianthaster rhenanus* の X 線写真（DBMB）．幅約 150mm．

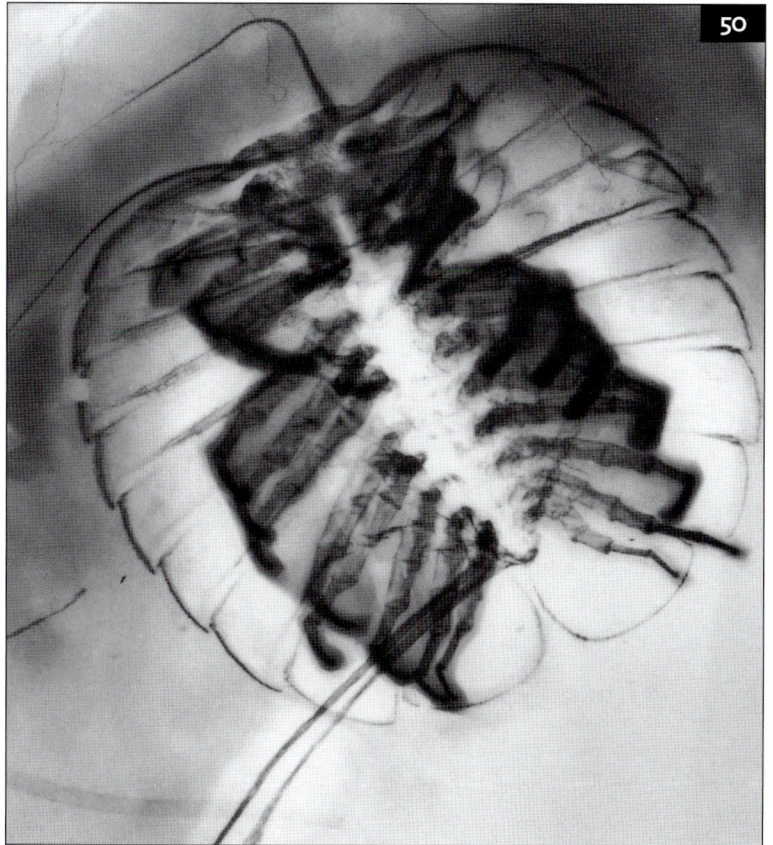

図 50　節足動物の *Cheloniellon* の X 線写真（BKM）．幅 120mm．

Stürmerが撮影した，手を加えていないスレート塊の軟X線（25〜40KV）による美しいX線写真，高分解能フィルムと画像処理を組み合わせたステレオ写真などは，通常の技術では見ることのできない化石軟組織のきわめて細かいところまでを見せてくれる（図49, 50）．最近になってGünther BrasselとChristoph BartelsがStürmerの研究を引き継いで研究を進めている（Bartels and Brassel, 1990）．Bartels et al.(1998)にこれらの研究の詳細な文献目録が載っている．

フンスリュックスレートの層序的位置とタフォノミー

フンスリュックスレート（Hunsrückschiefer）は下部デボン系の泥質岩の厚層で，低度の変成作用のためスレート（粘板岩）*になっている．この地層は厳密には層序的単位というよりfacies（相）と見なすべきもので，泥岩の堆積は時間面と斜交し，北西地域で早く始まり南東地域に移っていった．したがって詳しい年代は場所によって異なり，Pragian後期からEmsian前期まで，およそ1500万年におよぶ．Hunsrück丘陵に帯状に分布するその露頭（図51, 52）は，距離にして150kmほど，400km²の広さにおよぶ．

*：造構運動による偏圧で構成粒子が互いに平行に配列するようになり，そのため薄く剥げる泥質岩．剥げる面をスレート劈開という．

泥の堆積は，北側にあってこの時期に隆起を始めた旧赤大陸と南側の中部ドイツ隆起帯（Mitteldeutsche Schwelle）との間に位置する北東–南西方向に細長く伸びる海盆で起こった．シルル紀後期/デボン紀前期ころのカレドニア造山運動（Caledonian Orogeny）の直後，旧赤大陸の隆起によって供給された大量の砂や泥の粒子は河川

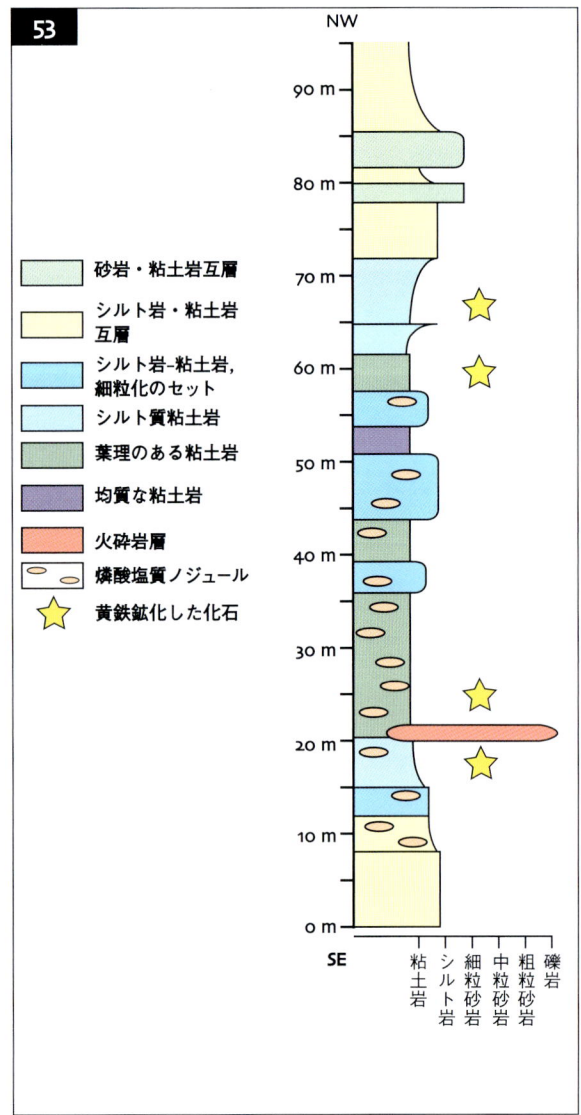

図51 ドイツ西部，ラインスレート山地のFischbach付近におけるフンスリュックの丘陵．

図52 Bundenbach, Herrenberg鉱山におけるフンスリュックスレート

図53 Bundenbach地域におけるフンスリュックスレート

Chapter Four — フンスリュックスレート

で南に運ばれ，細粒堆積物は浮遊粒子として外洋に運び出され，中央Hunsrück盆地に堆積した．フンスリュックスレートの全層厚は3750mと見積もられている（Dittmar, 1996）が，BundenbachおよびGemünden周辺の屋根用スレート層は1000m以下である（図53）．

続く石炭紀のバリスカン造山運動（Variscan Orogeny）の時に泥質岩は低度の変成作用を受け，特徴的なスレート劈開が生じた．Bundenbach-Gemünden地域のような褶曲の翼部では，劈開は層理面に平行で，そのため化石を取り出すことが可能となっている．

フンスリュックスレート化石群の生態的背景についての詳細な研究は最近始まったばかりである．光合成をする紅藻がいたことと，いくつかの魚類や節足動物がよく発達した眼をもっていたこと（Stürmer and Bergström, 1973; Briggs and Bartels, 2001）から，この化石群集は水深200mより浅い有光帯に生息していたことが示唆される（Bartels et al., 1998）．平均の堆積速度はわずか2mm/年と見積もられていたが，Brett and Seilacher (1991)は急速な堆積が断続的に起こった，と考える．夏の嵐で浅海の堆積物が攪拌され，混濁流を起こして深みへ流れ込んだ，というのである．泥底に生息していた生物たちは一気に圧倒され，埋没したと考えることで，底生動物の多いことが説明される．

初期の研究者たち（たとえばKoenigswald, 1930）は，生息していた場所から生存はできないが保存には適した場所に，水流によって群集が運び込まれた，まさにバージェス頁岩について推測された（第2章）のと同じように考えていた．だが，ウミユリがその根（固着装置）とともにその場に埋まっているもの，堆積と同時に節足動物のつけた足跡が保存されているもの，などが発見されて，フンスリュックの化石群は化石となったその場に生息していて，生息位置で埋没したことが確実になった（Sutcliffe et al., 1999）．

海底にはあきらかに底生群集が定着できるだけ十分に酸素が行きわたっていた．さまざまな生痕からみて内在群集も繁栄していた．軟組織が保存されるには埋没後に内在動物によって乱されないことが必要なので，堆積物は急速に埋没し，無酸素状態になって生物が棲めなくなり，底生動物や腐食者が閉め出されたと思われる．だが，埋没が起こるのはおそらく200〜300m^2（Bartels et al., 1998）といった狭い範囲に限られた出来事で，その周囲では底生群集が無事に生き延びていたであろう．

フンスリュックスレートの化石は，その硬組織化した骨格も硬化していない軟組織も，ともに黄鉄鉱化（pyritization）によって保存されている，という点で注目に値する．そのうえ，繊細な壊れやすい殻（たとえば棘皮動物の骨格など）がしばしば連結したまま完全な個体として残っている．だが，節足動物の付属肢，眼，消化管，それに頭足類の触手などの軟組織が保存されているのは，厚いフンスリュックスレートの中でもBundenbachやGemünden地域の，それもごく限られた4層準だけである（図53）．ほかの場所でも同じ種類の化石が見つかるが，それはばらばらになったあるいは破片化した硬い骨格の部分に限られている．急速な黄鉄鉱化という条件が，ごく限られた期間，限られた場所だけに存在したにちがいない．

軟組織の黄鉄鉱化というのは化石記録の中で大変まれなことで，ほかの化石ラガシュテッテンで黄鉄鉱化がみられるのは，ニューヨーク州のBeecher's Trilobite Bed（オルドビス紀）とフランスのLa Voulte-sur-Rhône（ジュラ紀）くらいのものである．Briggs et al.(1996)は軟組織の黄鉄鉱化は，有機物の含有量が低いのに溶存する鉄の濃度が高い，という堆積物化学の例外的条件下でのみ起こりうることを示した．遺骸がこのような堆積物中に埋没すると，まず嫌気性の硫酸還元バクテリアがその有機物を分解して硫化物をつくる．堆積物は鉄に富んでいるのでこの硫化物と結合して硫化鉄ができる．最後に好気性バクテリアがこれを黄鉄鉱に変える．もし堆積物中の有機物が多すぎると溶けている鉄は，遺骸のところでなく堆積物中に沈殿してしまう．

フンスリュックスレート化石群の軟組織を保存している黄鉄鉱は，このようにして組織が分解するにしたがって成長したものである．だが組織がCa燐酸塩に置換されている場合には残念ながら微細な構造はそのままには保存されない（第11章，p.114をみよ）．化石はふつうは圧縮されているが，黄鉄鉱化によって凹凸がいくらか保存されている．これはふつう，たとえばバージェス頁岩（第2章）のような泥質岩では起こらないことである．Allison (1990)は，黄鉄鉱の形成は，初期には還元的であることが条件だが，後期には酸素が必要になるので，黄鉄鉱化が起こるのは，堆積物の上の方の有酸素–無酸素の境界面に近いところであることを示した．

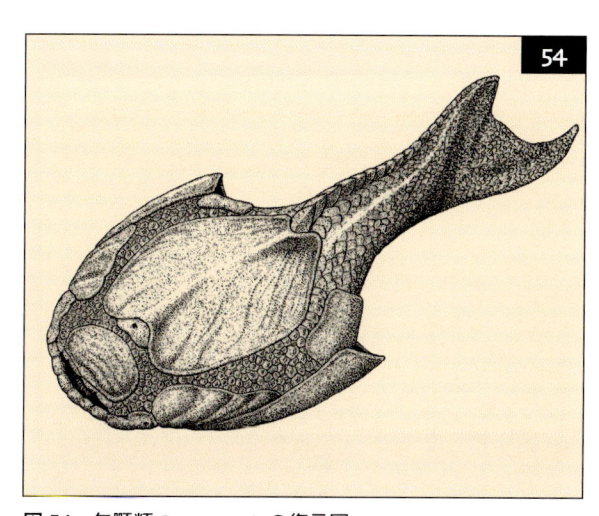

図54　無顎類 *Drepanaspis* の復元図．

フンスリュックスレートの化石群

魚　類：Bartels *et al.* (1998, p.229) が指摘するように，フンスリュックの化石群は，デボン紀前期の魚類の多様性について，他に比べるもののない詳細なイメージを与えてくれる．魚類の 5 大グループのうちの 4 グループまでがそろっている．ただ軟骨魚類だけがまだ出現しておらず，ここにいない．魚類の大部分は無顎類と板皮類である．無顎類は *Drepanaspis*（図 54）で代表される．これは場所によってたくさん産出し，一時的に汽水の環境が出現したことを示している．もう一つ，*Pteraspis* も代表的だがはるかにまれである．*Drepanaspis* の扁平な体型は，これが底魚（底層遊泳者）で，混濁流に簡単に巻き込まれたであろうことを示している．板皮類は無顎類より少ないが，*Gemuendina*（図 55, 56）や *Lunaspis* など数属がいる．前者は現在のエイのような形をしており，おそらくこれも底魚であろう．あるものは体長 1m に達する．棘魚類は化石化した 40cm にも達する長さの棘で知られており，Eifel 地域に多い．最後に，1 個体だが肉鰭類の化石があって，肺魚類の最古の記録となっている．

棘皮動物：ヒトデ類（海星類ともいう，ヒトデ綱 (Asteroidea) とクモヒトデ綱 (Ophiuroidea) を含む）はおそらくフンスリュックの化石のうちで最もよく知られ，数も最も多く，しばしば完全で，腕と腕の間に軟組織の皮膚が保存された状態で見つかる．真のヒトデ類は 14 属ある．大部分は腕が 5 本だが，いくつか（たとえば *Palaeosolaster*，図 57）は 20 本以上もっていた．*Helianthaster*（図 49, 58）は知られている最大のヒトデ類の一つだが，長さ 20cm に達する 16 本の腕をもつ．クモヒトデも 14 属が認められ，たとえば長い細い腕をもつ優美な *Furcaster*（図 59），*Encrinaster*（図 60）など，いくつかは個体数も多い．ウミユリも普通にみられる（図 61）．だが，棘皮動物でもウニ類，ウミツボミ類，ウミリンゴ類，ナマコ類はまれである．65 種のウミユリのほとんどは着生型で，多くの標本が底質に固着した状態で見つかり，壊れていない個体である．

環形動物と節足動物：フンスリュックスレートの多毛類，たとえば *Bundenbachochaeta*（図 62）は，バージェス頁岩の多毛類（第 2 章）とメゾンクリークの多毛類（第 6 章）との間のギャップを埋めるものである．多毛類のように体全体が軟組織の生物はめったに化石にならない．また節足動物は付属肢や体内の器官などの軟組織まで保存されていてみごとである．水生の節足動物の主要な 3 グループ，三葉虫，甲殻類，鋏角類は，その代表者がみなそろっている．ほかにいくつか奇怪な節足動物（たとえば，星形の背盾をもつ *Mimetaster*（図 63, 64），腕足動物のような大きな背甲をもつ *Vachanisia* など，

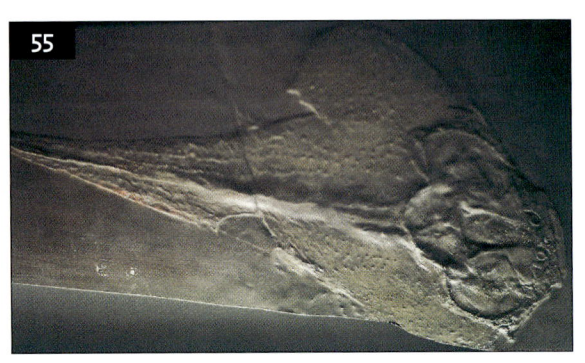

図 55　板皮類の *Gemuendina stuertzi*（SM），長さ 220mm．

図 56　*Gemuendina* の復元図．

図 57　ヒトデの *Palaeosolaster gregoryi*（BRM），幅およそ 230mm．

図 58　ヒトデの *Helianthaster rhenanus*（RM），幅およそ 150mm．

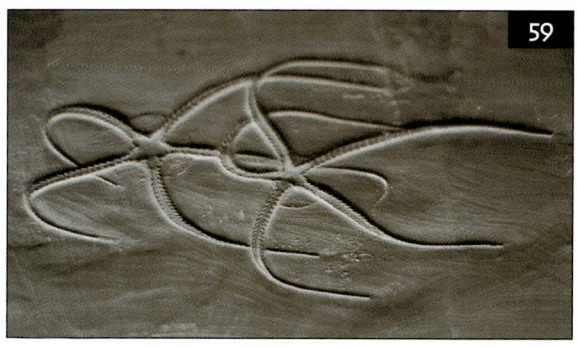

Chapter Four—フンスリュックスレート

図59　クモヒトデの *Furcaster palaeozoicus*（BM），腕の長さおよそ 75mm.

図60　クモヒトデの *Encrinaster roemeri*（MM），最大幅 120mm.

図61　ウミユリの *Imitatocrinus gracilior*（BKM），腕の長さおよそ 60mm.

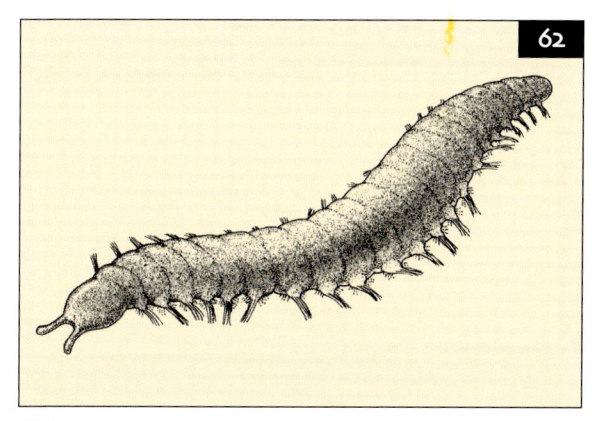

図62　*Bundenbachochaeta* の復元図.

図63　分類上の位置不明の節足動物 *Mimetaster hexagonalis*（PC），標本の左右幅 46mm.

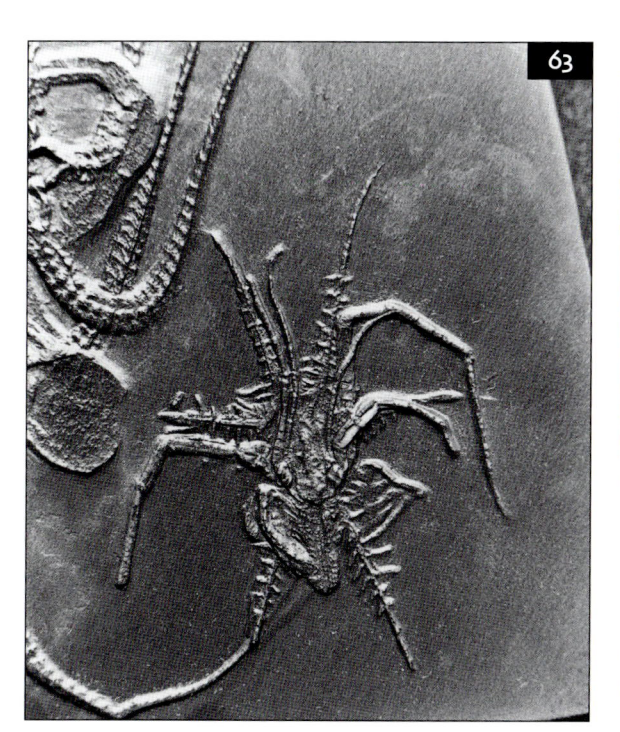

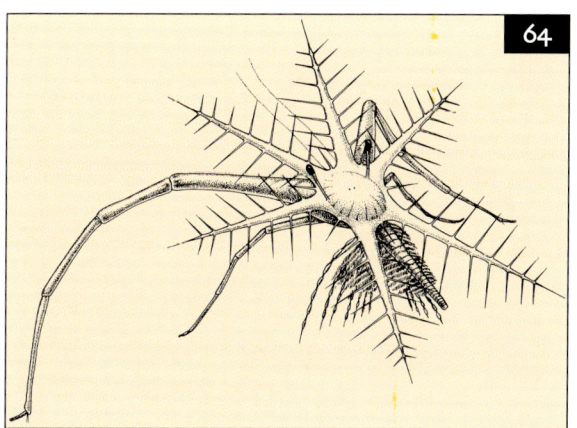

図64　*Mimetaster* の復元図.

Stürmer and Bergström, 1976）がいる．これらをみると，もっと古い体制をもつバージェス頁岩の節足動物（第2章）との類似に気付く．これらの化石は，古代的なバージェスの節足動物の末裔が，少なくともデボン紀までは生き延びていたことを証明している点で重要である（Briggs and Bartels, 2001）．三葉虫はおびただしく産出する．ことに Phacopidae 科（たとえば *Chotecops*，図 65）は多い．いっぽう甲殻類ははるかにまれだが，そのなかで最もふつうにみられるのは 2 枚の殻をもったエビ類 Malacostraca の *Nahecaris*（図 66, 67）である．鋏角類はまれで，カブトガニ類（Xiphosurida），広翼類（Eurypterida），サソリ類（Scorpionida）があり，さらに化石として知られる唯一のウミグモ綱（Pycnogonida）がいる．ウミグモ *Palaeoisopus*（図 68, 69）は驚くべきもので，これは脚長 40cm に達する．

他の無脊椎動物：フンスリュックの動物群の中で，ほかにたくさん出る無脊椎動物のグループはいないが，数は少ないが以下の数グループがいる．珪質海綿は 2 属（たとえば *Protospongia*）だけであるが，刺胞動物はもっといろいろある．カツオノカンムリ類（Chondrophorae），単体の四放サンゴのルゴサ類（図 70 の *Zaphrentis* などふつうのデボン紀型のもの），群体性の床板サンゴ（*Pleurodictyum*，*Aulopora* など），鉢虫類のコニュラリア（Conulariida），有櫛動物（Ctenophora）などである．軟体動物では腹足類，二枚貝類，頭足類で，最後の頭足類には直角石類，オウムガイ類，アンモノイドのゴニアタイトを含む．腕足動物（あるものは軟組織の肉茎 pedicle が残っている）やコケムシ類も比較的ふつうに産する．

植　物：石灰藻の *Receptaculites* が，唯一の原地性の海棲の植物である．陸上の維管束植物の破片を産出し，リニア植物（Rhyniophytes）（第 5 章をみよ）も見つかる．これらは海岸から流されてきたものである．

生　痕：これには魚の糞石（coprolite），表在動物（節足動物，クモヒトデ，魚類）の這い跡，移動性内在動物（二枚貝，ウニ類，多毛類）の動いた跡，内在動物の掘った穿孔などがある（Sutcliffe *et al*., 1999）．

フンスリュックスレートの古生態

フンスリュックスレートは，バージェス頁岩（第 2 章）と同じく，およそ南緯 20 度付近の外洋で，泥質の堆積物中，海底面上，あるいはその直上付近の水中に生息していた底生群集を代表している．海底の水は十分に酸素を含み，流れがあって，バージェスと同じに光合成藻類があることから，水深は確実に 200m より浅かった．

この化石群の統計的解析は行われていないが，これまでに記載された大型化石 400 種の大部分は明らかに底生種で，そのうちわずかな部分が底生の内在種，つまり堆積物中に棲むものである．黄鉄鉱化した穿孔 *Chondrites* はその好例で，ほかに堆積物食者，たとえば多毛類の

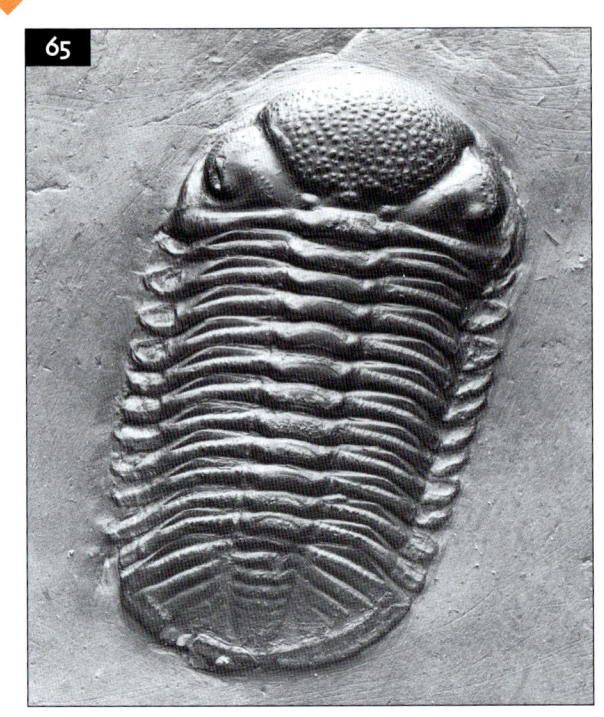

図 65　Phacopusidae 科の三葉虫 *Chotecops* sp.（DBMB），長さ 85mm.

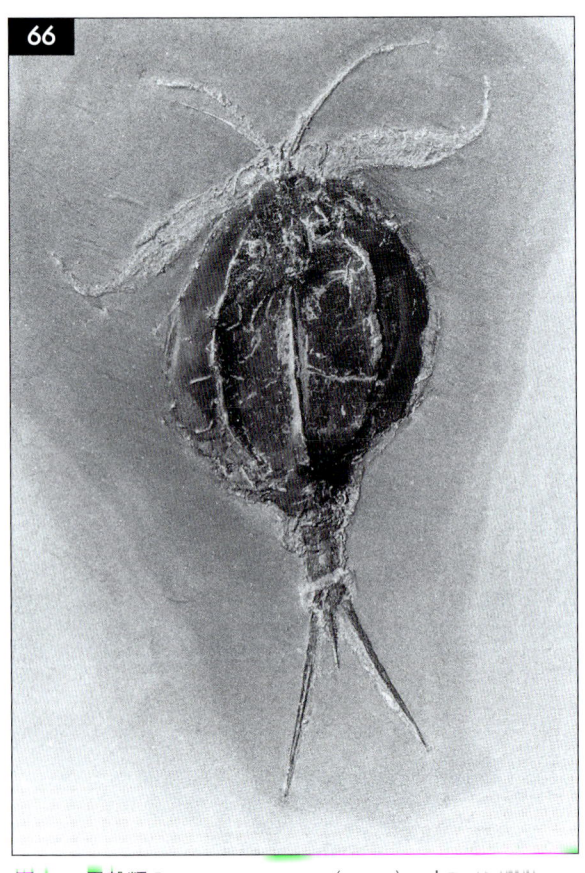

図 66　甲殻類の *Nahecaris* stuerzi（DBMB），長さ 15.7mm.

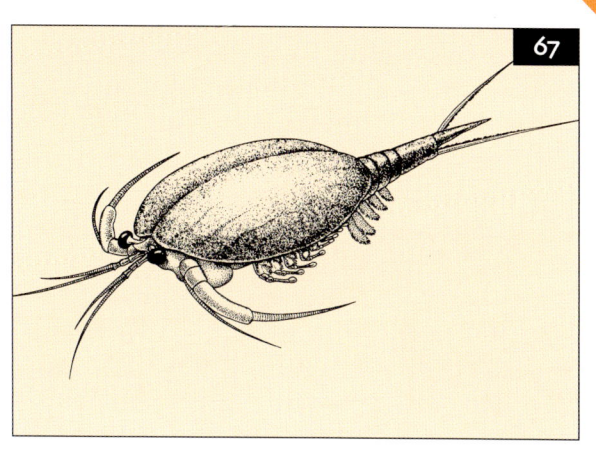

Chapter Four — フンスリュックスレート

図67 *Nahecaris* の復元図.

図68 ウミグモの *Palaeoisopus problematicus*（BKM），最長の脚の長さおよそ180mm.

図69 *Palaeoisopus* の復元図.

図70 ルゴササンゴの *Zaphrentis* sp.（DBMB），萼部の幅44mm.

Bundenbachochaeta，およびいくつかの二枚貝，ウニなどの食い歩き痕がある．

　フンスリュックの動物の大部分は底生の表在種である．それも着生性の個体が多く，ウミユリが草原のようにはびこって生え，その間に海綿，サンゴ，コニュラリア，腕足動物，コケムシ，それに二枚貝の大部分の種，などが，石灰藻のリセプタクリテス（*Receptaculitales*）と海底のスペースを分け合っていた．海底を這ったり歩き回ったりする可動性表在種としては，海星類（ヒトデ類・クモヒトデ類）と節足動物（三葉虫・甲殻類・鋏角類・および古代型節足動物）が優占的であった．いくつかの巻貝類もこれにはいる．

　水層の上の方に住む動物は，ふつう嵐がもたらす混濁流から逃れることができた．だが遊泳性底生動物（nektobenthos，底近くを泳ぐもの）は巻き込まれやすい．たとえば無顎類や板皮類の魚，エイのような扁平な体型の *Drepanaspis* や *Gemuendina* などである．刺胞動物のカツオノカンムリ類，有櫛動物は表層部にいるプランクトンで，いっぽう活発な遊泳者には，直角石型のオウムガイ類，アンモノイドのゴニアタイト，棘魚類，それに体長2mにも達する板皮類の節頸類（Arthrodira，甲冑魚ともいう）などがいた．

　栄養解析を行うと，一通りすべての食性型（feeding type）が認められる．ウミユリと海綿が主体の濾過食者（filter-feeder），堆積物食者（deposit feeder）としては巻貝類・多毛類・ある種の節足動物（奇怪な *Mimetaster* や *Vachonisia* の類）など．あるいはヒトデも，現在は捕食者だが，その大きな口からみると堆積物食者だった可能性がある（Bartels *et al*., 1998, p.43）．他の節足動物で，甲殻類コノハエビ類（Phyllocarida）の *Nahecaris* など頑丈な大顎をもつものは腐食者（scavenger）か，あるいは巨大なウミグモ *Palaeoisopus* のような捕食者かもしれない．このウミグモは大きな鋏角（chelicerae，ハサミ）で武装して，ウミユリの草原で狩りをしていたのであろう（Bergström *et al*., 1980）．だが最大の捕食者は間違いなく

頭足類の直角石であった．それに，サメに似た棘魚類や板皮類の節頸類は頭足類直角石を捕食していた可能性がある．刺胞動物はすべて触手で小さな生物を捕らえて食べていたであろう．

他のデボン紀魚類化石産地とフンスリュックスレートの比較
西オーストラリア，Gogo 層

ここは北西オーストラリアの Kimberley 地域にあって，デボン紀後期の礁相から例外的に保存のよい魚類化石群を産出する．1940 年代に発見され，石灰岩中で続成作用の初期に形成されたノジュールに含まれているので，圧密を受けず，三次元的に保存されている（第 11 章，サンタナ層の場合と比較せよ）．酢酸を使って慎重に剖出していって，魚の全体を取り出すことができる．保存の状態は目を見張るようなもので，化石群にはさまざまな板皮類（甲冑魚）が含まれ，その中には camuropiscid という新しいグループがいる．これはサメに似た捕食者で，魚雷型の頭骨と，かみ砕くための歯板をもつ．何種かの新しい条鰭類（放射状の尾鰭をもつ）や肺魚も 1986 年の Gogo 調査で発見されている（Long, 1988 をみよ）．ノジュールの中には甲殻類の化石も多く，それらはおそらく板皮類に食われた犠牲者であろうという．棘魚類も軟骨魚もこれまでは全く見つかっていない．

スコットランド，Caithness の Achanarran Fish Bed

スコットランドのデボン系旧赤砂岩から産する魚化石は Agassiz の 1830 年代の古典的研究 "Recherches sur les Poissons Fossiles"（化石魚類の研究）以来，よく知られている．これはデボン紀中期に旧赤大陸にあった Orcadian Lake とよばれる大きな亜熱帯の湖で堆積したものである．この湖は Caithness の大部分，Moray Firth, Orkney, Shetland にまたがって広がっていた．魚は，酸素が十分に供給され水温の高い湖の岸近く，浅いところに棲んでいた．死ぬと遺骸は湖の中央に流れてゆき，深みに沈む．そこは温度躍層より下で，低温，無酸素状態で，遺骸は葉理の発達した泥の中に保存される．これはクラト層（第 11 章）の状況に似たところがある．

藻類の大増殖などのために，水中の酸素が欠乏して大量死事件が起こり，その結果，湖床に魚の死骸が大量に集積したが，底に腐食者がいなかったために良好な状態で保存されることになった．化石群には，無顎類，板皮類，棘魚類のほか，放射状の尾鰭をもつ種類や肺魚などの硬骨魚類がいる．小さな節足動物の化石があり，これらは小さな魚たちの食物となり，小さな魚たちは大きな肉食性の板皮類や肺魚に食われていたのであろう（Trewin, 1985, 1986）．

参考文献

Allison, P. A. 1990. Pyrite. 253–255. In Briggs, D. E. G. and Crowther, P. R. (eds.). *Palaeobiology: a synthesis.* Blackwell Scientific Publications, Oxford, xiii + 583 pp.

Bartels, C. and Brassel, G. 1990. *Fossilien im Hunsrückschiefer. Dokumente des Meereslebens im Devon.* Museum Idar-Oberstein Series 7, Idar Oberstein, 232 pp.

Bartels, C., Briggs, D. E. G. and Brassel, G. 1998. *The fossils of the Hunsrück Slate.* Cambridge University Press, Cambridge, xiv + 309 pp.

Benton, M. J. 2000. *Vertebrate palaeontology.* Blackwell Science, Oxford, xii + 452 pp.

Bergström, J., Stürmer, W. and Winter, G. 1980. *Palaeoisopus, Palaeopantopus* and *Palaeothea*, pycnogonid arthropods from the Lower Devonian Hunsrück Slate, West Germany. *Paläontologische Zeitschrift* **54**, 7–54.

Brett, C. E. and Seilacher, A. 1991. Fossil Lagerstätten: a taphonomic consequence of event sedimentation. 283–297. In Einsele, G., Ricken, W. and Seilacher, A. (eds.). *Cycles and events in stratigraphy.* Springer-Verlag, Berlin. xix + 955pp.

Briggs, D. E. G and Bartels, C. 2001. New arthropods from the Lower Devonian Hunsrück Slate (Lower Emsian, Rhenish Massif, western Germany). *Palaeontology* **44**, 275–303.

Briggs, D. E. G., Raiswell, R., Bottrell, S. H., Hatfield, D. and Bartels, C. 1996. Controls on the pyritization of exceptionally preserved fossils: an analysis of the Lower Devonian Hunsrück Slate of Germany. *American Journal of Science* **296**, 633–663.

Dittmar, U. 1996. Profilbilanzierung und Verformungsanalyse im südwestlichen Rheinischen Schiefergebirge. Zur Konfiguration, Deformation und Entwicklungsgeschichte eines passiven variskischen Kontinenentalrandes. *Beringia. Würzburger Geowissenschaftliche Mitteilungen* **17**, 346 pp.

Koenigswald, P. von. 1930. Die Fauna des Bundenbacher Schiefers in ihren Beziehungen zum Sediment. *Zentralblatt für Mineralogie, Geologie und Paläontologie* **B**, 241–247.

Long, J. A. 1988. The extraordinary fishes of Gogo. *New Scientist* **120** (1639), 40–44.

Roemer, C. F. 1862. Asteriden und Crinoiden von Bundenbach. *Verhandlungen der Naturhistorischen Vereins der Preussischens Rheinland und Westfalens. Bonn* **20**, 109.

Stürmer, W. 1970. Soft parts of cephalopods and trilobites: some surprising results of x-ray examination of Devonian slates. *Science* **170**, 1300–1302.

Stürmer, W. and Bergström, J. 1973. New discoveries on trilobites by x-rays. *Paläontologische Zeitschrift* **47**, 104–141.

Stürmer, W. and Bergström, J. 1976. The arthropods *Mimetaster* and *Vachonisia* from the Devonian Hunsrück Shale. *Paläontologische Zeitschrift* **50**, 78–111.

Südkamp, W. H. 1997. Discovery of soft parts of a fossil brachiopod in the 'Hunsrückschiefer' (Lower Devonian, Germany). *Paläontologische Zeitschrift* **71**, 91–95.

Sutcliffe, O. 1997. The sedimentology and ichnofauna of the Lower Devonian Hunsrück Slate, Germany: taphonomy and palaeobiological significance. Unpublished Ph.D. thesis, University of Bristol.

Sutcliffe, O. E., Briggs, D. E. G. and Bartels, C. 1999. Ichnological evidence for the environmental setting of the Fossil-Lagerstätten in the Devonian Hunsrück Slate, Germany. *Geology* **27**, 275–278.

Trewin, N. H. 1985. Mass mortalities of Devonian fish – the Achanarras Fish Bed, Caithness. *Geology Today* **2**, 45–49.

Trewin, N. H. 1986. Palaeoecology and sedimentology of the Achanarras fish bed of the Middle Old Red Sandstone, Scotland. *Transactions of the Royal Society of Edinburgh: Earth Sciences* **77**, 21–46.

ライニーチャート
The Rhynie Chert

Chapter Five

背景：生物の上陸

　植物や動物が海の世界を離れて陸上生活を始めた影響は，たとえばヒト（われわれも地球の陸上生物に属している）が出現した，というようなことだけでなく，実に広範に及んでいる．あのカンブリア爆発で出現したさまざまな多細胞動物のグループのうち，陸上生活者を生んだのはわずか2～3の動物門だけである．だが，上陸したものは，多様性という点からみると大成功を収めた，といえる．節足動物にはいくつか陸生甲殻類（たとえばワラジムシなど）もいるが，陸上生活者としてはるかに重要なのは，鋏角類（クモ，サソリ，ダニ類など）および昆虫類（現生動物全種の70％を占める）である．また魚類から四肢動物が，すなわち両生類・爬虫類・鳥類・哺乳類が出現した．軟体動物も，ナメクジ・カタツムリとして陸上でみごとな成功を収めている．それは庭作りをすればわかることである．陸上生活に成功するためには，植物は頑丈な幹や繁殖装置を発達させる必要があった．そしてわれわれになじみ深い樹木や花がうまれた．このように，生物の上陸は地球生物の進化史における主要な事件の一つである．これはむろん瞬間的な事件ではなく，ある特定の地質時代に限られた短期的なできごとでもない．実際ある動物（たとえばカニ）は現在上陸しつつあると考えてよい．だが実際に，シルル紀に，地表の物理的条件が陸上生活に十分適した状態になったとき，陸上への進出がいろいろなグループによって先を争うようにして始まったのである．

　海中に生息していた動植物が陸上で生活するとき，まず乗り越えるべき障壁は，水の補給の問題である．すべての生物学的過程で水は必要であるが，陸上では水の供給は海に比べて安定していない．動植物は，水の不足（あるいは過剰）を乗り切るために主に4つの戦略を採用している．まず，貝形虫と一部の藻類は，微生物のように陸上の永久水（土壌の粒子間隙水や池の水）中で生息する．彼らは実際には水生生物といわなくてはならない．両生類，ヤスデ，ナメクジ，ワラジムシなどのように，湿った場所に生活し，乾いたところには冒険して時折踏み出すだけ，というものがいる．次に植物や動物には変水性（poikilohydric）のものがいる．これらは脱水を起こしても耐性があり，必要なときには再び水を取り込んで（rehydrate），活性化することができる．たとえばコケ植物（蘚類や苔類）の休眠胞子，ホウネンエビの卵，緩歩動物のクマムシ類，などがそれである．最初に上陸したのは，おそらくこのタイプのものであろう．最後に，最も成功したのが，体表に水を通さないクチクラあるいは皮膚があって，体内に恒に水を保持している恒水性（homoiohydric）の生物である．誰でも知っている陸上の維管束植物や先に述べた四肢動物，節足動物などである．

　水から陸への関門を越すとき克服しなくてはならないもう一つの生理的障壁は，呼吸，具体的にいえば酸素（O_2）ガスと二酸化炭素（CO_2）ガスとの交換である．動物も植物も外界と O_2，CO_2 の交換を半透性の膜を通して行う．だが両分子ともに水分子（H_2O）より大きいので，この膜では水が逃げてしまう．この問題を克服するため，陸上植物では体表面の防水性のクチクラに開いた小さな穴（stomata，気孔）を経由する．これは水が余分に失われるのを防ぐため閉じることができる．動物は水中にいたときは外に露出しているエラを使ったが，空気を呼吸するためには体内に納まっている肺，あるいは昆虫では気管系（tracheal system）によって呼吸し，外部とは小さな孔（昆虫では気門 spiracle）によって接続している．

　このほか，上陸する際に獲得した適応として，丈夫な脚と水の浮力に替わるバランスのよさ，光学的・音響的特性が水とは違う媒体中で働く感覚器官（通信手段として陸上では音がよく使われる），水が得にくいことと関連した微妙なイオンバランス，直接的な交尾（水中では，配偶子（gamete）を接触させなくても相手の配偶子の近くで放出すればよい），などがある．これら数々の障壁があったにもかかわらず，生物たちは大挙して上陸した．

それは結局，まだ開発されていないニッチが存在したためと，（少なくともきっかけとして）海中での捕食から逃れて一息つくためであった．

ライニーチャート発見の歴史

ライニーチャートは1912年に医者のWilliam Mackieによって発見された．彼はスコットランド，アバディーン大学で学び，後に外科医となったが，Elgin市を拠点に優秀なアマチュア地質学者として活躍した．彼はアバディーンシャー，Rhynieの村はずれの野原（図71）で温泉から沈殿したチャート（珪質岩）の固まりを発見，なかにはっきりした植物の茎（stem）や根茎（rhizome）を含んでいた（図72, 73）．薄片を調べたところ細胞が見事に保存され，陸上の維管束植物に特有な水を通す導管もみられた（図74）．1912年10月に，地質調査所の化石採集人D. Taitがトレンチを掘ってチャートのサンプルを集めた．1917年から1921年までの間にこのとき採集された資料を基に，Kidston and Langによって5つの論文が出版され，その中で彼らは，*Rhynia*, *Aglaophyton*, *Horneophyton*, *Asteroxylon*の4植物を記載した．その後の30年ほど何の大きな発見もなく過ぎたが，1950年代末頃，ウェールズ，Cardiff大学のA. G. Lyon博士が，発芽途上の胞子の化石を発見してから再び火がついた．1960年代，1970年代には新しいトレンチが掘られた．Lyon博士はのちにこの産地を購入し，1982年にはScottish Natural Heritageに寄贈した．Rhynieでは現在これらのトレンチは跡形もなく，ただ草地と草を食む牛たちを見るだけである．最近では，これら維管束植物に加えて，藻類，菌類，地衣類など新しい資料が，故Remy教授をリーダーとするドイツMünster大学の古植物学者のグループによって得られている．

1920年代，植物化石に続いて動物化石がこのチャートの中から発見された．Hirst (1923) によって，節足動物のダニやその他の絶滅クモ形類（トリゴノタービ Trigonotarbi, p.56を参照）が報告され，Scourfield (1926) によってホウネンエビが，またHirst and Maulik (1926) に

図71　スコットランド，アバディーンシャーにおけるライニーチャートの産地．ライニーチャートはこの原野の下に横たわっている．背後の丘はこの内座層（inlier, 盆地構造）の向こうに露出する古期岩層．

図72　ライニーチャートの岩片，長さ約120mm.

図73　図72に示したライニーチャートのクローズアップ．マカロニ程度の大きさのチューブ状構造に注意．これが維管束植物の茎である．

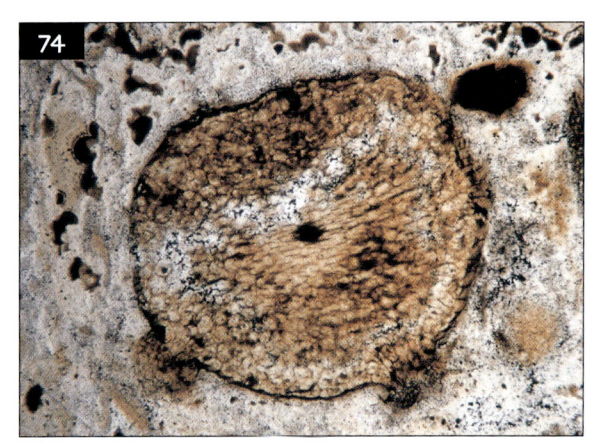

図74　ライニーチャートの薄片写真．維管束植物の茎をつくる細胞の配列が細かく保存されている．茎は直径およそ2mm.

Chapter Five — ライニーチャート

よってトビムシが記載された．わずかな例外を除き，これらの記載の正確さと節足動物の精密な描画はその後の研究者によって確認されている．1961 年に Claridge and Lyon はトリゴノタービの中から空気呼吸用の書肺（p.56 を参照）を記載した．これによってここにまさしく陸上動物がいたことが立証された．最近，このチャートの中からムカデが見つかり，またある節足動物の化石には腸の内容物が残っていて，それがデトリタス食者であることを示している（Anderson and Trewin, 2002）．

　古い研究はきわめて良好に保存された初期の陸上植物や動物に集中していた．この産地は最古の陸上動物の記録を 70 年にわたって保持してきたのだが，その地質学的背景については最近までほとんど調査がなされていなかった．1988 年にアバディーン大学の Rice と Trewin が，この地域の珪化した岩石が金とヒ素を多く含み，温泉起源であることを証明したことから，改めて関心が寄せられるようになった．続く鉱業調査によって地下の地質が詳しくわかってきたが，開発できるほどの金は見つからなかった．1990 年代にアバディーン大学のグループによって，もとのライニーチャートから 700m 離れた地点で，化石を含む新しい Windyfield チャートが発見され，間欠泉の噴出口の縁の一部が確認された．研究は米国イエローストーン国立公園の温泉のような現在の珪質熱水系との比較など，今も継続している（図 75, 76）．

ライニーチャートの層序的位置およびタフォノミー

　ライニーチャートを含む地層はデボン紀前期（Pragian 期，約 3 億 9600 万年前）で，当時の河川や湖沼に堆積した地層の一部である．当時スコットランドと北ヨーロッパの大部分，グリーンランド，北アメリカは一つに連結し，ローラシア（Laurasia）とよばれる大きな大陸をつくり，赤道の南側，緯度 0 度から 30 度の間に位置していた．ライニーでは，このデボン系は，先カンブリア時代のダルラディアン（Dalradian）変成岩とオルドビス紀深成岩に取り囲まれていて（図 77, 78），東北-南西にのびる細長い盆地に堆積した．この盆地は半グラーベンで，その西縁は地層の堆積時に活動した断層で，盆地側が沈降しており，東縁では地層は古い岩石に不整合で重なっている．このチャートの堆積環境を考えると，当時の川と湖の地域は高エネルギー環境を示す斜交層理のある砂と，氾濫原や浅い湖底に泥が堆積する複合した環境であった

図 75　ワイオミング，イエローストーン国立公園の Castle 間欠泉．間欠泉（温泉）周囲の白い沈殿物が珪華．場所によって色が違うのは，水温によって棲んでいる藻類やシアノバクテリアの種が異なるため．

図 76　温泉からの熱水に耐性がある植物，*Triglochin*．この植物は，ライニーの温泉の周囲に生育していた植物と植物学的にはごく遠い関係があるにすぎないが，見かけがよく似ている．イエローストーン国立公園，Fountain Paint Pots にて．この植物は高さが 30cm 程度まで生長する．

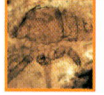

と判断される．熱水の活動が断層に沿って起こり，地下の断層付近の岩石を変質させ，いっぽう温泉や間欠泉の噴出口付近の地表に珪華（これがライニーチャート）を沈殿させた．この地層は後の地殻変動によって北西に傾き，ライニーチャートを含む部分は褶曲して向斜構造をつくっている．

　化石の保存状態はさまざまで，それは主として2つのことで決まっているらしい．化石化したときのその動植物の状態（腐敗分解の程度）と，珪酸による置換の程度とその時期とである．保存状態はさまざまで，死の時またはその直後に珪化して内部構造が立体的に完全に保存されているものから，圧縮され炭化した同定不能の細片で，分解し埋没した後に珪化したものまで，ひととおり全部そろっている．節足動物の体全体（脱皮殻でなく）が見つかった2～3の例では，消化管の内容物まで残されており，もっと繊細な構造，たとえば書肺なども完全に珪化して残っている．いっぽう，いくつかの節足動物は明らかに脱皮殻の化石である．図79はトリゴノタービの腹部で，中に脚が入っている！　脚の脱皮殻は腹部が脱皮するときその殻の中に入り込んだものにちがいない．植物化石では，垂直に立っていてその上端に胞子嚢（sporangia）があり，また水平な根茎があるもの（したがって生息位置にあると推定される）から，分解してばらばらになり，地面に倒れ伏して集積しゴミの層をなすものまである．胞子嚢には節足動物の遺骸が入っていることがある（図80）．だが，そういった胞子嚢は，みな横になったデトリタス（植物残滓）中のもので，その節足動物が胞子を食べるために植物によじ登ったとするよりも，植物が地面に倒れたあとで裂開して空になった胞子嚢に入り込み，脱皮の際の隠れ場所として利用したものと考えたほうがよいと思われる．

　熱水環境でシリカは珪華（sinter）として沈殿する．これは水和した非結晶質のオパールで，オパールAとよばれている．オパールAに過飽和な熱水溶液が温泉あるいは間欠泉として地表に噴出すると，熱水の冷却とともにオパールAが沈殿する．沈殿に影響を与える要因には，温度の低下と溶液の蒸発のほかに，pH，溶けている他の鉱物，有機物やシアノバクテリアのような生物の存在，などがある．植物体の珪化（silicification）とは溶液が組織に浸みこみ，すき間を満たす過程で，一般に鉱化（permineralization）とよばれている現象である．細胞壁を直接置換する石化（petrifaction）とは異なる．石化の場合には，生物体の組織や構造がシリカの沈殿にとってテンプレート（型板）となるのである．珪酸（H_4SiO_4，最もふつうな可溶性のシリカ）は水が失われるにつれて重合してオパールを生ずる．非結晶質シリカが材や植物

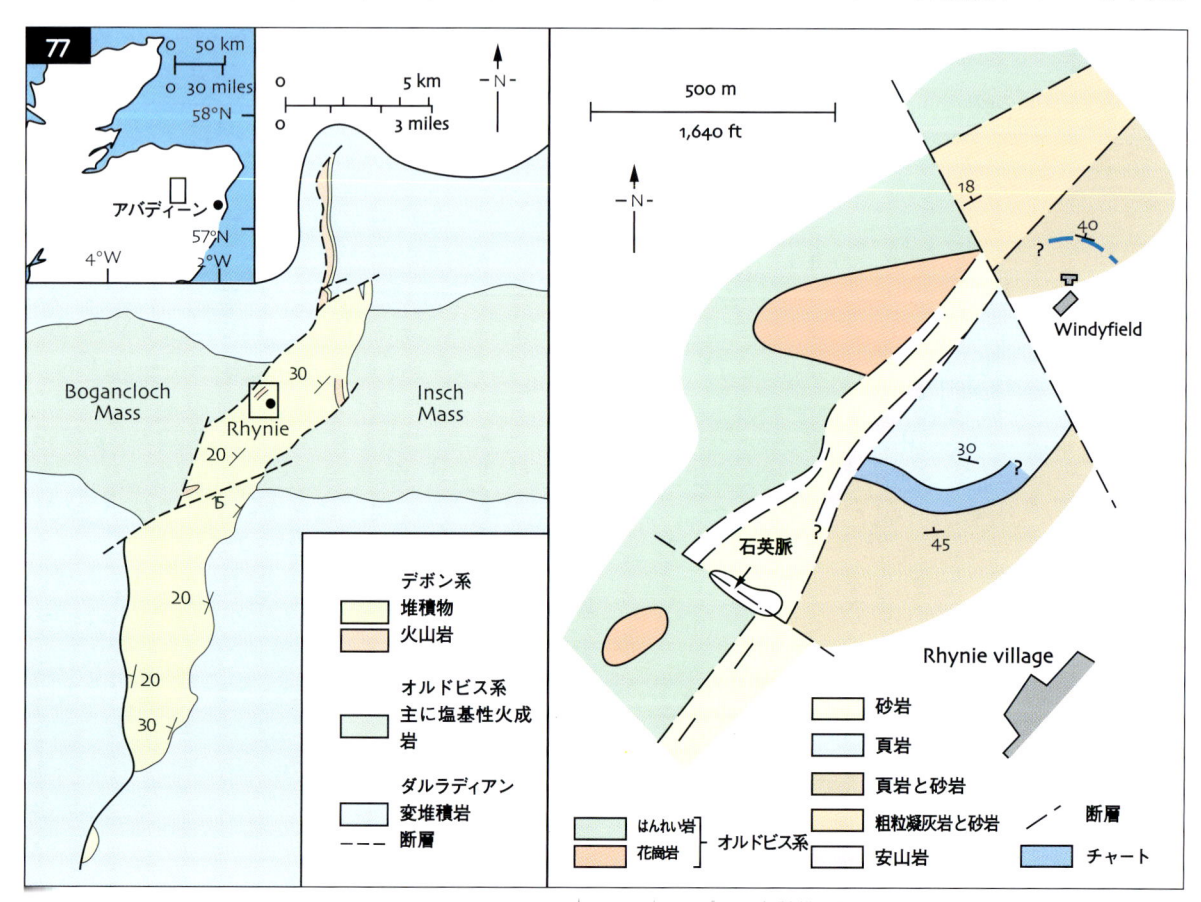

図77　スコットランド，アバディーンシャー（Aberdeenshire）のライニーチャート産地（Rice et al., 2002による）．

質の上で核形成（nucleation）を起こすには，珪酸中の水酸基と植物組織中のセルロースやリグニンとの間の水素結合が関係している．細胞内部や細胞壁間の空隙にシリカが沈殿して，植物の組織が保存される．有機物が珪化する際の最初の段階は，おそらく日の単位で起こるであろう．だが，完全な珪化にはシリカ溶液が常に十分に供給されることが必要である．ライニー地熱地帯では，温泉や間欠泉から規則的に溶液が流出していて，細胞の目立った分解が起こる前に急速で広範な珪化作用が起こっていた．そして植物体の目を見張るばかりの保存をもたらしたのである．珪華は白っぽい多孔質の物質で，チャートとはおよそ似ていない．だが長期間埋没しているうちに非結晶質のオパール A は不安定となり，珪華は次第により安定な結晶質の石英に変化する．さらにしみ込むシリカを含んだ溶液から，空隙や割れ目になおも沈殿が続き，結局チャートには元の隙間がほとんどなくなってしまう．

ライニーチャートの化石群

チャート層の各所で植物が実に見事に化石化し，細胞

図78 スコットランド，アバディーンシャーのライニーチャートの層序（Rice *et al*., 2002 による）．

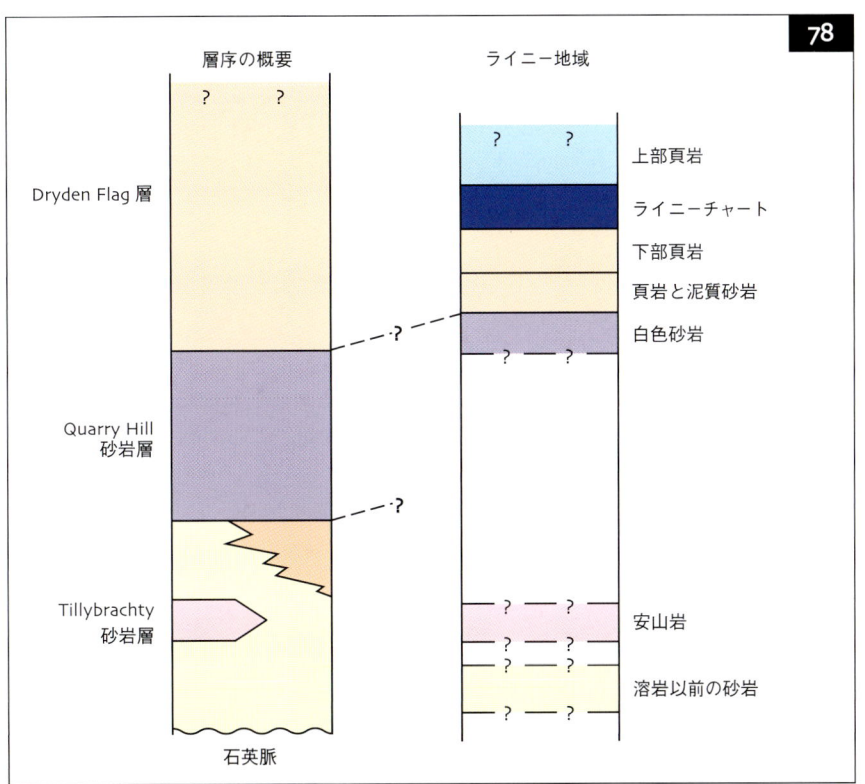

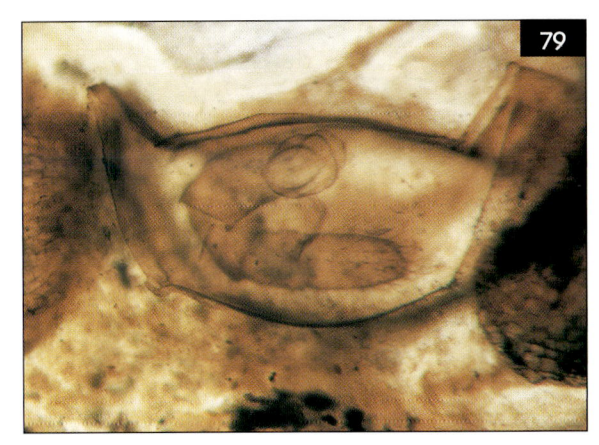

図79 クモ形類トリゴノタービの腹部断面．内部にトリゴノタービの脚が入っていて，この腹部の標本は脱皮した表皮であることがわかる．腹部の横幅約 1.5mm．

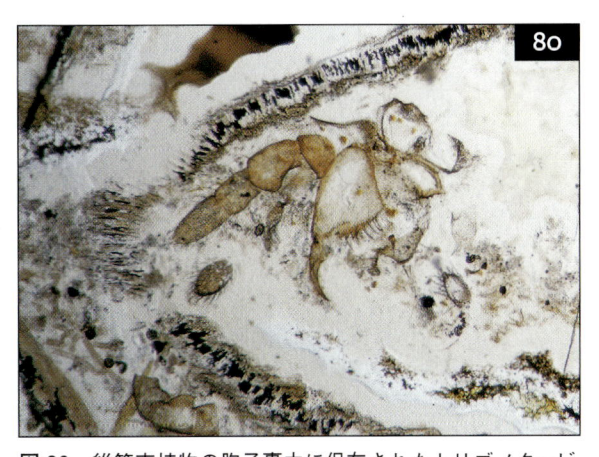

図80 維管束植物の胞子嚢中に保存されたトリゴノタービの遺骸．脚鬚（第 2 対の頭部付属肢，左）と鋏角（第 1 対の頭部付属肢，中央の爪状のもの）を伴う．胞子嚢の壁が厚化していることに注意（厚さ約 0.5mm）．

構造の詳細まで調べることができる（図74）．これら初期の陸上植物は比較的単純な体制で，維管束植物とその類群が7種類，2種類のネマト植物（Nematophyta, 類縁関係不明の植物），それにかなりの数の他の植物，菌類，藻類，および最古の化石地衣類が知られている．

植物のうち少なくとも7種類は，以下のような特徴から真の陸上植物であるといえる．すなわち，クチクラ，気孔，ガス拡散のための細胞間の隙間，水の通導および植物体の支えのための維管束（リグニンを含む），胞子嚢の裂開（dehiscence），胞子，などである．うち5種類は真の維管束植物で，水を通す細胞として仮道管（tracheid）がある．いずれも単純な体制の植物で，高さ200mmを越すものはほとんどない．どれも現生の原始的植物 Psilotum（図81, 82）に似ている．これらには2つの世代がある．無性で胞子嚢をもった胞子体（sporophyte）と，有性で半数体の配偶体（gametophyte）である．これらの植物のいくつかでは配偶体も知られている．

Aglaophyton major（図83）には地を這う根茎と直立する茎があり，茎は径6mmに達し，平滑で葉がない．根茎にはふくらみがあって，そこから水や栄養を吸い上げるための仮根が房になって生えている．枝は二又分枝で，生殖茎には先端に対になった葉巻型の胞子嚢がある．この種の雄性の配偶体は Lyonophyton rhyniensis という名で知られている．これはずっと小型で，その直立する茎には造精器（antheridia）を収めるカップ状の構造がある．Aglaophyton の分類学上の位置は，その形質に複数の植物グループの特徴が混在しているため，はっきりしない．これにはリニア植物（Rhyniophyta）がもつさまざまな特徴がみられる．リニアは化石だけが知られる原始的な一群の植物で，単純に分枝し，茎には葉がなく平滑で，Rhynia がその例である．Aglaophyton の維管束の細胞には肥厚がみられず，むしろコケ植物の中心束にあるハイドロイド（中心にある仮道管状の細胞群）に似ている．木部には真の仮道管がない．このことはこれが真の維管束植物ではないことを示唆している．Aglaophyton はデトリタスに覆われた乾いた土地に，この種類単独で，または他の植物といっしょに生育していたようである．もっとも受精には湿った環境が必要であったであろう．

Asteroxylon mackiei（図84）は，ライニーの植物の中でも進化した複雑な形態の種類の一つである．この植物には張りめぐらされ分岐する根茎があり，直立する茎は高さ400mm，直径は最大12mmに達し，二又分枝する．地上茎には鱗状の表面突起（すなわち"葉"）がある．生殖茎の表面突起の間に柄が出てその先に腎臓形の胞子嚢がある．Asteroxylon の水を通す維管束はその断面が特徴的な星形をしていて（これが属名の起源），星形のそれぞれの先端から小さな維管束が"葉"の基部に続くように放射状に伸びている．Asteroxylon は，現生のヒカゲノカズラを含むヒカゲノカズラ綱（Lycopsida）に属す．これは主として有機物に富む土壌に，他の植物と一緒に多様性の高い群集の一部として生育し，おそらく乾燥した生息場所に強いと思われる．

Horneophyton lignieri（図85）は平滑で葉のない直立した茎と，房状の仮根が生えた球状の根茎がある．地上茎は高さ200mmほど，最大径2mmほどになり，二又分枝をくり返す．生殖茎の先端にはチューブ状で軸柱

図81 現生で葉をもたない原始的な維管束植物 Psilotum nudum．枝の側面に亜球形の胞子嚢があり，体制はライニーチャートに産する維管束植物のレベルにある．ニュージーランドの Rotorua の Waimangu Valley にて．高さ約100mm．

図82 上からみた Psilotum nudum．枝の二又分枝パターンを示す．

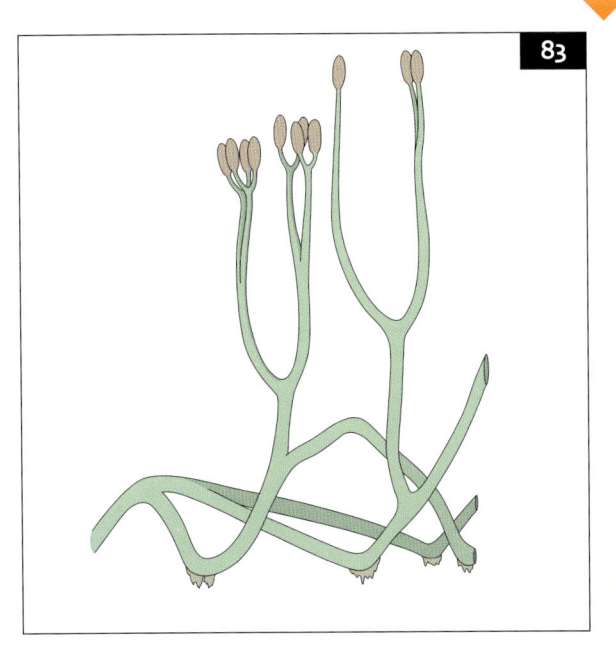

図 83　*Aglaophyton* の復元図．最大の高さ 200mm．

図 84　*Asteroxylon* の復元図．最大の高さ約 400mm．

（columella）のある胞子嚢がある．*Horneophyton* の雌性配偶体である *Langlophyton mackiei* は，ずっと小型で，直立茎は先端に造卵器（archegonia）を含むカップ状の構造がある．*Horneophyton* の維管束の細胞には肥厚があり，これが維管束植物であることを示している．だが軸柱の存在はコケ植物との類似性を示している．*Horneophyton* は砂質で有機物に富んだ基質を好んだらしく，しばしばこの種類単独で，湿っぽい，あるいは水が流れるような条件下でよく繁茂したようである．

Nothia aphylla（図 86）には，分岐しはりめぐらされた根茎のネットワークがあり，その下面にある稜から房状に仮根が伸びている．分枝した根茎の先は上方に曲がって伸び，地上茎となる．茎には葉はないが表面はでこぼこしており，くり返し二又分枝して茎の密生した生活型となる．生殖茎は側面に腎臓型で柄のついた胞子嚢をつけている．雄性の配偶子 *Kidstonophyton discoides* はずっと小型で，その直立した茎の先端にカップ状の構造を生じ，造精器をもったチューブ状の側枝がある．維管束の細胞には肥厚がみられず，現生コケ植物のあるものに似ている．胞子嚢はゾステロフィルム類（Zosterophyllum）とよばれる原始的な化石植物のものに比較され，葉がなく単純に分枝する茎はリニア門に似ている．このためその分類学上の位置がはっきりしない．*Nothia* は砂質土壌で植物デトリタスに覆われた土地に，単独で，あるいは他の植物といっしょに育っていた．

Rhynia gwynne-vaughanii（図 87）はこのライニー古生態系中で最も多い植物の一つである．*Aglaophyton* のように，これも，這い回り分岐する根茎と，平滑で葉のない直立した茎とをもつ．これは高さ約 200mm はどまで

図 85　*Horneophyton* の復元図．最大の高さ約 200mm．

に成長し，茎は二又分枝し，径3mmほどになる．*Rhynia* は茎上に奇妙な半球形の突起があり，根茎には仮根が房状に生えている．生殖茎の先端には葉巻型の胞子嚢ができる．*Rhynia* は絶滅した一群の原始的植物であるリニア門の代表的メンバーである．このグループの植物は単純な分枝と葉のない茎をもつことを特徴とする．*Rhynia* はふつうこの種類だけで茂みをつくって生育していた．水はけのよい珪華上あるいは砂質の土壌に初期に進出した植物の一つである．またほかの植物といっしょにいろいろな環境条件の場所に生育していた．

Trichopherophyton teuchansii はこのライニー生態系の中ではまれな植物で，その高さは不明だが，地上茎は二又分枝し，最大径は2.5mm．地下の根茎の表面は平滑，小さくふくらんだ構造があり，おそらく仮根と同じ働きをしたものと思われる．地上茎表面には棘状の突起がある．生殖茎の側面には，柄のついた腎臓型の胞子嚢があって，これにも棘がある．*Trichopherophyton* の維管束の細胞には肥厚があり，そのことと胞子嚢の形と位置とから，この種はゾステロフィルム類に属すると推定される．*Trichopherophyton* は有機物に富んだ土地に遅れて進出してきた種類で，常に他の種類に伴って多様な種構成の植物群集中に生育していた．

Ventarura lyonii は，最近 Windyfield チャートから発見された高等陸上植物である．この植物の高さは不明だが，少なくとも120mmはある．地上茎は二又分枝をくり返し，最大径が7.2mmに達する．地下の根茎は表面が平滑で，仮根の働きをする，先端がずんぐりした小さな突起がある．地上茎には釘状の突起が出ている．茎の内部皮層には厚壁組織（sclerenchyma）とよばれるリグニン化した中層がある．生殖茎には側面に腎臓型の胞子嚢が柄でついている．維管束の細胞には肥厚がある．このことに胞子嚢の形も併せ考えると *Ventarura* はゾステロフィルム類に属すと考えられる．*Ventarura* の古生態は一般には知られていない．だが，おそらくこれは淡水の水たまり近くで，砂質で有機物に富む土地に，パッチ状に群れて生育していたものらしい．

その他の植物：ネマト植物（Nematophyta）[*]は絶滅した一群の植物で，内部はらせん状に巻いたチューブが格子状に配列する．チューブは内面が平滑あるいはらせん状に肥厚しており，縁に近いところでは密に集まって編み目構造をつくり，縁に直角に向いている．外側にはクチクラ層の覆いがある．その内部構造はある種の藻類と類似点があり，らせん状に肥厚しているチューブは維管束植物の仮導管に似ている．ライニーから *Nematophyton taiti* と *Nematoplexus rhyniensis* が知られているが，どちらも保存状態が悪い．一般的な棲み場所がどこか，わかっていない．だがおそらく半水生で葉状体は水から出ていたものであろう．

[*]：デボン紀から石炭紀にかけて知られる分類上の位置不明の植物（藻類か？）．

藍色植物（Cyanophyta）あるいはシアノバクテリアは光合成をする単純な体制のバクテリアである．単独で，時には細胞が連なって糸状体をつくって生活している．原核生物なので細胞に核がない．ライニーチャートからはたくさんのシアノバクテリアと思われるものが見つかる．あるものはストロマトライトのような明瞭な葉理をつくるが，これらはおそらく珪華の表面にできたシアノバクテリアのマットから成長したものであろう．ほかの

図86 *Nothia* の復元図．最大の高さ約200mm．

図87 *Rhynia* の復元図．最大の高さ200mm．

タイプのものがもっと水の多いところで沈殿したチャートの部分にあり，また別のものが分解途中の植物の中にみられる．そのいくつかは大気中の窒素を固定するという重要な役割をしていたと思われる．

緑藻植物（Chlorophyta）は光合成をする緑藻で，真核生物である（すなわち細胞に核がある）．単細胞で，あるいは糸状に連なり，時にもっと複雑な車軸藻のような構造体を造って生活する．ライニーチャートからは多くの糸状あるいは単体の緑藻が，特に水中で沈殿したチャートの部分に知られている．だがふつうは保存状態が悪く，同定を困難にしている．

車軸藻植物（Charophyta）は構造的に複雑な大型の緑藻で，多細胞の節部と単細胞で長く伸びた節間細胞とからなり，節のところから枝が出る．淡水や汽水域に生育する．ライニーチャートからは車軸藻らしい一種 *Palaeonitella cranii* が記載されているが，生殖器が発見されておらず，したがって車軸藻かどうか確認できない．*Palaeonitella* は水中沈殿のチャートから甲殻類の *Lepidocaris* を伴ってふつうに発見される．

菌類（Fungi）は多細胞で光合成をしない真核生物である．彼らは死んだ生物体から栄養をとる腐生性（saprophytic），生きた生物につく寄生性（parasitic），緑色植物と共生する内菌根性（endotrophic mycorrhiza），あるいは地衣類として藻類かシアノバクテリアと共生する．非常にたくさんの菌類がライニーチャートから記録されている．その中には植物組織内に棲む最古の内菌根の好例もある．

地衣類は維管束をもたない生物で，菌類と，藻類あるいはシアノバクテリアとの共生でつくられ，菌類の菌糸（hypha）と，藻/シアノバクテリアの，はっきり識別できる層の重なり＊からなる．ライニーチャートから報告された *Winfrenatia reticulate* は知られるかぎり最古の地衣である．*Winfrenatia* は侵食されかかった珪華など固いものの表面に棲みついたものにちがいない．これは岩の表面を風化させ土壌の生成を促進したにちがいない．

＊：地衣類にはこの2種の生物が層に別れたものだけでなく混在するものがある．また固い物体の表面に固着するもののほか，樹状や紐状に伸びるものもある．

ライニーの動物群のリストには，甲殻類，トリゴノタービ類，クモ形類，ダニ類，トビムシ類，ユウシカルシノイド類，多足類の名が並ぶ＊．

＊：節足動物門は，三葉虫類，鋏角類（カブトガニ，サソリ，クモ，ダニなど），甲殻類（エビ，カニ，ミジンコ，ホウネンエビ，トビムシなど），多足類（ヤスデ，ムカデなど），昆虫類の5大グループ（亜門または上綱）およびその他いくつかの小グループに大別される．

甲殻類：ライニーチャートで最もふつうな節足動物は *Lepidocaris rhyniensis*（図88）で，これははじめ Scourfield（1926）によって記載され，これをもとにホウネンエビに近い新しい目，レピドカリス目（Lipostraca）が創設された．後に彼は幼年期の個体を記載している

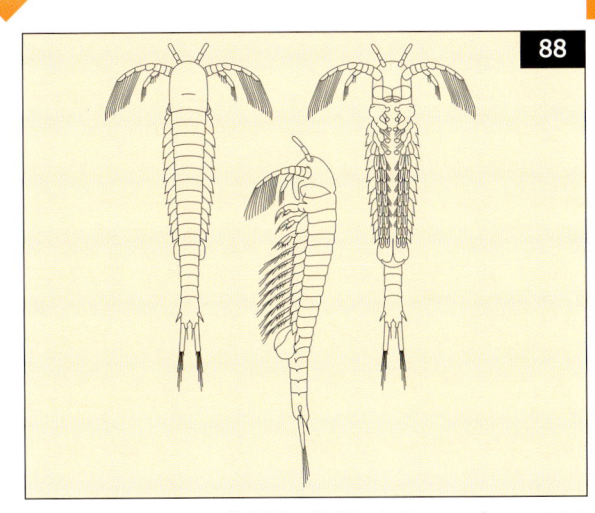

図88 *Lepidocaris* の復元図．体長およそ4mm（Scourfield, 1940による）．

図89
クモ形類トリゴノタービの *Palaeocharinus*. およそ正中断面 (NHM). 全長約2mm.

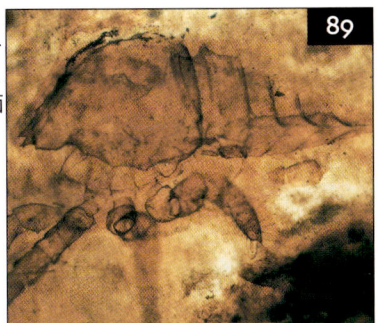

図90
Palaeocharinus の脚．長さ約0.5mm．鉤爪の配置に注意．

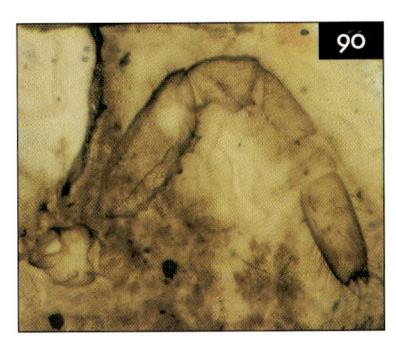

図91
Palaeocharinus の復元図．体長約3mm．

(Scourfield, 1940). この動物は小型で多体節，11 対の葉状肢，分岐する長い触角，尾に 1 対の枝状肢がある．この動物は水棲で，現生のホウネンエビのように，温泉の短期的な水たまりに沈むデトリタス上に棲んでいる．

鋏角類：このグループの節足動物は口の前に一対の小さなハサミあるいは牙（chelicerae，鋏角）があり，触角がないことで特徴づけられる．トリゴノタービ（Trigonotarbi）（図 79, 80, 89-91）はクモ形類（Arachnid）に属す絶滅した一グループで，クモに似た外観だが，確実な毒腺と糸を出す諸器官を欠く．腹部に体節があるが，これはクモでは原始的な形質とされる．その遺骸はライニーチャートではふつうに見つかり，1920 年代に最初にHirst および Hirst and Maulik によって *Palaeocharinus rhyniensis* という名で記載された．Claridge and Lyon (1961) によって，ライニーのトリゴノタービの体内から非常にきれいに保存された書肺（体内にある空気呼吸用の器官で小さな気門によって外に通じる）が発見されて，これが本当に空気呼吸をする陸上動物かどうか，という疑問をすべてぬぐい去った．*Palaeocteniza crassipes* は Hirst (1923) によってクモであるとして記載されたが，Selden *et al.* (1991) の再研究の結果，それは誤りで，若いトリゴノタービの脱皮殻であろうという．トリゴノタービは他のクモ形類と同様に肉食者（いくつかのダニ類は例外で寄生性）で，おそらく捕らえることのできた動物なら何でも食べていたのではないかと思われる．クモなどと同様，犠牲者を捕らえると鋏角の牙であけた穴から消化液を注いで，液化した肉を吸っていたのであろう．

世界最古のダニはライニーチャートから産する（図 92）．クモやトリゴノタービと同様，ダニ類はクモ形類に属す．だがダニはきわめて小型で，前体部（prosoma）と後体部（opisthosoma）の区別が明白でない．Hirst はライニーの標本はすべて同じ種に属すものとし，*Protacarus crani* と命名して，いくらか疑問はあったが現生のEupodidae 科に含めた．Dubinin (1962) はこれを研究しなおし，現生の 4 科に属する 5 種に分けた．*Protacarus crani*（Pachygnathidae 科），*Protospeleorchestes pseudoprotacarus*（Nanorchestidae 科），*Pseudoprotacarus scoticus*（Alicorhagiidae 科），*Paraprotacarus hirsti* および *Palaeotydeus devonicus*（Tydeidae 科）である．シカゴ，フィールド自然史博物館の John Kethley は，最近これらの標本を調べ直して，Nanorchestidae 科にはいるものを除けばすべて Pachygnathidae 科であると考えた（といっても Nanorchestidae 科は Pachygnathidae 科に近縁で，同じ Pachygnathoidea 超科にはいる）．これらのダニはおそらく腐食性（saprophagous）で，ゴミや土壌中の分解した有機物を摂食していた．ただ，生きている植物の液を吸うものもいたとみることは可能である．

トビムシ類：トビムシは小さなよく跳ねる動物で，まさにどこにでもいる．*Rhyniella praecursor*（図 93）は Hirst and Maulik (1926) によってライニーチャートから記

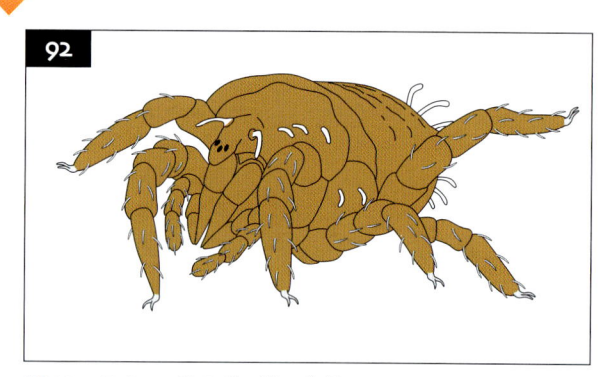

図 92 ライニー産のダニ類．体長 0.3mm.

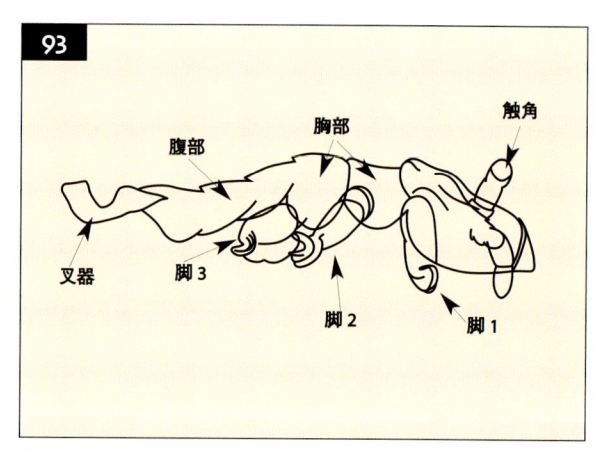

図 93 ライニー産のトビムシ類 *Rhyniella*．体長 1mm（Whalley and Jarzembowski, 1981 による）（叉器：腹部後端にある叉状突起）．

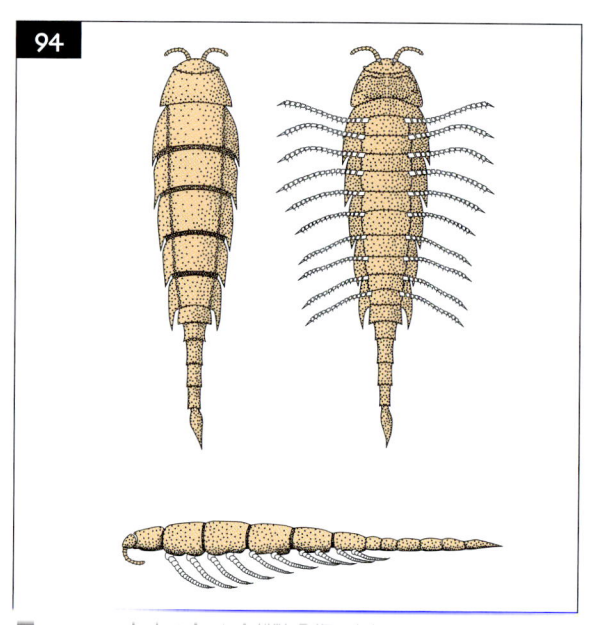

図 94 　トビムシ類の復元図．

載された．実にさまざまな人がこの *Rhyniella* の正体についてコメントしてきた．だが 1980 年代に Whalley と Jarzembowski が原標本の一つをすりつぶして，その跳躍器（furcula）とともに腹部全体の形態を明らかにして，初めて *Rhyniella* は確実に Isotomidae 科に属すといえるようになった．この科は氷河や万年雪の表面に棲むトビムシやその他の悪環境に棲むものを含んでいる．

ユーシカルシノイド類（Euthycarcinoidea 綱）（図 94）：これは絶滅した節足動物の一員で，シルル紀後期から三畳紀中期まで化石記録がある．最初と最後の記録はオーストラリアだが，石炭紀後期のメゾンクリーク（第 6 章，米国）やヨーロッパでも知られている．*Heterocrania rhyniensis* は Hirst and Maulik (1926) によって記載されて鋏角類とされた．だがその後，Windyfield チャートから Anderson and Trewin によってもっと完全な標本が発見され，これによってこの動物がユーシカルシノイドであることが明らかになった．これがデボン紀における最初のユーシカルシノイド化石である．この動物の分類学上の位置は問題なのだが，それはこれが甲殻類と昆虫類の双方に似た特徴をもつためである．ユーシカルシノイドはおそらく短期的にできた水たまりなどに棲んだデトリタス食者であろう．

多足類：2 種類の多足類がライニーチャートから知られている．*Crussolum* は世界中の温暖域のどこにもいる現生のゲジ類 *Scutigera* に似た多足類で，毒牙をもち素早く走りまわる捕食者である．*Leverhulmia mariae* は小型の多足類で分類上の位置ははっきりしない．これが有名なのはその消化管の内容物が保存されていたためである．これは，水生の甲殻類である *Lepidocaris* に伴って発見されたもので，おそらく一時的な水たまりに流れ込んだデトリタスの間に棲んでいたデトリタス食者である．

ライニーの植物には刺し傷のあるものがあり，Kevan et al. (1975) は，動物のあるもの（ダニ類の可能性がある）が植物の樹液を吸っていた証拠であるとした．だがライニーチャートの動物の大部分（トリゴノタービとムカデ類）は捕食者で，これらの動物の口器は明らかに捕食用にデザインされており，現生するその子孫はすべて捕食者か，あるいは腐食者（*Leverhulmia*, *Heterocrania*, および甲殻類の *Lepidocaris*）である．その証拠として，*Leverhulmia* の消化管内容物である胞子やデトリタス，これらの動物化石に密接に伴って見つかり彼らがつくったと思われる糞石（糞の化石），現生する同類の食性，があげられる．

ライニーチャートの古生態

ライニーチャート化石群は最も早く記載された初期の陸上生態系で，いまでも最もよく知られ，それに驚くことに，いまも新しい植物や動物の化石が発見され，いろいろ新しい情報がここからもたらされる．従来，これは温泉堆積物なので，保存されている生物群は非常に特殊なものにちがいない，といわれてきた．だが，他の産地における初期陸上生物群と比べても，互いに似たような組み合わせの動植物がみられ，後の時代の陸上群集とは異なる独特な初期の陸上生物群をイメージすることができる．各地の初期陸上生物群は，場所によって保存条件が異なるのだから，その生物群の内容にも違いがあるはずと期待されるかもしれない．確かに組成に違いはあるが，その違いは実は陸生ではない種類の間にみられるのである．驚くのは，さまざまに異なる生息場所で生育した陸上植物群が互いに極めて似ていることである．植物の陸上への進出については，もっと前の段階も認められ（Edwards and Selden, 1993），ライニーチャートの時代までに，最初の真の維管束植物が現れるなど，植物の形態は相当に多様化が進んでいた．これらは，高さが 20cm にもならない芝生のような植物群を構成していたもので，その上や間に初期の陸上動物たちが棲んでいたのである．

動物たちの間では肉食者（carnivore）が優勢で，それにデトリタス食者（detritivore）が加わる．だが植食者（herbivore）を欠いている．多くの証拠が，ここの食物連鎖は現在の土壌の場合と同じように，デトリタス食を基礎とする連鎖であることを強く示している．土壌では，植物ははじめバクテリアと菌類とによって部分的に分解され，その上でアースロプリュリ（Arthropleuri, 古生代の多足類に属す絶滅群）のようなデトリタス食の動物が摂食する．真の植食者は植物組織を消化するため，消化管の中にバクテリアや菌類を共生させていて，実際上デトリタス食者を経由せず，有機物を糞の形で土に戻す．ライニーやその他の初期陸上生物群の産地では，われわれが土壌生態系のサンプルばかり集めているのか，あるいは食物連鎖がデトリタス食中心だったのか，どちらかである．ライニーには，いくつか，口器で植物に穴をあけて傷つけた証拠がある（もっとも犯人はわかっていないが）．だが，動物が植物体を食べた，という決定的証拠は石炭紀後期まで現れない．どうも，ライニーなど，ここで議論しているシルル-デボン紀の陸上生物群では，植食といういま世界中の生態系で支配的なシステムが進化して出現する前の，ユニークな栄養システムを保存しているように思われる（Shear and Selden, 2001）．

ライニーチャートと他の初期陸上生物群の比較

初期の陸上動植物がライニーチャートから見つかったという最初の報告から，同じデボン紀陸上動植物群の次の大発見までに 50 年が経過した．それは 1970 年代のことで，ドイツの Alken-an-der-Mosel における発見である（Størmer, 1976）．ここでは，小葉植物，リニア植物，トリゴノタービ，アースロプリュリなどが，両生性の広翼類，および水生のカブトガニ，甲殻類，軟体動物，魚類を伴って発見された．また，1970 年代初期，ニューヨーク州立大学 Binghamton 校の古植物学者 Grierson と Bonamo がニューヨーク州 Gilboa 近くの約 3 億 8000 万年

前のデボン系で，フッ化水素を使って頁岩を溶かし，植物化石を分離した．このとき植物のクチクラ片の間にいくつか動物の遺骸が見つかった．北米最古の陸上動物である．それから30年余，米国と英国の研究者がこの動物を研究している．ここではトリゴノタービ，ダニ，ムカデ，アースロプリュリ，サソリ，広翼類，および初期の昆虫類らしいもの，などが見つかっている．

シルル紀後期，4億1500万年前の年代で，汽水域の動物化石（魚鱗など）と陸上植物が混合して産することで知られていた英国シュロップシャー，LudlowのLudford Laneで，Gilboaで用いたのと同じような方法を用いてマンチェスター大学の研究者たちが1990年に調べたところ，保存状態は少し悪いが，トリゴノタービ，ムカデ類，アースロプリュリ，広翼類，サソリ類，などが見つかった．これは知られるかぎり世界のどこよりも古い，陸上動物の最古の記録である（Jeram et al., 1990）．カナダからも見つかった新産地から，標本数はわずかだが，同じようにトリゴノタービ，アースロプリュリといった組み合わせの化石群が得られている．

参考文献

Anderson, L. I. and Trewin, N. H. 2003. An Early Devonian arthropod fauna from the Windyfield cherts, Aberdeenshire, Scotland. *Palaeontology* **46**, 467–509.

Claridge, M. F. and Lyon, A. G. 1961. Book-lungs in the Devonian Palaeocharinidae (Arachnida). *Nature* **191**, 1190–1191.

Dubinin, V. B. 1962. Class Acaromorpha: mites or gnathosomic chelicerate arthropods? 447–473. *In* Rodendorf, B. B. (ed.). *Fundamentals of Palaeontology Volume 9*. Academy of Sciences of the USSR, Moscow, xxxi + 894 pp.

Edwards, D. and Selden, P. A. 1993. The development of early terrestrial ecosystems. *Botanical Journal of Scotland* **46**, 337–366.

Hirst, S. 1923. On some arachnid remains from the Old Red Sandstone (Rhynie Chert Bed, Aberdeenshire). *Annals and Magazine of Natural History 9th Series* **70**, 455–474.

Hirst, S. and Maulik, S. 1926. On some arthropod remains from the Rhynie Chert (Old Red Sandstone). *Geological Magazine* **63**, 69–71.

Jeram, A. J., Selden, P. A. and Edwards, D. 1990. Land animals in the Silurian: arachnids and myriapods from Shropshire, England. *Science* **250**, 658–661.

Kevan, P. G., Chaloner, W. G. and Savile, D. B. O. 1975. Interrelationships of early terrestrial arthropods and plants. *Palaeontology* **18**, 391–417.

Kidston, R. and Lang, W. H. 1917. On Old Red Sandstone plants showing structure, from the Rhynie Chert bed, Aberdeenshire. Part I. *Rhynia gwynne-vaughani* Kidston and Lang. *Transactions of the Royal Society of Edinburgh* **51**, 761–784.

Kidston, R. and Lang, W. H. 1920. On Old Red Sandstone plants showing structure, from the Rhynie Chert bed, Aberdeenshire. Part II. Additional notes on *Rhynia gwynne-vaughani*, Kidston and Lang; with descriptions of *Rhynia major*, n.sp., and *Hornia lignieri*, n. g., n. sp. *Transactions of the Royal Society of Edinburgh* **52**, 603–627.

Kidston, R. and Lang, W. H. 1920. On Old Red Sandstone plants showing structure, from the Rhynie Chert bed, Aberdeenshire. Part III. *Asteroxlon mackiei*, Kidston and Lang. *Transactions of the Royal Society of Edinburgh*, **52**, 643–680.

Kidston, R. and Lang, W. H. 1921a. On Old Red Sandstone plants showing structure, from the Rhynie Chert bed, Aberdeenshire. Part IV. Restorations of the vascular cryptogams, and discussion of their bearing on the general morphology of the Pteridophyta and the origin of the organisation of land-plants. *Transactions of the Royal Society of Edinburgh* **52**, 831–854.

Kidston, R. and Lang, W. H. 1921b. On Old Red Sandstone plants showing structure, from the Rhynie Chert bed, Aberdeenshire. Part V. The Thallophyta occuring in the peat-bed; the succession of the plants throughout a vertical section of the bed, and the conditions of accumulation and preservation of the deposit. *Transactions of the Royal Society of Edinburgh* **52**, 855–902.

Remy, W., Selden, P. A. and Trewin, N. H. 1999. Gli strati di Rhynie. 28–35. *In* Pinna, G. (ed.). *Alle radici della storia naturale d'Europa*. Jaca Book, Milan, 254 pp.

Remy, W., Selden, P. A. and Trewin, N. H. 2000. Der Rhynie Chert, Unter-Devon, Schottland. 28–35. *In* Pinna, G. and Meischner, D. (eds.). *Europäische Fossillagerstätten*. Springer, Berlin, 264 pp.

Rice, C. M., Trewin, N. H. and Anderson, L. I. 2002. Geological setting of the Early Devonian Rhynie cherts, Aberdeenshire, Scotland: an early terrestrial hot spring system. *Journal of the Geological Society of London* **159**, 203–214.

Rolfe, W. D. I. 1980. Early invertebrate terrestrial faunas. 117–157. *In* Panchen, A. L. (ed.). *The terrestrial environment and the origin of land vertebrates*. Systematics Association Special Volume **15**. Academic Press, London and New York, 633 pp.

Scourfield, D. J. 1926. On a new type of crustacean from the old Red Sandstone (Rhynie Chert Bed, Aberdeenshire) – *Lepidocaris rhyniensis*, gen. et sp. nov. *Philosophical Transactions of the Royal Society of London*, Series B **214**, 153–187.

Scourfield, D. J. 1940. Two new and nearly complete specimens of young stages of the Devonian fossil crustacean *Lepidocaris rhyniensis*. *Proceedings of the Linnean Society* **152**, 290–298.

Selden, P. A. and Edwards, D. 1989. Colonisation of the land. 122–152. *In* Allen, K. C. and Briggs, D. E. G. (eds.). *Evolution and the fossil record*. Belhaven Press, London, xiii + 265 pp.

Selden, P. A., Shear, W. A. and Bonamo, P. M. 1991. A spider and other arachnids from the Devonian of New York, and reinterpretations of Devonian Araneae. *Palaeontology* **34**, 241–281.

Shear, W. A. 1991. The early development of terrestrial ecosystems. *Nature* **351**, 283–289.

Shear, W. A. and Selden, P. A. 2001. Rustling in the undergrowth: animals in early terrestrial ecosystems. 29–51. *In* Gensel, P. G. and Edwards, D. (eds.). *Plants invade the land: evolutionary and environmental perspectives*. Columbia University Press, New York, x + 304 pp.

Størmer, L. 1976. Arthropods from the Lower Devonian (Lower Emsian) of Alken-an-der-Mosel, Germany. Part 5. Myriapoda and additional forms, with general remarks on fauna and problems regarding invasion of land by arthropods. *Senckenbergiana Lethaea* **57**, 87–183.

Trewin, N. H. 1994. Depositional environment and preservation of biota in the Lower Devonian hot-springs of Rhynie, Aberdeenshire, Scotland. *Transactions of the Royal Society of Edinburgh: Earth Sciences* **84**, 433–442.

Whalley, P. E. and Jarzembowski, E. A. 1981. A new assessment of *Rhyniella*, the earliest known insect, from the Devonian of Rhynie, Scotland. *Nature* **291**, 317.

メゾンクリーク
Mazon Creek

Chapter Six

背景：コールメジャーズ*，夾炭層

　いったん陸上での生活に成功すると，生命は，急速に生息場所をより複雑な構造に発展させていった．植物が発達して樹木状になったので（デボン紀後期までに）森林が出現し，それと平行して動物たちがきわめて多様に分化をはじめた．石炭紀前期には四肢動物（Tetrapoda），すなわち四脚の脊椎動物が進化しはじめた．陸上に上がった四肢動物は，すでに陸上に生息域を確立していた豊富な無脊椎動物群を捕らえて食物としはじめたのである．石炭紀後期までに，赤道域をまたいで広範な森林が形成された．森林地帯は，現在の北西〜中央ヨーロッパ，米国東部〜中央部，その他，たとえば中国南部や南アメリカなどに広がっていた．これらの森林は化石記録の上では石炭層として表される．森林はいつも水に浸っている沼地に生育し，そこは無酸素環境のため朽ちかけた樹木が完全には分解せず，亜炭が形成される．亜炭は上に堆積物が厚く集積して圧縮されると石炭に変わる．この膨大な石炭の地層には含鉄粘土や陶土その他の資源も伴い，英国で産業革命の際の原料を供給した．

＊：Coal Measures は英国南部の上部石炭系に対する地層名．

　1枚の夾炭層の層序は，単に湿地の森林といった単純な内容でなく，たいへん興味深い複雑な環境変遷を表している．石炭紀後期のたいていの夾炭層では，その層序は，三角州域における広範な環境，すなわち海湾から汽水の潟湖を含み，砂州，淡水湖，さらに川辺の自然堤防や後背湿地の森林までを含んでいる．三角州の一つの分肢（lobe）は，地質学的には短命で，もし堆積物の供給が絶たれるなら，三角州は急速に海に沈み，海水が三角州上に広がって森林は水浸しになる．こうして，多くの場所で，石炭層のすぐ上に続いて海の化石を含む泥層が重なっている．新しい三角州分肢が積み上がって伸びてくるまで，海は数十ないし数百年も長く続き，それから新しい三角州のシルトや泥が急速に積み上がって，そこに新しい森林が広がる．湿地の森林が十分大きく生育してからでも洪水はふつうに起こる．このような環境変遷の結果，夾炭層では，海成の薄い泥岩あるいは頁岩の層の上に，シルト岩（しばしば規則的な葉理がある），粗粒砂岩，石炭層，という明瞭な層序がみられる．

　第5章で議論した維管束植物のいくつか，たとえばコケ類などは，あまり形態変化を起こさないまま石炭紀からその後にまで続く．いっぽう，たとえばプシロフィトン類（古生マツバラン類）からは，トクサ類，ヒカゲノカズラ類，シダ類を生み，これらは石炭紀には巨大なサイズに達した．また，これらの植物の多くのグループが，シダ種子植物，コルダイテス，初期の球果植物などとともに森林の下層を構成するようになった．動物も多様に分化し，植物によって提供された新しいニッチに進出していった．昆虫が現れ，翼を進化させ，石炭紀の初期のトンボには翼幅75cmという巨大なものがいた（メゾンクリークで見つかったものはもっと小さい）．多足類も石炭紀には巨大になり，装甲したヤスデや，長さ2mを越す巨大なアースロプリュリ（多足類の絶滅群）などがいた．これは知られるかぎり最大の陸上節足動物である．脊椎動物も節足動物に続いて上陸した．そしてこの両生性の四肢動物も大型化し，体長1mに達した．淡水性のサメもいて，これは背部に奇怪な棘をもっていた．

　メゾンクリークは Illinois River の小支流で，シカゴの南西約150km付近にあって（図95），化石は実際にはこの地域一帯で過去1世紀余にわたって採掘されてきた石炭の露天掘りのボタ山から得られたものである．メゾンクリーク化石群の重要さは，これが，主に多数の熱心なアマチュアたちによって徹底的に集められたもので，古生代後期の浅海から淡水域，陸上にかけての生物群の最も完全な記録である，という点にある．ここから200種以上の植物と11の動物門にまたがる300種以上の動物が記載されている．

メゾンクリーク化石群発見の歴史

　大規模な露天掘り炭坑 Pit 11 の採掘が 1950 年代に始まる前，メゾンクリーク地域では古くから天然の露頭や小さな炭坑のボタ捨て場で植物化石が採集され，記載されていた．1950 年代末，Peabody 石炭会社が Northern Illinois 石炭会社を買収し，土地の化石コレクターたちが採掘場に立ち入ってボタから化石を採集することを許すようになった．露天掘りでは，上盤（Francis Creek 頁岩）を巨大なバケットではぎとり，下にある石炭を露出させ，あとは簡単に小型の掘削機で石炭を掘り出し，トラックで選炭場に運ぶ．石炭は長い露頭に沿って採掘され，上盤の岩石は採掘跡を埋め戻すのに使われる．上盤の Francis Creek 頁岩こそ，メゾンクリークの例外的な化石を産出した地層なのである．

　メゾンクリークの化石はアイアンストーン（菱鉄鉱）のノジュール中に含まれている．ノジュールがハンマーの一撃で割れるまで風化するには，ひと冬ほどを要するのがふつうである．コレクターの中にはこの過程を早めるためにノジュールを凍らせたり融かしたりする人も現れた．ノジュールの多くにシダ種子植物の羽片（frond，小葉）が入っており，あるものには何だか判じ難い形のものが入っていて，それは blob（なんだかはっきりしないもの）とよばれ，捨てられていた．実は，後の研究によって，この blob といわれたもののほとんどがクラゲ化石で，メゾンクリークの軟体性動物の異常な保存状態の証拠となるものであった．Pit 11 におけるコレクター間の競争は，危うく最良の化石が彼らのプライベートな引き出しに収まってしまって，専門家は全く研究できない，ということになりそうだったが，そうならなかった．それは E. S. Richardson 博士（通称 Gene）の努力のたまものであった．彼はコレクターたちに，シカゴのフィールド博物館に定期的に集まって，その発見物を見せるようにしむけた．こうしてコレクターたちは専門家と自分らお互いの双方から動植物化石が何であるか，またそれを見つけるにはどうするのがよいか，を学べるということを知ったのである．そこで標本を交換することもでき，最良の標本は研究のため博物館に収めることにする．この，フィールド博物館における年に一度の「メゾンクリーク化石の公開日」は現在でも続いている．

　20 年ほど前に，Peabody 石炭会社が Pit 11 を原子力発電所の用地として売却した．炭坑はもう採掘されておらず，ボタはそのままになっていて化石を取り出せる．発電所建設のためのボーリングが Francis Creek 頁岩を貫いて掘られ，この地層の堆積環境について重要な情報をもたらした．

メゾンクリーク化石群の層序的位置およびタフォノミー

　メゾンクリークの化石は，Carbondale 層 Francis Creek 頁岩部層に含まれる菱鉄鉱（アイアンストーン，$FeCO_3$）ノジュール中に産し，時代は石炭紀後期 Westphalian 期 D とされる．Francis Creek 頁岩部層は，厚さ一般に 1m の Colchester 第 2 石炭部層の上に重なり，Mecca Quarry 頁岩部層（図 96，97）に覆われている．Francis Creek 頁岩は灰色の泥質シルト岩で，砂岩層を挟み，まったく欠如しているところから厚さ最大 25m 以上のところまである．菱鉄鉱のノジュールは，この頁岩部層の厚さが 15m 以上の場所に限って，その下部の 3〜5m の部分に産出する．頁岩は上部ほど粗粒になり最上部では砂岩を挟むように

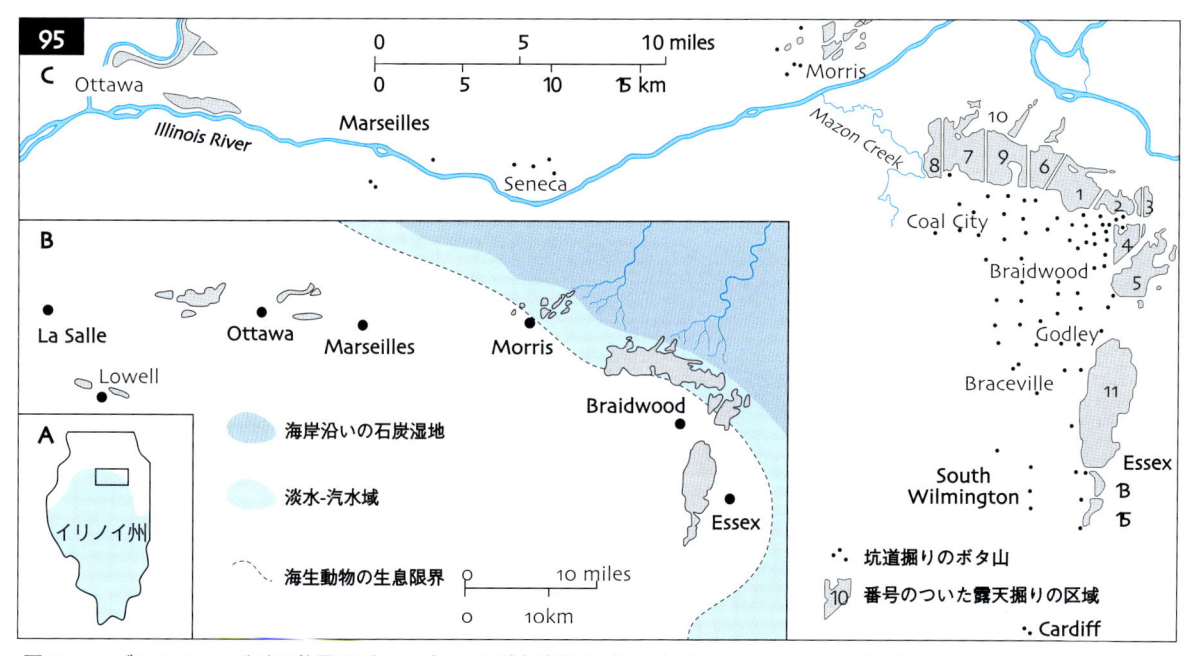

図 95　メゾンクリーク地域の位置図（A〜C）および古地理図（A，B）（Baird et al., 1986 による）．

Chapter Six—メゾンクリーク

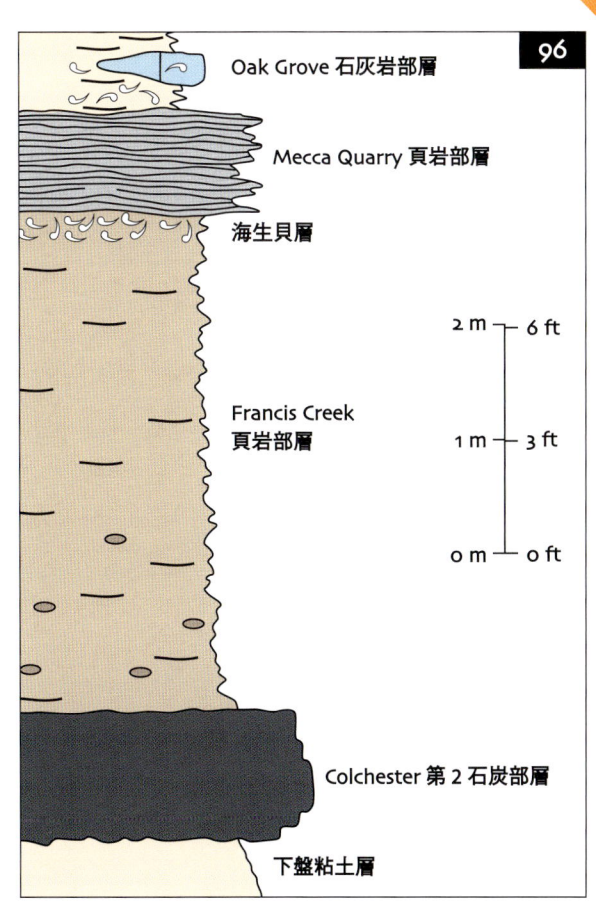

図96 イリノイ州における Carbondale 層 Francis Creek 頁岩部層とその上下の柱状図．

図97 Colchester 第2炭層の Pit 8 採掘場跡．盛り上がった土手をつくるボタがメゾンクリークの含化石ノジュールの供給源．

図98 未記載のキヌタレガイ科二枚貝の死の行進あと．菱鉄鉱のノジュールが形成されつつあるとき，二枚貝はまだ生きていて逃れようと脱出を試みた．その這い跡と，ノジュールの縁で化石化したキヌタレガイ．

なる．上位の Mecca Quarry 頁岩はペンシルバニア系（上部石炭系）の典型的な黒色泥岩で，容易に薄く剥がれる特徴があり，サメ化石とその糞石を豊富に産する．サメについては Zangerl and Richardson (1963) の詳細なモノグラフがある．これは一般に 0.5m の厚さだが，Francis Creek 頁岩がおよそ 10m 以上の厚さのところ，したがってノジュールが含まれるところの上には欠如している．

化石はほとんどノジュールの中だけにある．ノジュールを割ると，立体的に保存された化石が現れる．化石はノジュールの縁に近いところほどより扁平に圧縮されている．化石はふつう外形雌型（external mould）として残っており，植物の場合は炭素質のフィルムがついているものが多い．雌型の表面に黄鉄鉱，方解石，閃亜鉛鉱などの結晶があることがある．だが最もふつうにみられるのは白い粘土鉱物，カオリナイトである．カオリナイトは外形雌型と内形雌型の間の空隙を完全に満たしている（すなわち雄型になっている）ことも珍しくない．硬組織の少ない，あるいはクラゲのように硬くない動物は完全につぶれて，複雑な形の雌型として保存されている．節足動物ですら背側と腹側の構造が重ね合わされているものがある．

化石の多くはほとんど腐敗したようすがない．実際，二枚貝で，ノジュールの縁近く，死の行進あとの終点に保存されている（！）例がいくつもある（図98）．ふつう，ノジュールの範囲が化石の外側に遠くまで広がっていることはないので，ノジュールの大きさや形は中の生物の大きさや形に対応している．ノジュールで 30cm を越すものは少ないので，大きな生物の化石は少ない．これらの事実は，生物が死んで埋もれた直後にノジュールが形成されたことを示している．軟体動物はその這い跡の端で止まり，シダ種子植物の小羽片が地層面に垂直に立ったまま固まり，ほとんど腐敗していない（図99）．大型の魚や両生類はここから逃れることができ，したがって化石がないのではないか．生物体は少なくともノジュールの中心では立体的に保存されるが，周囲の基質は他のすべてのシルト岩と同じく著しい圧密をうけている，ということは，ノジュールは目に見えるほどの圧密が起こる前に形成されたことを意味している．実際，シルト

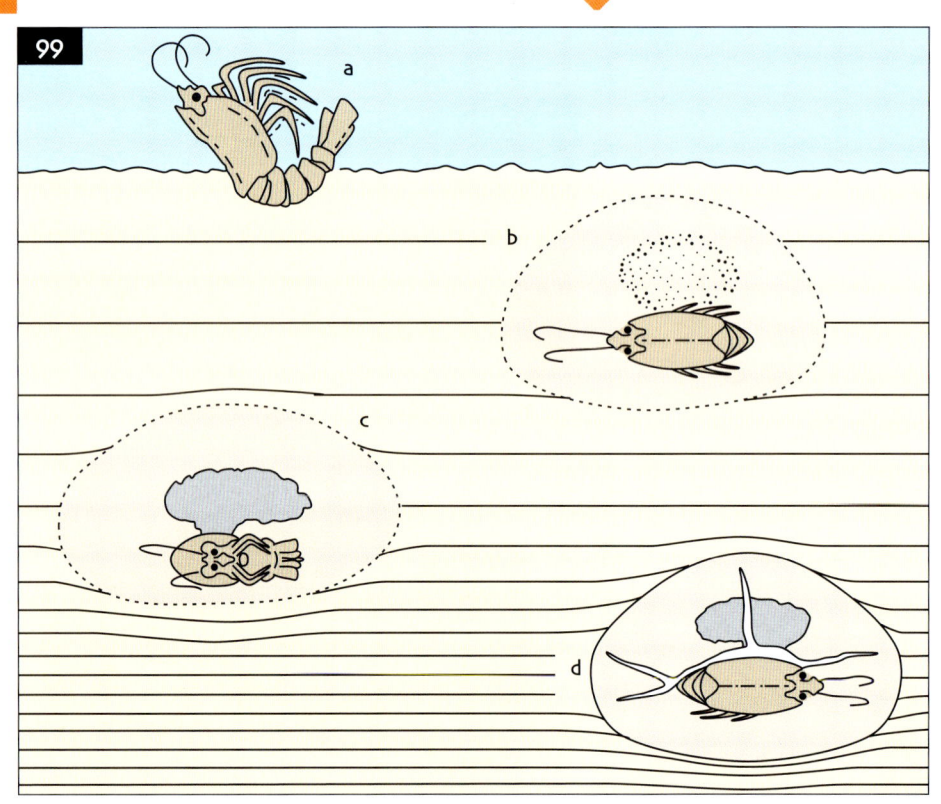

図99 エビの死骸の周囲に菱鉄鉱ノジュールが急速に形成されることを示す模式図.
a：死んだエビが海底に達する. b：バクテリアによって一部腐敗が始まり，ガスが発生する. c：圧密が始まるのと同時に菱鉄鉱の沈殿が起こる. d：周囲の堆積物の圧密が続くうちに脱水（syneresis）によってノジュールに割れ目ができ，それはノジュールの中心から外に向かって伸びる（Baird et al., 1986による）.

岩の葉理が周囲からノジュールの中心に向かって次第に厚く広がっていて（図100），地層が圧密を起こす間にノジュールが成長したことを示している．また，ノジュール中の割れ目は，ふつうはカオリナイトで満たされているのだが，ノジュールの形成中に堆積物が脱水を起こして収縮したことと関連づけられよう．

化石を含むノジュールの形は化石の形に似ていて，その化石は一般にノジュールの中心付近に入っている．このことから生物体がノジュールの形成に強く影響していることが推定できる．それに，"空"のノジュールは，貧弱な化石，確認できない有機物質，生痕化石，といったものが入っていると説明できることが多い．ノジュールの80％は菱鉄鉱のセメントで，そのことは，ノジュールができる前には少なくとも容積にして80％の水がノジュールの部分に入っていたことを意味する．鉄は，ふつう，腐敗しつつある有機物があると，嫌気的バクテリアの働きで硫黄と反応して，第4章のフンスリュックスレートの例のように，菱鉄鉱（$FeCO_3$）より先に黄鉄鉱（FeS_2）をつくる．だがこの過程によって硫黄が消費し尽くされると（実際いくらかの黄鉄鉱がノジュール中に産する），メタン生成バクテリアの助けの下に菱鉄鉱が生成される．この過程がメゾンクリークで起こったのは，鉄が豊富に存在したことと，硫黄の供給が少なかったためであろう）．ここのノジュールはどれも非対称形で，底が比較的平らで上が膨らんでいる．これは重力の効果で，死骸の重さ

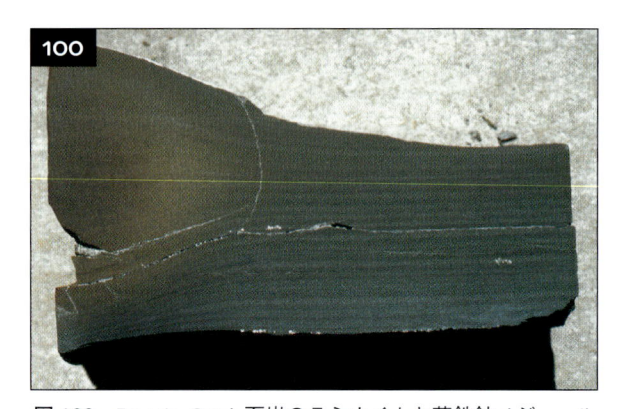

図100 Francis Creek 頁岩のラミナイトと菱鉄鉱ノジュールの一部を通る断面．葉理の間隔がノジュールに向かって広がっていることに注意．これは周囲のシルト/粘土の部分がノジュールに比べより著しく収縮したこと，圧密がノジュールの成長中に始まったことを示す．断面の最も厚い部分（左端）が4cm.

が下側の堆積物を圧し，ノジュールは圧縮力の弱い上方により容易に成長でき，また腐敗に伴って生ずる軽い液体も上方に移動するのであろう．

メゾンクリークの化石群

メゾンクリークの化石群は実際には2つの化石群に分けられる．すなわち主として北部地域に分布するBraidwood化石群と南部地域のEssex化石群である．

Chapter Six — メゾンクリーク

Braidwoodのノジュールの83％には植物化石が含まれ，次に多いのは糞石の7.8％，続いて淡水二枚貝（1.8％），淡水エビ（0.5％），他の軟体動物（0.4％），カブトガニ（0.3％），ヤスデ（0.1％），魚鱗（0.1％），以下昆虫・クモ形類・魚・ムカデを合わせて0.1％以下となる．いっぽうEssex化石群では，植物はわずか29％，動物で最も多いのは"blob"のEssexella（42％）で，以下多い順に，穿孔と這い痕（5.9％），海生の二枚貝キタヌレガイ類（5.5％），糞石（4.8％），蠕虫（ミミズ型のムシ）（2.8％），いろいろな軟体動物（1.9％），海生のエビ Belotelson（1.8％），海生二枚貝の Myalinella（1.4％），いろいろなエビ類（0.5％），甲殻類の Cyclus（0.5％），奇怪なタリモンスター（Tully Monster，0.4％），イタヤガイの Pecten（0.3％），クラゲの Octomedusa（0.3％），いろいろな魚（0.2％），以下，昆虫・ヤスデとムカデ・ヒドロ虫・カブトガニ・クモ形類・両生類が残り（0.1％以下）を占める．このリストから，Braidwood化石群は陸生と淡水生の生物からなり，Essex化石群は海生の動物が優勢で，それに流れ込んだ植物などを伴っていることがわかる．海生の生物が淡水域に流れ込むことはないが，淡水生や陸生の生物は流されて海にはいる．注目されるのは，海生のEssex化石群も典型的な海の生物群ではない点である（腕足動物，サンゴ，ウミユリ，などがいない）．したがって塩分度が低かったにちがいなく，おそらく泥質の環境で，純海生の動物は生息できなかったのであろう．

植　物：メゾンクリークのノジュールには典型的なコールメジャーズの植物群が保存されている．他地域の上部石炭系の化石と比べて違うところは，ノジュール中のもののほうが保存がよいという点だけである．Francis Creek頁岩には大型の化石は保存されていない．だが樹木ほどの大きさのヒカゲノカズラとトクサが存在したことは，樹皮（それぞれ Lepidodendron と Calamites）あるいは葉（Lepidophylloides と Annularia）の破片から推測できる．メゾンクリークのノジュール中に最も多い化石はシダ種子植物である．その例に Neuropteris（図101），Pecopteris（図102），Alethopteris（図103）を示す．現在の海岸湿地の森林との比較でわかってきたことは，メゾンクリークの植物残片の多くは海岸の森林で生産されたものでなく，内陸深くから川によって運ばれてきたもので，この化石群は海岸と山地の森林の混合を代表しているらしいことである．Braidwood，Essex両化石群の植物片はどちらも異地的（allochthonous，元来の生息場所から流れてきた）であるが，異地的な化石は前者に特に多い．

刺胞動物：この動物門では，サンゴとイソギンチャク類，ヒドロ虫類，鉢虫類，箱虫類ほか2, 3のグループが産出する．サンゴを除いてこれらには鉱物質の硬組織は

図101　シダ種子植物 Neuropteris の羽片（MU）．羽片の長さ6cm．

図102　シダ種子植物 Pecopteris（MU）．スケールはcm目盛り．

図103　シダ種子植物 Alethopteris（MU）．ノジュールの長さ7cm．

ないが，クラゲのあるものにはやや硬い部分がある．メゾンクリークのノジュール中で"blob"とされたものはほとんどがクラゲである．標本の中にははっきりした触手とその他の構造が見えるものがある．たとえば*Essexella*で，傘があり，その下に管状のシートが垂れているのがわかる（図104）．*Essexella*は鉢虫類に属すが，*Anthracomedusa*（図105）は無数の触手が4つの束になっていて，箱虫類に属す．

二枚貝類：二枚貝は硬い石灰質の殻があるのでごくふつうに産する化石であるが，メゾンクリークの二枚貝は，たいていが軟体部の形態まで保存しているという点で重要である．この化石群にはいろいろな二枚貝を産し，12の超科が数えられる．この二枚貝群は淡水生と海生の2つに分けて扱うのがよい．すなわちBraidwood化石群とEssex化石群である．最もふつうの海生二枚貝は合弁で産し（これをコレクターたちは"clam-clam"すなわち貝-貝，とよぶ），時に不成功に終わった脱出痕の終点に見つかることもある（図98）．以前，誤って*Edmondia*（石炭紀の淡水域に多い二枚貝）と同定されていた貝は，最近，未記載のキヌタレガイ類*Solemya*であることがわかった．真の*Edmondia*はメゾンクリークではまれである．キヌタレガイ類は海生の埋在者であるが，Essex化石群にふつうに産する別の二枚貝，*Myalinella*と*Aviculopecten*（図106）は殻が薄く遊泳者である．Myalinidae科には淡水生の*Anthraconaia*なども含まれ，これはBraidwood化石群の中にいる．

その他の軟体動物：上記のほかに3綱がメゾンクリークから産する．ヒザラガイ類，巻貝類，頭足類である．現在では多くの巻貝類が淡水に生息しているが，メゾンクリークではわずかに海生のEssex化石群から見つかるだけである．ヒザラガイは純海生の動物だが，ふつう岩礁海岸に生息するために一般に化石記録はまれである．だが，Essex化石群に1属，*Glaphurochiton*（図107）が見つかっている．頭足類も純海生で，各地の海成石炭系にふつうに産出するが，メゾンクリークではヒザラガイよりもまれである．だがEssex化石群にはかなりの種類が知られている．直角石のバクトリテス類（Bactritoida）のほか，巻いた殻をもつアンモノイドとオウムガイ類，内部の硬組織を残すイカ類などもいる．イカ類の*Jeletzkya*は小型，イカ型で内骨格をもつ．

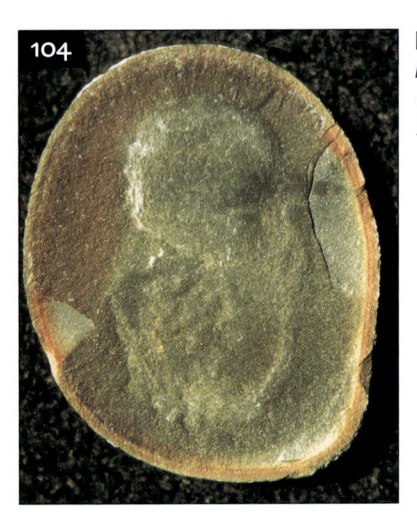

図104　クラゲ*Essexella asherae*（MU）．ノジュールの長さ6cm．

図105　クラゲ*Anthracomedusa turnbulli*（MU）．スケールはcm目盛り．

図106　二枚貝*Aviculopecten mazonensis*（MU）．スケールはcm目盛り．

Chapter Six — メゾンクリーク

蠕虫（ミミズ型のムシ）：環形動物の多毛類（ゴカイ類）は，スコレコドントとよばれている彼らの小さな歯のほかは，化石として保存されることはまれである．それは多毛類が軟体性だからで，メゾンクリークで見つかるさまざまな化石は，海洋生物の中でも重要なこの多毛類の化石記録にとって，たいへん貴重なものである．メゾンクリークで最もふつうに見つかる多毛類の一つに*Astreptoscolex*（図108）がある．これは多数の体節があり，その両側に短い剛毛が並んでいる．

エビ類：メゾンクリークには多種多様な甲殻類を産する．その多くがエビ型の体型のものである．エビには淡水生と海生とがあり，それぞれBraidwood化石群とEssex化石群とから産する．ごつい体型の*Belotelson magister*は海生のEssex化石群で最も多いエビ類である．海生エビで次に多いのは*Kallidecthes*である．*Acanthotelson*（図109）と*Palaeocaris*は淡水種で，Braidwood化石群に多いが，まれにEssex化石群にも産する．おそらく流れによって運ばれたものであろう．

その他の甲殻類：メゾンクリークには，ずんぐりしたザリガニ型の甲殻類がいる．Braiwood化石群の*Anthracaris*とEssex化石群の*Mamayocaris*である．そのほかEssex化石群には，コノハエビ（*Dithyrocaris*）や，おそらく淡水-汽水生のカイエビ（二枚の背甲にほぼ完全に包まれている甲殻類），何種かの貝形虫，フジツボ，などが知られている．*Cyclus*（Cycloidea類，p.75）という上部石炭系のノジュール中にふつうに産する甲殻類もEssex化石群中に見つかる．その名が示すように，*Cyclus*は丸い皿状の背甲をもつ甲殻類で，魚に寄生するものと思われてきたが，おそらく自由遊泳者であろう．

鋏角類：節足動物門の亜門である鋏角類には，カブトガニ類，広翼類，クモ・ダニ・サソリその他のクモ形類などの綱を含む．メゾンクリークにはこれらの鋏角類の例外的に美しい標本を産する．その化石はこの類の進化を考察する上で実にたくさんの情報を提供している．*Euproops danae*（図110）は最もよく知られたカブトガニの化石の一つである．ミシガン大学のDan Fisher (1979)の研究によって，Braidwood化石群に多く産するこの動物が水陸両生性の生活をしていたことが明らかになった．

図107　ヒザラガイ *Claphurochiton concinnus*（MU）．スケールはcm目盛り．

図108　環形動物多毛類 *Astreptoscolex anasillosus*（MU）．スケールはcm目盛り．

図109　エビ類 *Acanthotelson stimpsoni*（MU）．スケールはcm目盛り．

図110　カブトガニ *Euproops danae*（MU）．スケールはcm目盛り．

広翼類については第3章でスーム頁岩に関連して論じた．石炭紀後期までこのグループはほとんど水陸両生性で，多くは *Adelophthalmus* 属にはいる．メゾンクリークのノジュールから無数の標本が得られている．

陸上棲のクモ形類は Braidwood 化石群によく記録されている．なかでも絶滅したムカシザトウムシが最も多く，トリゴノタービ類もいろいろな種類がいる．後者は形態的にクモとよく似ているが，毒腺と糸腺を欠いている．クモ類と同じく古生代後期の陸上生態系の中にふつうにみられる．現生クモ形類の2目，サソリモドキ目とウデムシ目も，Braidwood 化石群にきれいに保存されたいくつかの例が知られている（図 111）．クモ形類の現生クツコムシ目は興味深いグループで，メゾンクリークから3属知られている．クツコムシ類は現在でもめったに出会うことのない種類で，熱帯の森と洞窟に限って棲んでいる．これらは石炭紀後期と現在だけに知られているが，この間にほとんど形態が変わっていないようにみえる．ほかにクモ形類の3目，ザトウムシ目，ヒヨケムシ目，サソリ目がメゾンクリークから産した．サソリ類はクモ形類の中では最も古いグループで，現在では完全な陸生であるが，シルル紀には水中に生息し，その後石炭紀後期までに完全な陸生となる．Braidwood 化石群の中のクモ形類でムカシザトウムシに次いで2番目に数の多いグループである．

昆 虫：6目の昆虫がメゾンクリークから知られている（そのうち現在も生存しているのはゴキブリ類のみである）．石炭紀後期の昆虫に関するわれわれの知識は，このメゾンクリークのノジュールから産した 150 種の昆虫化石によるところが大きい．ムカシアミバネムシ目は中～大型，模様のある翼をもって飛翔するグループである．幼虫も成虫も陸生で吸い型口器がある．ムカシカゲロウ目は，ムカシアミバネムシに似ているがもっと体が細く，しばしば有柄翼をもっている．アケボノスケバムシ目はムカシカゲロウ類に似ているが，現生のチョウやイトトンボのように背中の上で翼が折り畳める点で異なる．オオトンボ目は現生のトンボ目と密接な関係がある．オオトンボのあるものは石炭紀後期に巨大なサイズになった．現生のトンボのように，これの幼虫も水中生活を送ったと推定されるが，何も見つかっていない．ムカシギス目は現生のバッタ目と関係が深い．だが，跳躍用の脚をもたない．ムカシギス類は絶滅昆虫の中で最も大きなグループで，石炭紀後期とペルム紀で 50 科ほどが知られている．メゾンクリークからは 12 科が報告され，なかでも *Gerarus* は，ここで見つかる昆虫では最も多いものである．ゴキブリ（図 112）は石炭紀後期のノジュール中に最も多い昆虫だが，メゾンクリークではそれほど多くない．その翅脈のある翼はしばしばシダ種子植物の羽片と間違えられる．

図 111　クモ形類のサソリモドキ目 (Uropygi) *Geralinura carbonaria* (CFM)．ノジュールの長さ 6cm．

図 112　ゴキブリ Blattodea (MU)．スケールは cm 目盛り．

多足類：多足類は多数の脚をもつ節足動物で，ムカデ類とヤスデ類の2綱，それに現生の2綱，コムカデ類，とエダヒゲムシ類，および古生代のアースロプリュリ綱を含む．多足類は知られている最古の陸上動物の一つで（第5章），石炭紀後期までに非常に巨大になり，おそらく捕食者に対する防御のためであろうが，どう猛さを誇示するような多数のトゲをもっていた．ボールのように丸くなることができる短いヤスデ類 *Amynilyspes* が Braiwood 化石群にいる．だが，最もドラマチックな種類は絶滅目 Euphoberiida の *Myriacantherpestes*（図 113）で，長さおそらく 30cm 以上，体側面に先端がフォーク状に分かれた長いトゲがあり，背に短いトゲがあった．*Xyloiulus*（図 114）は，フトヤスデに似たもっと典型的な円筒状ヤスデである．ヤスデは一般にデトリタス食であるが，ムカデは肉食である．メゾンクリークのムカデ類には，オオムカデの *Mazoscolopendra* と走るのが速いケンジの *Latzelia* とがいる．アースロプリュリはシルル紀

の小型の種類から石炭紀後期にかけて巨大化して，（節足動物としては）最大の陸上動物となり，体長2mに達した．巨大だがヤスデのようなデトリタス食であったと思われる．この動物の分離した脚や甲皮がメゾンクリークから産出する．ここで有爪動物（Onychophora）にもふれておくべきだろう．この動物はカンブリア紀から知られ（たとえば Aysheaia，第2章），そのころは海生動物だったが，現在は完全な陸生である．メゾンクリークの Ilyodes は自然の露頭から採集され，これが陸生の Braidwood 化石群からきたか，海生の Essex 化石群からきたかわかっていない．

その他の節足動物：ユーシカルシノイド（p.57参照）は風変わりなグループで，ヤスデ類と同じように単肢の節足動物（分岐しない単純な付属肢をもつ節足動物）である．シルル紀から三畳紀まで生存し，メゾンクリークでは3種知られている．

もう一つ，類縁不明の節足動物 Thylacocephala は，カンブリア紀から白亜紀まで生存し，ふつうノミエビ（flea-shrimp）とよばれている．甲殻類に属すか，そうでないか，というもの．2枚の殻で体の大部分を覆い，大きな眼をもっている．Essex のノジュールに Concavicaris がきわめてたくさん産する．

その他の無脊椎動物：腕足動物は正常な塩分の海成層なら多産するが，メゾンクリークのノジュールにはまれにしか見つからず，それも汽水を好む無関節類の Lingula などに限られている．Lingula は唯一の内在的腕足動物で，垂直の穴に棲み，長い肉質の肉茎（pedicle）によってその穴に退くことができる．Pit 11 から生息位置を保ち穴や肉茎を伴った標本が無数に見つかっている．

腕足動物と同様に棘皮動物もふつうは純海水域に棲む．メゾンクリークで見つかる棘皮動物は，ウミユリの標本1点を除き，ナマコの Achistrum だけである．これは実際に Essex のノジュールにかなりふつうに見つかる．これは，体の一方の端で石灰質プレートが輪状になって括約筋の一部をなしていることで，ほかの細長い虫型の生物とは区別できる．

メゾンクリークの全動物の中で最も興味深いのは，おそらく，タリモンスターとして広く知られている動物であろう．この化石の発見者，熱狂的な化石コレクターの Francis Tully の名にちなんでこう呼ばれている．Tullimonstrum gregarium という学名のこの動物は，体長が最大30cmに達する．ソーセージ型の胴体には体節があり，体の前部に長い吻が伸び，その先端は最多で14本までの細かい歯のついたハサミになっている（図115）．体の後端には菱形の尾びれがある．吻の付け根付近には三

図113 巨大ヤスデ Myriacantherpestes（CFM）．スケールは cm 目盛り．

図114 ヤスデ Xyloiulus（CFM）．ノジュールの長さは7cm．

図115 タリモンスター，Tullimonstrum gregarium（MU）．スケールは cm 目盛り．

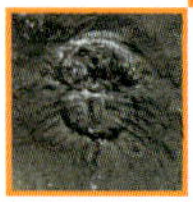

日月形の構造があり，そのすぐ後方に長い柄が左右に伸びていてその両先端に眼がついている．*Tulllymonstrum* の類縁については実にさまざまなアイデアが提案された．コノドント動物，環形動物，紐形動物，軟体動物，これらとは別の独立のグループ，などである．この動物は明らかに遊泳性で捕食性であり，全体の見かけ，吻をもつこと，眼，歯，など，すべて異足類 * と呼ばれる殻のない巻貝類を思い起こさせる．タリモンスターの名声は，2～3年前，投票でこれが「イリノイ州の化石」に選ばれたことで保証されることとなった．

* ：巻貝綱中腹足目のゾウクラゲ科など3科の別称．いずれも浮遊生活をおくり，殻はないか，あるものでは小形，薄質．

魚　類：30種以上の魚類がメゾンクリークから知られている．だが，標本の多くが小さな幼魚かばらばらになった鱗であるため，同定は進んでいない．無顎類にはヌタウナギ1種，ヤツメウナギ1種，および無顎類だが既知の種類に同定できない2種がいる．軟骨魚は数は少ないが多様な種類がいる．化石は主に幼魚である．興味深いことに，それらは，Zangerl and Richardson (1963) が記載してよく知られた Mecca Quarry 頁岩のサメの幼魚中には現れない．Mecca Quarry 頁岩は Francis Creek 頁岩と時代はそれほど違わないのだが，幼魚たちは別の生息場所にいたらしい．*Palaeoxyris* はサメの卵嚢と思われている化石だが，Braidwood 化石群にふつうに産し，Essex 化石群にはそれほど多くない．硬骨魚はメゾンクリークで15属ほど産出する．ほとんどの標本が小型で，同定が難し

い．だが化石は淡水域から汽水域，海水域まで，いろいろな生息場所の多様な種類が集まっている．原始的条鰭類のパレオニスクス類は左右に扁平な縦形や紡錘形の種で一般に *Elonichthys* と呼ばれているものを含み，Essex および Braidwood 化石群の両方にふつうにいる．肉鰭綱の中では，扇鰭類（Rhipidistia，これから四肢動物が出現した），シーラカンス類，肺魚類など，みなメゾンクリークから産出する．

四肢動物：メゾンクリークでは四肢動物はまれだがいろいろな種類があり，23個体の両生類と1個体の爬虫類が知られている．両生類迷歯亜綱の Temnospondyli は *Saurerpeton* の幼体，*Amphibamus* の幼体と成体，*Branchiosaurus* らしいもの，の4個の標本で代表されている．また脊椎骨4個だけが知られる炭竜目の1個体がある．欠脚目は脚がない蛇のような両生類だが，2種に属す無数の標本がある．また両生類空椎亜綱のネクトリド類，リソロフィス類，細竜類の各絶滅目はそれぞれ1標本で代表されている．また爬虫類杯竜目のカプトリヌス亜目のトカゲに似た未成体が知られている．

糞　石：これは化石化した糞で，Essex，Braidwood両化石群から産する．感覚的に体化石のようには好まれないが，糞石は，動物が何を食べていたかについていろいろなことを語ってくれる．たとえば魚の残片を含むらせん状の糞石から，体化石の証拠はないけれども，メゾンクリーク界隈を巨大なサメが泳いでいた，といえる．

メゾンクリーク化石群の古生態

これまでに示した証拠から，メゾンクリーク地域には，陸地，淡水域，汽水域，三角州周辺の限られた海域，など多様な生息場所があったことは明らかである．Colchester 石炭層は，大木になるヒカゲノカズラとトクサが優占的で沼地林を代表し，シダ種子植物がほかの植物とともに森林下層を構成していた．いっぽう Francis Creek 化石群は，シダ，シダ種子植物，トクサなどの残滓が優占的で，これはもっと高地の森林に由来したことを示唆している．陸上の動物群，ヤスデ，クモ形類，昆虫などがこれらの植物の間に生息していた．

Francis Creek 頁岩は上方に粗粒になる．したがって，沼地林への初めの氾濫は急速で，続いてその海を三角州から運び出される堆積物が埋積した．いろいろな堆積学的および古生物学的状況が急速な堆積を示唆している．二枚貝が脱出し損ねた構造がある，*Lingula* が生息位置で埋まっている，シダ種子植物の羽片がその縁で立って埋没している，それに先のタフォノミーの項で述べた急速な埋没を示すさまざまな現象がある．急速な堆積は三角州近辺で特徴的な状況である．Pit 11 近くで原発の基礎地盤調査のために掘られたボーリングが完全な堆積の記録をもたらした．さらに，ボーリングコアにみられる粘土-シルトの葉理は，幅広いものと狭いものがペアになっていて，その組が周期的に厚くなったり薄くなったりす

図 116　Francis Creek 頁岩のラミナイトにみられる粘土/シルトの葉理の周期的な組（MU）．スケールは mm 目盛り．

Chapter Six—メゾンクリーク

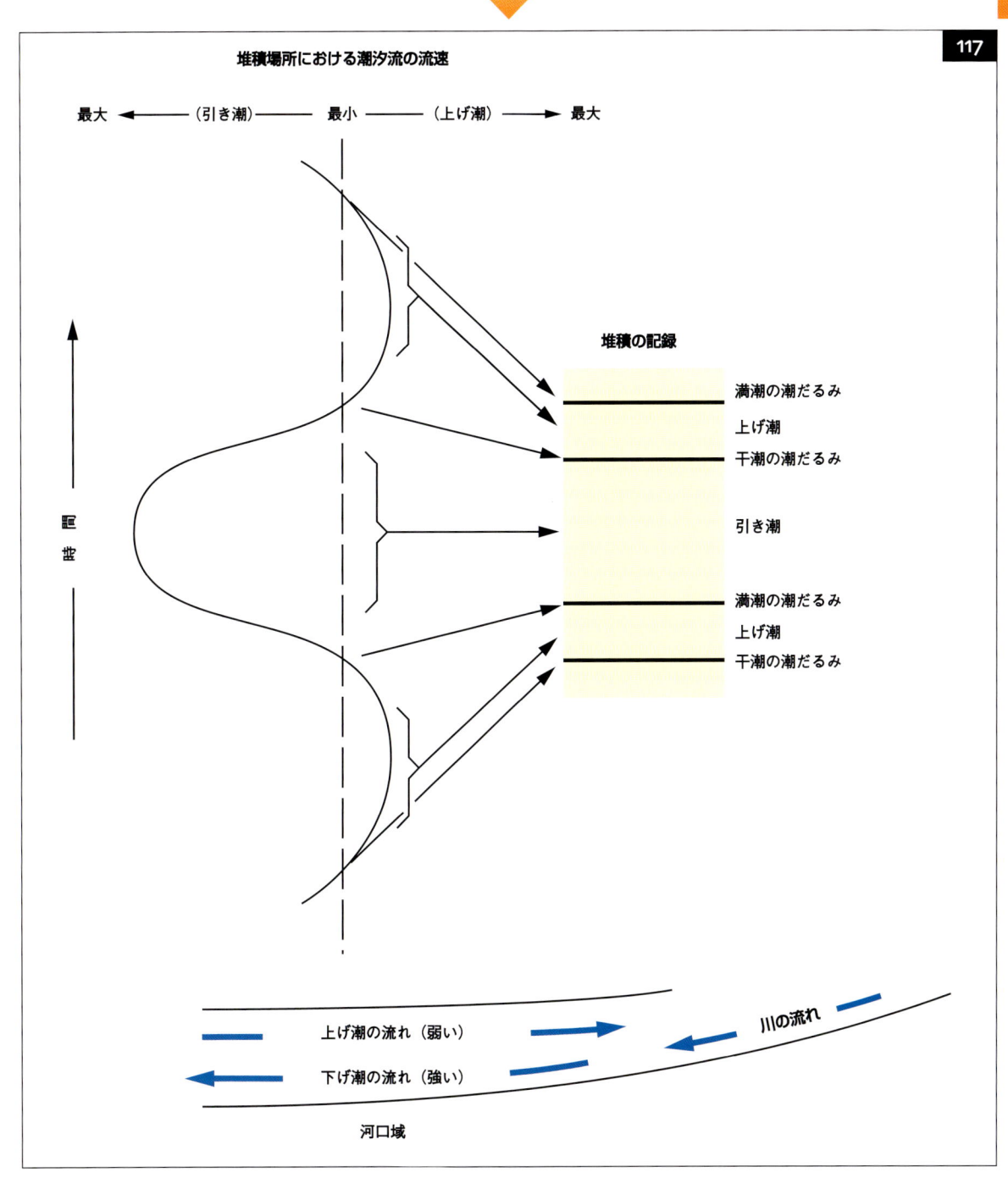

図117 周期的なシルト-粘土の組が潮汐に支配されてできるメカニズム（Kuecher *et al.*, 1990による）．

る（**図116**）．Kuecher *et al.* (1990) はコアと，そのペアになった葉理の周期性を調べて，この周期性は潮汐に起因するものと解釈した．薄い粘土のバンドは水の静止期のもので，上げ潮下げ潮両方の潮だるみ，すなわち流れる向きが変わりつつあって潮はどちらの方向にも流れない時期を示す（**図117**）．厚いシルト層は急速な沈殿の時期を示す．引き潮のとき，外洋に向かう潮の流れによって大量の水が陸から流れ出して厚いシルトの堆積を引き起こす．薄いシルト層は満潮のときで，入ってくる潮が堆積粒子を運び出す潮に抵抗するので流量が比較的少ない．すなわち1つの潮汐サイクルは2つの粘土バンドと2つのシルトバンドで構成されている．最も幅広いバンドを含むサイクルは，潮差が最大となる大潮にあたり，最も薄いバンドのサイクルは小潮にあたる．Kuecher *et al.* (1990) は大潮から次の大潮までの間に15〜16の潮汐サイクルがあることを発見した．これは太陰暦の半月に相

当する．完全な太陰月には2回の大潮（月と太陽，地球が一直線に並ぶとき）と2回の小潮（月と地球と太陽とが直角になるとき）がある．サンゴの成長の周期性から石炭紀の大陰月は30日からなると示唆されている（Johnson and Nudds, 1975）．すなわち地球-月系は3億5000万年の間に1ヵ月が現在の28日にまで減速したことになる．このようにメゾンクリークの潮汐サイクルは日周型*で，メキシコ湾など現在の世界の一部で認められているのと同じである．英国の海岸域では半日周型である（すなわち24時間のうちに2回の満潮と2回の干潮とがある）．

*：潮汐は半日周型が一般的．場所によって2回の満潮の潮位が著しく異なること（日潮不等）があり，そこは日周型になる．

潮汐堆積物の周期性は，珍しいことに堆積速度の直接測定を可能にする．2週間分のサイクルの厚さは19mmから85mmある．これは圧密を受けた後の値で1年に0.5～2.0mの堆積速度になる．したがってFrancis Creek頁岩全体が堆積するのに10～50年しかかからなかったことになる．急速な堆積ということは，すでに堆積物や化石から定性的に結論されていたが，潮汐サイクルによって独立に定量的に証明されたことになる．

メゾンクリークと他の古生代後期化石群との比較

Calver (1968)はイングランド北部のWestphalian期の貝殻化石群で，沿岸から沖合に至る群集の配列を認めた．Calverがestheriid（カイエビ類）群集としたものは，おおざっぱにいってBraidwood化石群に相当し，また主に*Edmondia*と*Myalina*（ウグイスガイに近縁な二枚貝）からなるmyalinid群集はEssex化石群に相当する．メゾンクリークの化石群は石炭紀後期の三角州環境に共通にみられるものであろう．ただ，メゾンクリークではその例外的な化石化過程のために，他のふつうの産地では失われてしまう軟体性の生物たちを保存しているのである．

メゾンクリーク型の化石群は世界中で菱鉄鉱ノジュール中から知られている．だがどこもよく調べられていない．たとえば，英国のCoal Measuresでは多くの産地で立派なノジュール化石群を産する．たとえばSparth Bottoms（Rochdale地域），Coseley（West Midlands地方），LancashireのBickershaw（Anderson et al., 1997）などである．同様な化石群はフランスのMontceau-les-Minesからも産する（Poplin and Heyler, 1994）．ほかの石炭紀後期の化石産地も，この時代の非海生生物群に関するわれわれの知識を補完してくれる．たとえばノジュールでない産地で，チェコのNýřanyはその例外的な四肢動物の化石で名高い．Schram (1979)は，石炭紀非海生化石群中の主に甲殻類を対象にした分類学的研究の中で，安定していて予測可能な群集が石炭紀を通して存続したことを論じている．第7章のボルツィア砂岩化石群は"Schramの連続"の三畳紀への延長である．すなわち，海の沿岸域生態系は，あのペルム/三畳紀大量絶滅の影響をあまり受けていないように思われるのである．

参考文献

Anderson, L. I., Dunlop, J. A., Horrocks, C. A., Winkelmann, H. M. and Eagar, R. M. C. 1997. Exceptionally preserved fossils from Bickershaw, Lancashire, UK (Upper Carboniferous, Westphalian A (Langsettian)). *Geological Journal* **32**, 197–210.

Baird, G. C., Sroka, S. D., Shabica, C. W. and Kuecher, G. J. 1986. Taphonomy of Middle Pennsylvanian Mazon Creek area fossil localities, northeast Illinois: significance of exceptional fossil preservation in syngenetic concretions. *Palaios* **1**, 271–285.

Briggs, D. E. G. and Gall, J.-C. 1990. The continuum in soft-bodied biotas from transitional environments: a quantitative comparison of Triassic and Carboniferous Konservat-Lagerstätten. *Paleobiology* **16**, 204–218.

Calver, M. A. 1968. Distribution of Westphalian marine faunas in northern England and adjoining areas. *Proceedings of the Yorkshire Geological Society* **37**, 1–72.

Johnson, G. A. L. and Nudds, J. R. 1975. Carboniferous coral geochronometers. 27–42. *In* Rosenberg, G. D. and Runcorn, S. K. (eds.). *Growth rhythms and the history of the Earth's rotation*. John Wiley, London, 559pp.

Kuecher, G. J., Woodland, B. G. and Broadhurst, F. M. 1990. Evidence of deposition from individual tides and of tidal cycles from the Francis Creek Shale (host rock to the Mazon Creek Biota), Westphalian D (Pennsylvanian), northeastern Illinois. *Sedimentary Geology* **68**, 211–221.

Nitecki, M. H. (ed.). 1979. *Mazon Creek fossils*. Academic Press, New York, 581pp.

Poplin, C. and Heyler, D. (eds.). 1994. *Quand le Massif Central était sous l'Équateur. Un Écosystème Carbonifère à Montceau-les-Mines*. Comité des Travaux Historiques et Scientifiques, Paris, 341 pp.

Richardson, E. S. and Johnson, R. G. 1971. The Mazon Creek faunas. *Proceedings of the North American Paleontological Convention, 5–7 September 1969, Field Museum of Natural History* **1**, 1222–1235.

Schram, F. R. 1979. The Mazon Creek biotas in the context of a Carboniferous faunal continuum. 159–190. *In* Nitecki, M. H. (ed.). *Mazon Creek fossils*. Academic Press, New York, 581 pp.

Shabica, C. W. and Hay, A. A. (eds.). 1997. *Richardson's guide to the fossil fauna of Mazon Creek*. Northeastern Illinois University, Chicago, xvii + 308 pp.

Zangerl, R. and Richardson, E. S. 1963. The paleoecological history of two Pennsylvanian black shales. *Fieldiana Geology Memoir* **4**, 1–352.

ボルツィア砂岩
Grès à Voltzia

Chapter Seven

背景：ペルム紀から三畳紀への移行

前章と前々章で，陸上がどのようにして植物に覆われ，緑の環境となったか，また植物に続いてどのようにして動物たちが森の下生えを走り回るようになったか，をみてきた．石炭紀には熱帯林が広く各地に広がって繁茂していた．森林にはヒカゲノカズラ類の大木がそびえ，シダ種子植物が下層を構成し，その間に両生類・昆虫・クモ形類などの動物がいた．いっぽう古生代の海をみると，節足動物（たとえば三葉虫，広翼類など），浮遊性の筆石類，底生性の腕足動物などが発展し，サンゴ礁が世界中の熱帯域に広がっていた．だが，ペルム紀の終わり，すなわち古生代の終わりは動植物化石群の突然の変化によって線が引かれている．それは，地球が現在までに経験した最も大規模な大量絶滅による変化である．われわれはこれから三畳紀に，すなわち中生代に進もうとしているが，この時代の生命はこれまでの章でみてきたものとは著しく異なるものであった．三葉虫，広翼類，筆石類は絶滅し，殻をもっていて海底に棲む動物としては，腕足動物でなく軟体動物の二枚貝が優占的となり，また新しいタイプのサンゴ（六放サンゴ）が生礁を構成するようになった．そして陸上の植物群では，裸子植物の樹木が優占的になった．

ペルム紀には化石ラガシュテッテンとして大したものはない．ネバダ州に頭足類の軟体部の形態が残されている産地（Buck Mountain）がある．陸上生物の化石に関して，南アフリカのカルー（Karoo）累層群はたくさんの化石爬虫類を包含していること，ことに最終的に哺乳類を生んだグループ*が産出することで有名である．だがカルー累層群は膨大な厚さの地層で，時代もペルム紀から三畳紀にまたがる長い期間を代表しているので，ひとつの化石ラガシュテッテとして記載することはできない．この章では，フランス北東部，ボージュ（Vosges）山地北部の，有名なボルツィア砂岩（Grès à Voltzia，図118）の化石ラガシュテッテを紹介する．第6章で述べたように，石炭紀後期のメゾンクリークラガシュテッテといろいろ類似した点がある（たとえばどちらも三角州の環境下で形成された）．だが両者には保存のされ方に違いがあり，もちろん，三畳紀の生物群は石炭紀のものとは大きく異なる．

*：爬虫綱単弓亜綱中の獣弓目（Therapsida）を指す．

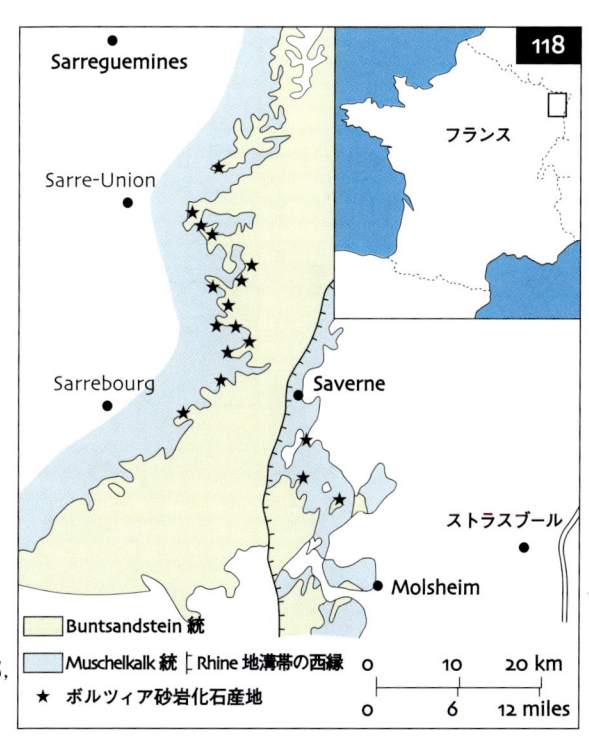

図118　フランス，ストラスブールの北西，ボージュ山地北部，ボルツィア砂岩の化石産地分布図（Gall, 1985 による）．

ボルツィア砂岩化石群発見の歴史

ボージュ山地北部では何世紀も前から三畳紀の砂岩を建築用に，また石臼用に採掘していた．（たとえばストラスブールのゴシック大聖堂に使用，図119）．ムル砂岩 (Grès à meules, 石臼砂岩) の中に挟まれて存在する粘土岩層は，石切場の工人にとっては困りものなのだが，しかし化石を豊富に含んでいる．英国でも三畳紀の砂岩 (millstone grit) は建築用に広く採掘されているが，良質の軟石 (freestone，目立った構造がないのでどの方向にも刻むことができ，精緻な狭間飾りなど装飾用に用いられる) は少ない．そのうえ，英国の三畳系では粘土の道標石 (wayboard, 砂岩中に挟まれる粘土やシルトのレンズ) は強く酸化していて化石の保存状態が悪い．しかしボージュのものは酸化しておらず，化石がきれいに残る

図119 フランス，アルザス地方ストラスブールのノートルダム寺院．壮麗なこのゴシック寺院にボージュ山地北部産のボルツィア砂岩が使われている．

特別な条件下にあった．この化石群の組織的な採集はストラスブール，Louis Pasteur 大学の Louis Grauvogel とその娘の Léa Grauvogel-Stamm によって 20 世紀中頃にはじめられた．Léa は古植物学に興味があって研究に参加した．1971 年に Jean-Claude Gall がこの研究チームのもう一人のメンバーとして加わった．ボルツィア砂岩化石群とその古生態の研究は現在も続いている．

ボルツィア砂岩の層序的位置とタフォノミー

三畳系という地層は，ヨーロッパ中部（南ドイツが中心）のこの時代の地層が 3 分割できることから，von Alberti (1834) によって命名された．すなわち下部のブント砂岩 (Buntsandstein)，中部の貝殻石灰岩 (Muschelkalk, 海成)，上部のコイパー砂岩 (Keuper Sandstein)，である．英国では貝殻石灰岩は欠落しているが，国際的な用法に従って三畳系（紀）の名を用いている．ボルツィア砂岩 (Grès à Voltzia) はブント砂岩の上部に位置する．ボルツィア砂岩下部のムル砂岩は細粒の砂岩，いっぽう上部の粘土質砂岩 (Grès argileux) はシルト質で，大陸上に広がった Muschelkalk の海進の始まりを示す．この章では砂岩だけが問題になる．この部分には 3 タイプの岩相が認められる (Gall, 1971, 1983, 1985; 図120)．(a) 厚い細粒砂岩のレンズで，さまざまな色（一部は灰色ないしピンク色）を呈し，陸上植物片，両生類の骨片を含む; (b) シルト・粘土のレンズで，緑あるいは赤色を呈し，一般に 2〜3mm の厚さの葉理の積み重なりからなり，保存のよい水生・陸生の動植物化石を含む; (c) 石灰質砂岩（ある

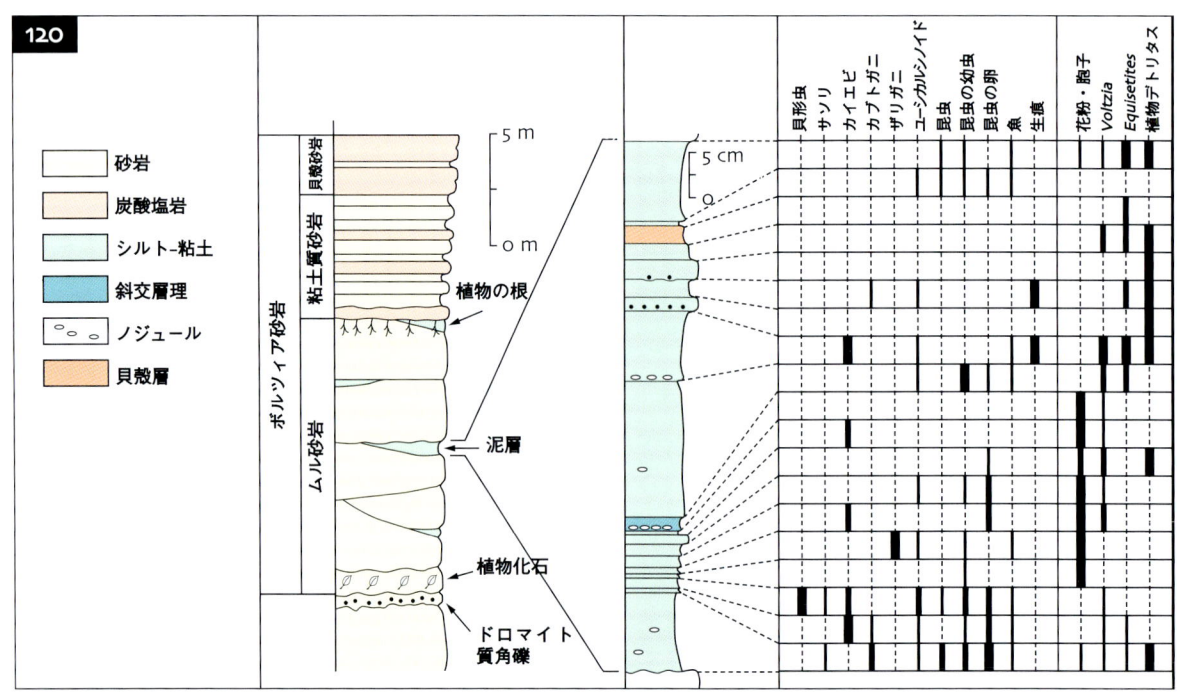

図120 ボルツィア砂岩の柱状図．ムル砂岩中の化石を含む層準の詳細図と化石の相対的産出頻度を示す (Gall, 1971 による)．

いは炭酸塩岩の角礫岩），まれに海生化石を含む．非常に美しい化石群が保存されているのは，(b)の緑色（時に赤）シルト-粘土ラミナイトの部分である．

堆積物の特徴と化石の証拠から，ここは三角州であったとされる（Gall, 1971, 1983）．この砂岩(a)は強く蛇行した河道の突州（ポイントバー）堆積物で，粘土のレンズ(b)は汽水の湖沼に沈殿した細粒堆積物，また石灰質砂岩(c)は嵐のときに短期的に海水が流入して堆積したものである．この場所はその古地理学的位置，赤色土層の存在，陸上植物の乾生形態（xeromorph）などを合わせて判断すると，半乾燥気候であったと推定される．もっとも三角州は低地にあったので，それほど乾燥してはいなかったと思われる．気候には季節性があり，湿潤期には旧河道などの水たまりに水が溢れ，乾期にはそれが蒸発した．粘土のレンズには乾裂，爬虫類の足跡，岩塩結晶の仮像などがあり，また各粘土レンズの最上部に陸生植物が生息位置で化石化している，などから，水たまりは完全に干上がったことがわかる．1枚の粘土層を下から上に見ていくと，水生の化石群から陸生のものに移り変わっていく様子も認められる（Gall, 1983）．

水たまりが干上がると水生の動物たちは死ぬ．カイエビ類（*Estheria*）の化石が多いが，この小さな甲殻類が，一時的な水たまりの中で非常にはやくその生活環を完成させるように適応していることを考えると，この化石が多いのは意味がある．水たまりの水の急速な蒸発は酸素の欠乏を引き起こす．その結果，水生生物の大量死とバクテリアマットの蔓延が起こる．バクテリアマット（あるいはバクテリアベール，Gall, 1990）は遺骸が腐肉食者に荒らされるのを防ぎ，粘液を分泌して閉鎖的環境をつくり出し，有機物が腐敗分解するのを防ぐ．その後，新しい砕屑物（粘土，シルト）が堆積してマットとともに生物体を埋め込んでしまう（Gall, 1990）．

堆積物の圧密は化石を平らに押しつぶすように働く．だがある場合には燐酸カルシウムが型をつくって（casting），これによって立体的に保存されることもある．無脊椎動物の場合に型をつくる物質として燐酸カルシウムは珍しい．この物質は生物体の組織中に存在し，放出されるとすぐに別の生物に再利用される．しかし，ボルツィア砂岩の例外的なタフォノミー条件下で急速な燐酸塩の沈殿が起こったのである．燐酸塩が沈殿するには，酸素が少ない環境と，燐を供給する大量の有機物を必要とする．ここでは分解が進む死骸から放出される燐をバクテリアマットが封じ込めて，ほかの生物が再利用できないようにしていたのであろう．有機物の分解のため遺骸の周囲は酸性になって，自由なCaイオンが発生し，これが燐と結合して燐灰石ができたのではないか．いったん燐酸塩質のノジュールがつくられると，それが圧密に対抗してそれ以上遺骸が扁平化するのを防いだことだろう．このように，ボルツィア砂岩におけるタフォノミーは，ほかの化石ラガシュテッテンとは著しく違っている．ボルツィア砂岩とメゾンクリークとの間に類似点はある．たとえば急速な埋没，還元的な環境，細粒堆積物，などである．だが，メゾンクリークにはバクテリアマットも燐酸塩化も知られていない．たしかに燐酸塩化は他のいろいろな化石ラガシュテッテンで起こっている．たとえばサンタナ（第11章）がそうである．しかしその過程はボルツィアのものとは違う．

ボルツィア砂岩の化石群

　植　物：ボルツィア（Voltzia）砂岩という名称は，豊富に産出する球果植物（針葉樹）の*Voltzia heterophylla*（図121）の名をとったものである．これは低木で薮状の球果植物で，他の裸子植物の*Albertia*（図122），*Aethophyllum*，*Yuccites*などとともに三角州の分流と分流の間の低木林を構成していた．河岸の土手には，頻繁に洪水に逢う不安定な砂質の土地に適応して根を張るトクサやスギナ（*Equisetum*，*Schizoneura*）が密生していた．

図121　球果植物の*Voltzia heterophylla*（GGUS）．スケールは10mm．

図122　裸子植物の*Albertia*（GGUS）．主茎の基部にある白いスケールは10mm．

Anomopteris や Neuropteridium のようなシダ類もあった．またソテツ，イチョウなども報告されている．大型植物の遺体は，岩相(a)の雑色砂岩レンズから両生類の化石と一緒に産出する．流されてきた植物片はシルト・粘土のラミナイトからも産する．

　刺胞動物：クラゲ類の Progonionemus vogesiacus の幼体から成体まで，10個の標本が得られている（Grauvogel and Gall, 1962）．これは，径約8〜40mm の釣鐘型の傘と長さ9〜40mm の多数の触手がある．触手には初生的なものと二次的なものの両方が認められる．成体では生殖腺も見える．Progonionemus はマミズクラゲ目（Limnomedusae）の類のカギノテクラゲ（Gonionemus）に近縁とされる．このグループには淡水生のものと汽水生のものとがいる．

　腕足動物：無関節類の Lingula tenuissima が，ムル砂岩から産する．Lingula は内在性の腕足動物で，一般に，他のほとんどの腕足動物が棲むことのできない浅い汽水域で見つかる．興味深いことは，Lingula は直立した生息姿勢のままで保存されており，水流で流されたものでなく，死んだその場所で生きていたこと（原地的，autochthonous）を示している．

　環形動物：環形動物の化石2〜3個が Gall and Grauvogel (1967) によって報告されている．そのなかに多毛類の Eunicites（イソメに近縁）と Homaphrodite がある．これらは海生だが，塩分が変動する汽水にも棲める．

　軟体動物：ムル砂岩からはいろいろな二枚貝と巻貝が報告されている．その中にはイタヤガイ類（遊泳するタイプ）や三角貝類の Myophoria などがいる．一般にこれらの動物は汽水の水たまりにはいない種類で，時間的空間的に近いところに海があったことを示している．

　節足動物：ラミナイトの中にみられる化石のうち最も多いのが節足動物である．そしてその褐色のクチクラのため（おそらく元の色ではないだろうが）化石は著しく新鮮にみえる．最も多くみられる節足動物は，その生活史のどこかで水と関連していた種類である．カブトガニの Limulitella bronni（図124）はムル砂岩の化石群ではふつうの構成要素で，その歩行跡 Kouphichnium は遺骸や脱皮殻と共に同じように広く発見される．カブトガニは主として海に棲む動物である．しかし特に交配のために群れをなして海岸に押しかけたときなどには，川のかなり上流でもみることができる．カブトガニは石炭紀後期（たとえばメゾンクリーク，第6章）には淡水と塩水の両方に耐性があり，水陸両生性であった可能性もある．

　現在も生きている節足動物鋏角亜門の中で，カブトガ

図123　シダの Anomopteris（GGUS）．羽片の幅は約14cm．

図124　カブトガニの Limulitella bronni（GGUS）．尾剣を含む全長55mm．

ニは唯一のもともと水生であったグループである．古生代の中頃には，もう一つの鋏角類，サソリも水中で生活していた．しかし石炭紀にはサソリは水からでて陸の動物となった．サソリはムル砂岩に産し（図125），その陸生動物群のメンバーの一つである．これらは絶滅グループの Eoscorpiidae 科に含められてきた．もう一つ，おそらくもっと身近なグループはクモ類（図126）である．

ムル砂岩からおよそ1ダースほどのクモ化石が知られており，Selden and Gall (1992) によって原蛛亜目（mygalomorph）のクモ（トダテグモ，タランチュラなどの類）の最古のものとして記載された．Rosamygale glauvogeli という一種だけが現生の Hexathelidae 科という，いま主としてゴンドワナにいて数種だけが地中海域にいる科に入れられている．

甲殻類では，カブトエビ類の Triopus cancriformis がムル砂岩から産した．現在これらは一時的な水たまりに特有で，これがいるということはボルツィア砂岩でも一時的な水溜まりという環境の存在が想定される．カイエビ類もふつうに出る．この小型で2枚の殻をもつ甲殻類は，湖沼やその他の非海域にいる．ムル砂岩から見つかるその他の甲殻類としては，アミ類の Schimperella，ワラジムシ類（等脚類）の Palaega pumila（Gall and Grauvogel, 1971），ザリガニで遊泳力の強い Antrimpos（図127），底生性の Clytiopsis，などがある．これらの甲殻類は一時的な水たまりの群集に共通な構成要素で，その多くははじめ Bill によって1914年に記載された．

その他，絶滅した奇妙な甲殻類のシクロイディア（Cycloidea）がいる．これは石炭紀前期から白亜紀まで，

図125 ムル砂岩産のサソリ（GGUS）．体長60mm．

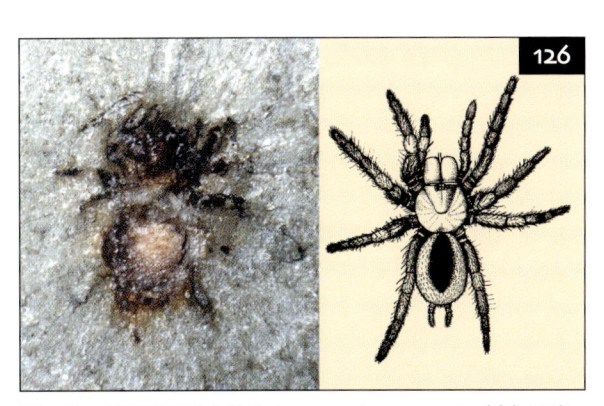

図126 漏斗型アミクモの Rosamygale grauvogeli．（左）写真，（右）復元図．長さ約6mm（Selden and Gall, 1992 による）．

図127 ザリガニの Antrimpos（GGUS）．触角を除く体長50mm．

世界各地から知られる．ムル砂岩からは *Halicyne* 属が産出する．シクロイディアは現生の魚ジラミに似ていて，事実，何人かの古生物学者は魚の外部寄生者であると考えている．これはほぼ円形の背甲が特徴的で，短い足が背甲外縁の下から突きだしている．

多足類は，美しく保存されたヤスデ（図 129）で代表される．だがこれはまだ正式な記載がない．現在ヤスデは植物デトリタスを食べる重要なデトリタス食者である．

ユーシカルシノイドとよばれる一群の節足動物がいる．これはカンブリア紀（足跡化石らしいもので存在が証明されている）から三畳紀まで生存し，甲殻類に似た外観を呈すが，昆虫とも似たところがある（図 94 をみよ）．触手のついた頭，多数の足のついた長い体，短い腹部，棘状の尾部をもつ．ムル砂岩から *Euthycarcinus* の標本 2 ～ 3 個体が知られているが，これは最初に記載されたユーシカルシノイドで，このグループでは最も新しい時代のものの一つである（Wilson and Almond, 2001）．

ムル砂岩産の昆虫には水生のもの，陸生のものの両方がある．多くの陸生昆虫は水生の幼生をもち，それらは化石でもいろいろ出てくる（図 130, 131）．これらが存在することは，水域が汽水でなく淡水の可能性が強いことを示している．ここから産出する昆虫には，カゲロウ類（Ephemeroptera），トンボ類（Odonata，大型種を含む），ゴキブリ類（Blattodea），甲虫類（Coleoptera），シリアゲムシ類（Mecoptera），ハエ類（Diptera），カメムシ類（Hemiptera），などがいる．

昆虫の成体や幼生あるいは甲殻類のほかに，ムル砂岩からはこれらの節足動物の卵塊が発見されている．Gall and Grauvogel（1966）はさまざまなタイプの卵（*Monilipartus*，*Clavapartus*，*Furcapartus*）を記載した．卵はユスリカ類（Chironomidae）の卵に最もよく似ている．それは小さく，暗色，円形または楕円形で，*Monilipartus* の場合は鎖状になって，*Clavapartus*，*Furcapartus* の場合は，生きていたときには粘液で包まれていたかのように，互いに分離した塊になってみられる．ある場合には，卵はカイエビ類の殻の中，あるいはその周辺にみられるので，この動物の卵の可能性がある．

魚　類：ムル砂岩からは数種の魚化石が発見されている．幼魚が特に多い．条鰭類としては *Saurichthys* の 1 標本，幼魚が主だが個体数の多い *Dipteronotus*（図 132），2 ～ 3 ダースの全骨類 *Pericentrophorus* がいる．シーラカンスの鱗も見つかる．これらの魚はみな遊泳性（底に棲まない）である．メゾンクリーク（第 6 章）でも産したサメの卵嚢 *Palaeoxyris* が，他の魚の卵塊と同じくムル砂岩にふつうに見つかる．

四肢動物：両生類の骨化石は，砂岩相(a)にごく普通である．これらは迷歯亜綱分椎目（Temnospondyli）に属す *Odontosaurus* および *Eocyclotosaurus* とされている．これらは水生，ひらたい三角形の頭が特徴的で，時代は三畳紀に限られる．ボルツィア砂岩には爬虫類の化石はまれであるが，*Chirotherium* の足跡がある．この足跡は英国の三畳紀には普通にみられ，相当に大きい動物がいた証拠となっている．

ボルツィア砂岩化石群の古生態

ボルツィア砂岩の化石の多くはまだ分類学的記載が終わっていないが，対照的にこの化石ラガシュテッテの古生態はよく調べられ，全体のあらすじは，特にストラスブール大学の Jean-Claude Gall の長年にわたる研究によってよくわかっている（Gall, 1971）．ボルツィア砂岩の下部にみられる 3 つの岩相の指交関係は，この地層が海に近い複雑な構造の三角州であったことを示している．地層を下から上に追うと，はじめの沖積低地から三角州へ，そして最後に Muschelkalk の海進までの変遷をみることになる．

ムル砂岩の岩相(a)は三角州上の河道に堆積した河川堆積物である．2 ～ 3m の厚さで基底に侵食面があるピンクないし灰色の細粒砂岩レンズは中州堆積物である．粗粒で分級が悪く，植物片，両生類の骨片，泥片の礫岩などを含む砂岩は堤防決壊堆積物と解釈される．プロキシマル相の砂岩にはディスタル砂岩に比べて大型の骨片や

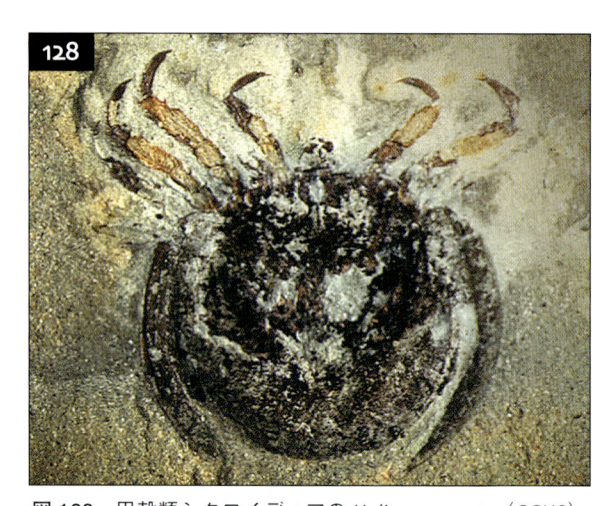

図 128　甲殻類シクロイディアの *Halicyne ornate*（GGUS）．幅 15mm．

図 129　ヒメヤスデ類（Juliformia）（GGUS）．長さ約 5cm．

Chapter Seven — ボルツィア砂岩

植物片を含む.

岩相(b)は緑あるいは赤色のシルト質粘土のレンズで，砂岩中に挟在する．これは一時的水たまりに堆積したという証拠がある．この粘土層は級化層理のある葉理の集積で，1枚の葉理は厚さわずか2〜3mmにすぎない．各葉理は河道から溢れた洪水流か，例外的な高潮のとき海水が流れ込んで堆積した．岩塩の仮像と泥の乾裂は乾燥の証拠である（周期的な乾陸化を示す）．塩分が上昇したことは，粘土中のボロン濃度が上がっていることに現れている（Gall, 1985）．個々の水たまりはごく短期間，2〜3週か数シーズン程度存在したにすぎない．たとえば厚さ60cmの1枚のレンズが，1つの裸子植物の開花から結実までの1年の周期を記録している（Gall, 1971）．これら細粒レンズの最上部にはしばしば乾陸化した証拠である乾裂や植物の根などがある（Gall, 1971, 1985）．水生生物の化石はレンズの下部に集中していて，この時期はおそらく水が深く，より永続的であったと思われる．1つのレンズの中で，葉理ごとに化石群の構成員の比率が劇的に変動していて（Gall, 1971），水と堆積物が流れ込むたびに新しい群集が成立したことを示している．水生化石群が原地的であること，そして陸生化石群はその停滞水の水たまりにごく近いところに生息していたものであることは明らかである．この証拠として，生息位置のまま化石化した動物（たとえば *Lingula*）が存在する，流れによって一定方向に並ぶことがない，同じ群集中に幼生から成体まで存在する，あとまで残存した水たまりに多数の個体が集中している，などがあげられる．広塩性の種類（広い範囲の塩分度に耐えるもの）からなる群集が続いて死ぬ（しばしば大量死の証拠がある）．蒸発によって水量が減少し，酸素量が低下したことによるのであろう．

岩相(c)は石灰質砂岩や角礫化した炭酸塩岩からなり，一時的な海の侵入を示している．炭酸塩岩の角礫は嵐の時の堆積物で，まれに挟在する巻貝を含む石灰質砂岩は時たまの小規模な海進を示唆している．ボルツィア砂岩の三角州は，低湿な砂質の土地で，裸子植物（たとえば *Voltzia*, *Yuccites*）やヒカゲノカズラ（たとえば *Pleuromeia*）の薮の間に，トクサやシダ（たとえば *Neuropteridium*, *Anomopteris*）が生えていた．植生は多様性が低く，わずか2〜3種で構成されていた．不安定な砂質の土地に根を張り，洪水を生き延びたり洪水後に急速に再生したりできる種類である．この植生の間に，昆虫（ほとんどは幼生が水生のもの），ヤスデ，サソリ，クモ（*Rosamygale*），両生類，爬虫類など，植物同様に種構成の貧弱な動物群集がいた．汽水域は生命に溢れていた．だが各分類群はいずれもそれぞれ種多様性が低く，多くの動物は広塩性であった．そこにはクラゲ（*Progonionemus*），環形動物の多毛類，腕足動物の *Lingula*，いくつかの二枚貝，*Limulitella*，いくつかの甲殻類（たとえば *Triops*，カイエビ類，*Schimperella*, *Antrimpos*, *Clytiopsis*, *Halicyne* など），ユーシカルシノイド，魚（たとえば *Dipteronotus*），昆虫の卵（たとえば *Monilipartus*）などがいた．Gall (1985, figs. 8, 9)はムル砂岩の古生態復元図を描いた．

多様度が低いというのは半乾燥性の陸域群集と汽水域群集に共通する特徴であった．軟体性の動物も化石化する例外的な保存のおかげで，この復元に漏れている生物はほとんどないといえる．さらに，低多様度，砂質の土

図130 昆虫の幼虫（GGUS）．体長約17mm.

図131 昆虫の幼虫（GGUS）．体長（尾を含む）約17mm.

図132 *Dipteronotus* の幼魚（GGUS）．体長35mm.

地，半乾燥性（季節的）の生態系は三畳紀に確立し，その後，種類構成を少し変えはしたが現在まで続いている．

ボルツィア砂岩と他の化石群との比較

Briggs and Gall (1990) は，ボルツィア砂岩の化石群と石炭紀の4つの主要なラガシュテッテンの化石群とを比較し，これらラガシュテッテン間の群集の連続性に関するSchram (1979) の概念をテストし，拡張することを試みた．この比較研究で特に重要なことは，このような比較の場合，化石群の種構成だけでなく，その層序的位置（ことに大きな絶滅イベントの両側を比べる場合に重要），古環境の差異，保存の効果，なども比較，評価することが重要，という認識に達したことである．2人は，新しい類似度指数を用い，ボルツィア砂岩と，モンタナ州 Heath 累層 Bear Gulch 部層[*1]（Namurian 階），フランスの Montceau-les-Mines ラガシュテッテ[*2]（Stephanian 階），スコットランドの Glencartholm Volcanic Beds[*3]（下部石炭系），イリノイのメゾンクリーク化石群（Westphalian 階，第6章）とを比較した．

[*1]：魚化石から陸上植物まで多様な化石を含む浅海成石灰岩．下部石炭系の最上部．
[*2]：三角州〜淡水堆積物の菱鉄鉱ノジュールから，節足動物，軟体動物，環形動物，魚類，四肢動物，多様な植物化石を産出．石炭系の最上部．
[*3]：火山岩に挟在する凝灰岩中から多様な化石を産出，特に昆虫化石が有名．

地層の年代は結果にほとんど影響しなかった．層序的には Glencartholm がボルツィア砂岩から最も遠い位置にあるが類似度では第2位になった．また最も若い（したがって最も近接した）Montceau-les-Mines は類似度では最低であった．保存がよいほど多くの分類群を含むのでタフォノミーは重要である．Glencartholm の保存状態はそれほどよくなく，あるタイプのクチクラをもたない生物は保存されていない．またクラゲ，多毛類，それにクモや昆虫など多くの陸上動物も，地層の堆積当時にその周辺に生息していたであろうと思われるのに，欠けている．類似度に最も影響する要素は古環境である．堆積学的証拠からメゾンクリーク（第6章）とボルツィア砂岩はどちらも陸域と海の影響の強い三角州との境界付近の環境であったとされる．両者に共通の分類群には，クラゲ類，腕足動物，多毛類，軟体動物の二枚貝と巻貝類，カブトガニ，サソリ，クモ，貝形虫，エビ，シクロイド，ユーシカルシノイド，ヤスデ，昆虫類，魚，四肢動物などがある．変動する環境条件に適応した生物（たとえば広塩性の種，不安定な土地に適応した植物）は，これらのラガシュテッテン間で科あるいはもっと下位（すなわち属や種）の分類レベルで一致している．これらの種類はペルム紀末の大量絶滅の影響をほとんど受けていない．ボルツィア砂岩とメゾンクリークとの間で種類構成に差異がみられるのは主として高等な甲殻類と昆虫である．ボルツィア砂岩を代表する種類の多くはペルム紀に出現し，古生代を代表する種類が絶滅したペルム/三畳紀境界を越えて放散を起こしている．こうして Briggs and Gall (1990) は，海と陸が移り変わる境界部の堆積環境においては，石炭紀と三畳紀の化石群の間に著しい連続性が認められる，と結論した．

参考文献

Bill, P. C. 1914. Über Crustaceen aus dem Voltziensandstein des Elsasses. *Mitteilungen der Geologisches Landesanstalt von Elsass-Lothringen* **8**, 289–338.

Briggs, D. E. G. and Gall, J.-C. 1990. The continuum in soft-bodied biotas from transitional environments: a quantitative comparison of Triassic and Carboniferous Konservat-Lagerstätten. *Paleobiology* **16**, 204–218.

Gall, J.-C. 1971. Faunes et paysages du Grès à Voltzia du nord des Vosges. Essai paléoécologique sur le Buntsandstein supérieur. *Mémoires du Service de la Carte Géologique d'Alsace et de Lorraine* **34**, 1–318.

Gall, J.-C. 1972. Fossil-Lagerstätten aus dem Buntsandstein der Vogesen (Frankreich) und ihre ökologische Deutung. *Neues Jahrbuch für Geologie und Paläontologie, Monatshefte* **1972**, 285–293.

Gall, J.-C. 1983. The Grès à Voltzia delta. 134–148. *In* Gall, J.-C. *Ancient sedimentary environments and the habitats of living organisms*. Springer-Verlag, Berlin, xxii + 219 pp.

Gall, J.-C. 1985. Fluvial depositional environment evolving into deltaic setting with marine influences in the Buntsandstein of northern Vosges. 449–477. *In* Mader, D. (ed.) *Aspects of fluvial sedimentation in the Lower Triassic Buntsandstein of Europe*. Lecture Notes in Earth Sciences 4. Springer-Verlag, Berlin, viii + 626pp.

Gall, J.-C. 1990. Les voiles microbiens. Leur contribution à la fossilisation des organismes au corps mou. *Lethaia* **23**, 21–28.

Gall, J.-C. and Grauvogel, L. 1966. Ponts d'invertébrés du Buntsandstein supérieur. *Annales de Paléontologie (Invertébrés)* **52**, 155–161.

Gall, J.-C. and Grauvogel, L. 1967. Faune du Buntsandstein. III. Quelques annélides du Grès à Voltzia des Vosges. *Annales de Paléontologie (Invertébrés)* **53**, 105–110.

Gall, J.-C. and Grauvogel, L. 1971. Faune du Buntsandstein. IV. *Palaega pumila* sp. nov., un isopode (Crustacé Eumalacostracé) du Buntsandstein des Vosges (France). *Annales de Paléontologie (Invertébrés)* **57**, 77–89.

Gall, J.-C. and Grauvogel-Stamm, L. 1984. Genèse des gisements fossilifères du Grès à Voltzia (Anisien) du nord du Vosges (France). *Géobios, Mémoire Special* **8**, 293–297.

Grauvogel, L. and Gall, J.-C. 1962. *Progonionemus vogesiacus* nov. gen., nov. sp., une méduse du Grès à Voltzia des Vosges septentrionales. *Bulletin du Service de la Carte Géologique d'Alsace et de Lorraine* **15**, 17–27.

Grauvogel-Stamm, L. 1978. *La flore du Grès à Voltzia (Buntsandstein supérieur) des Vosges du Nord (France): morphologie, anatomie, interprétations phylogénique et paléogéographique*. Mémoires des Sciences Géologiques, n. 50. Institut de Géologie de l'Université Louis Pasteur, Strasbourg.

Schram, F. R. 1979. The Mazon Creek biotas in the context of a Carboniferous faunal continuum. 159–190. *In* Nitecki, M. H. (ed.) *Mazon Creek Fossils*. Academic Press, New York, 581 pp.

Selden, P. A. and Gall, J.-C. 1992. A Triassic mygalomorph spider from the northern Vosges, France. *Palaeontology* **35**, 211–235.

Wilson, H. M. and Almond, J. E. 2001. New euthycarcinoids and an enigmatic arthropod from the British Coal Measures. *Palaeontology* **44**, 143–156.

ホルツマーデン頁岩
The Holzmaden Shale

Chapter Eight

背景：中生代の海洋変革

　三畳紀後期，陸上で恐竜がのさばりはじめ，翼竜が空へ羽ばたきはじめたころから，波浪の下では海洋生物の変革が始まっていた．パンゲア超大陸が分裂を始めるとともに海水準が上昇し，大陸の広大な低地に海が氾濫して大陸海（epicontinental sea）が出現し，生命に満ちあふれるサンゴ礁に繁栄の場を与えることとなった．このような状況下で，豊富な食料に支えられて海生爬虫類が急速に分化を始め，海洋域に君臨するようになった．すなわち，魚竜，長頸竜，ワニ，カメなどのグループである．

　魚竜（Ichthyosauria）と長頸竜（Plesiosauria）とはきわめて近縁とはいえない．だが，両者は共におそらく双弓類（Diapsida）中の鱗竜類（Lepidosauria）と呼ばれる種類に属す．双弓類は現生のトカゲとヘビを含むグループである．ワニは，翼竜や恐竜とともに双弓類中の主竜形類（Archosauria）に入り，また，カメはもっと原始的な無弓類に属す．

　魚竜は魚型の爬虫類（**図138**）で，海中の生活に完全に適応していて，流線型の体型とオールのような四肢をもち，現生のサメ（魚類）あるいはイルカ（哺乳類）に非常によく似ている．長く細い吻をもち，吻には鋭い円錐形の歯が並んでいて，魚やイカ類を捕食していた．大きな眼窩は彼らが鋭い視覚のもち主であったことを示す．おそらく泥っぽいジュラ紀の海では大切な能力であったと思われる．眼の周囲にあって骨質の小板が並んでつくる環状の構造（強膜骨輪 sclerotic ring）は，ズームレンズのように焦点距離を変えるのに使われていたらしい．魚竜はしなやかな体と強力な尾をサメと同様に左右に振って泳いだ．また小さな胸びれで舵を取り，背びれでバランスを取っていた．彼らはあまりにも完全に海中の生活に適応していたため，他の多くの海生爬虫類と違って海岸に上陸して卵を産むことができず，親の体内で卵を孵し，（クジラや多くのサメと同じに）幼体を生んでいた．

　長頸竜はまさしく中生代の海のジャイアントであった．彼らの体は幅広く扁平で（**図141**），2対のオールのような形の四肢で漕いで推進していた．あるいはカメやペンギンのように（前肢を広げて）水中を飛行していた．尾は舵を取るだけであった．

　長頸竜には2グループある．一つは真の長頸竜，プレシオサウルス（Plesiosauroidea）で，長いフレキシブルな頸（頸椎が最高72個のものがいる）と小さな頭部をもつ．これは沿岸で，長い首をヘビのように速く動かして，素早く泳ぐ小型の魚をとって食べていた．歯は細長く先端が尖り，すべて同形（homodontous）であった．もう一つはプリオサウルス（Pliosauroidea）で，頭が大きく（4mに達する），首が短い（頸椎骨は最少13）．だが本当の差異は歯にあって，これは異歯（heterodontous，歯列上の位置によって形が異なる）であった．大型のプリオサウルスは体長13mに達し，ジュラ紀の海で食物連鎖の頂点に位置する捕食者であった．彼らはちょうど現生のシャチが小型のクジラやアザラシをエサとするように，外洋で他の海生爬虫類を襲っていた．長頸竜はその強大なオール状の四肢によって岸に這い上がり，卵を産むことができた．

　恐竜など主竜類に属す動物が海に進出したのは，ただ一度，このジュラ紀において短期的に生存した海生ワニ類だけであった．ワニ類はこれまでに地球上に棲んだ四足の捕食者のうちで，まちがいなく最も成功したグループである．彼らは陸上でも水中でも同じように上手に歩き，泳いで獲物を捕らえることができる．ジュラ紀のワニ類のほとんどは半水生のテレオサウルス（*Teleosaurus*）に属し，この類は現在インドのガンジス川に生息しているガビアルに似ている．テレオサウルスから進化して非常に特殊化した海生のグループに *Metriorhynchus* の類がいる．これはジュラ紀後期に栄え，白亜紀前期まで生存した．これは海の生活への適応があまりに独特なので，

ワニ類（目）からこれを分けて，タラットサウルス目（Thalattosaurus）として独立させる研究者もいるほどである．この類は装甲がなく，四肢は歩くための足から泳ぐためのオール状に変わり，尾は魚竜に似て魚のヒレのようになっていた．この類は外洋に棲んでいたハンターで，胃の中に消化しきれなかった翼竜の骨やベレムナイト（矢石＝イカ類）の腕のかぎ爪が残っている．ジュラ紀の海には，優占的だった魚竜・長頸竜・ワニ類に加えてカメ類と多くの魚類がいて，それぞれ独自の進化のコースをたどっていた．魚類には条鰭類（Actinopterygii），肉鰭類（Sarcopterygii），および軟骨魚類（Chondrichthyes）がいた（第 4 章をみよ）．ジュラ紀前期のほとんどの条鰭類は原始的なグループであったが，ジュラ紀末までには，全骨類（Holostei，骨質の硬鱗魚）かあるいはチョウザメ類（Chondrostei）と，進化したタイプの一群の魚類（現代的な真骨魚 Teleostei）が優勢となった．

ジュラ紀前期の化石群はヨーロッパの各地の多くの産地から知られている．だが，なかでも南ドイツ，バーデン・ビュルテンベルク州のシュベビッシェ・アルプ[*1]山中の小集落 Holzmaden 周辺（図 133）に分布する Posidonienschiefer（ポシドニア頁岩[*2]）には，黒色の瀝青質泥灰岩中に，時に完全な状態で保存された豊富な化石群がみられる．そこでは海生爬虫類と魚類の主要なグループが，すべてすばらしい状態で保存され，しばしばその外形が皮膚とともに残り，軟組織がはっきり認められる．そのうえ，化石にはまれな翼竜や恐竜，およびさまざまな海生無脊椎動物がいる．特に頭足類のイカ，ベレムナイトなどは，時に墨嚢や触腕なども完全に残った個体が産出する．

[*1]：台地の縁で急崖をつくるジュラ系は下位より Lias, Dogger, Malm と 3 統に区分される．堆積物の色から，それぞれ黒ジュラ，褐ジュラ，白ジュラともよばれる．
[*2]：小型薄殻の二枚貝 Posidonia（＝ Bositra）を特徴的に含む泥岩．

ホルツマーデン頁岩の発見と開発の歴史

この頁岩は，シュツットガルトの南東，Holzmaden, Ohmden, Zell, Boll などの集落の周辺で 16 世紀末ころから採掘されていた．頁岩層の中で Fleins とよばれている部分は，初めは屋根を葺いたり敷石に用いられていたが，風化しやすいため，後には室内だけで，オーブンや暖炉の床，窓枠，壁の外面，部屋の床，洗濯石，革なめし用の床や実験台，などに用いられるようになった．Holzmaden では Fleins は厚さ 18cm の層で，これを 4 分割して用いている．同じ地層中の石灰岩も採掘され，ワイン貯蔵庫の建築用石材として用いられている．

頁岩は瀝青（油母）質で，15％に達する有機物を含んでいる．このため過去に何度か激しい火災に見舞われ，そのたびに採掘は放棄された．1668 年には Boll の採掘場で頁岩に火がつき，6 年も燃え続け，燃えている頁岩からは石油が流れ出して近所で売られたという．最後の大きな火災は Holzmaden におけるもので 1937〜39 年のことであった．

危急時，この頁岩の石油は代替エネルギー源として利用され，第一次世界大戦の折りには Jura Oil Shale Works などの会社が Göppingen で採掘した．ここでは頁岩の重量に対して最高 8％に達する石油を産している．戦後石油の生産は中止されたが，この瀝青質頁岩は，一時，白ジュラの石灰岩と黒ジュラの泥灰岩からセメントを製造する工場で，熱源として使用された．第二次世界大戦の直前に Balingen のポートランド・セメント会社が副産物

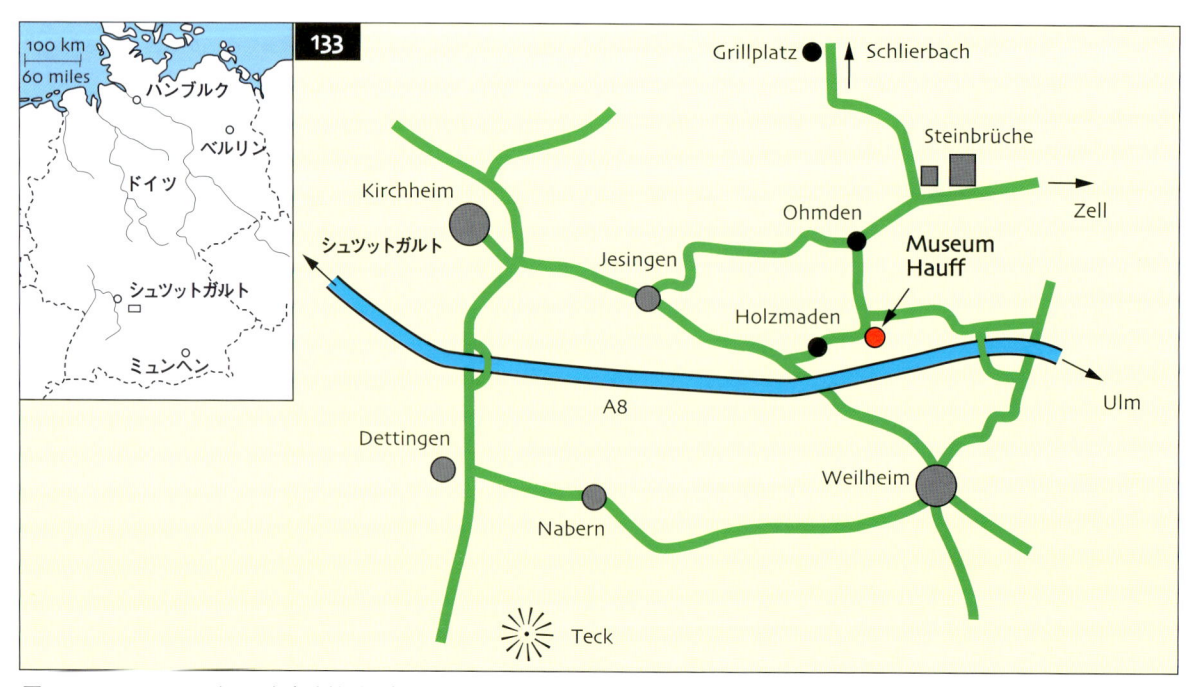

図 133　ホルツマーデン頁岩産地付近の位置図．南ドイツ，シュベビッシェ・アルプ地方．

絶滅危惧動物百科（全10巻）

自然環境研究センター 監訳
A4変型判　120頁
各定価4,830円
（本体4,600円）

○恐竜の大絶滅以来の絶滅時代を生きる現代の野生動物たちの保全に向けて

● 過去に絶滅したか，現在，絶滅のおそれのある世界の代表的な野生動物414種について，その生態や個体数などの基本情報とともに，絶滅のおそれを高めている原因や，絶滅を回避するための対策，野生動物の保全などについてやさしく解説したカラー図鑑シリーズ。中学生レベルから理解できるようにやさしく，わかりやすく解説。
● 第1巻で，絶滅危惧動物に関する総説をわかりやすく解説し，第2巻から第10巻までに，野生動物ごと見開き2頁で解説。
● 第2巻以降の配列は，日本語動物名の五十音順とした。
● 掲載動物：哺乳類181種，鳥類100種，魚類43種，爬虫類40種，両生類20種，昆虫・無脊椎動物30種

絶滅危惧動物百科 1（総説―絶滅危惧動物とは）
ISBN 978-4-254-17681-0

絶滅危惧動物百科 2（ア～ウ）
ISBN 978-4-254-17682-7

絶滅危惧動物百科 3（ウ～カ）
ISBN 978-4-254-17683-4

絶滅危惧動物百科 4（カ～ク）
ISBN 978-4-254-17684-1

絶滅危惧動物百科 5（ク～サ）
ISBN 978-4-254-17685-8

絶滅危惧動物百科 6（サ～セ）
ISBN 978-4-254-17686-5

絶滅危惧動物百科 7（セ～ニ）
ISBN 978-4-254-17687-2

絶滅危惧動物百科 8（ニ～ハ）
ISBN 978-4-254-17688-9

絶滅危惧動物百科 9（ハ～ホ）
ISBN 978-4-254-17689-6

絶滅危惧動物百科 10（ホ～ワ）
ISBN 978-4-254-17690-2

図説 科学の百科事典（全7巻）

A4変型判
176頁前後
各定価6,825円
（本体6,500円）

○鮮やかな写真とイラストで，科学の身近さを解説

● 定評ある The New Encyclopedia of Science 2nd ed.（Andromeda Oxford Limited, 2003）の翻訳。
● 基本的な科学の概念や知識を，身近な現象から説き起こし，豊富で鮮やかなイラストと写真によりわかりやすく解説。
● さまざまな興味深いトピックを，見開き読み切りでとりあげる。（本文約110頁，用語解説約30頁）
● より深い理解を助けるために，各巻のテーマと関わりのある学問分野の用語解説や諸資料を付し，「科学事典」として知識を得ることができる。

1. 動物と植物
太田次郎 監訳／藪 忠綱 訳　ISBN 978-4-254-10621-3
〔内容〕壮大な多様性／生命の過程／動物の摂餌方法／動物の運動／成長と生殖／動物の連絡方法／用語解説・資料

2. 環境と生態
太田次郎 監訳／藪 忠綱 訳　ISBN 978-4-254-10622-0
〔内容〕生物が住む惑星／鎖と網／循環とエネルギー／自然環境／個体群の研究／農業とその代償／人為的な影響／用語解説・資料

3. 進化と遺伝
太田次郎 監訳／長神風二・谷村優太・溝部 鈴 訳　ISBN 978-4-254-10623-7
〔内容〕生命の構造／生命の暗号／遺伝のパターン／進化と変異／地球生命の歴史／新しい生命への遺伝子工学／ヒトの遺伝学／用語解説・資料

4. 化学の世界
山崎 昶 監訳／宮本恵子 訳　ISBN 978-4-254-10624-4
〔内容〕原子と分子／化学反応／有機化学／ポリマーとプラスチック／生命の化学／化学と色／化学分析／用語解説・資料

5. 物質とエネルギー
有馬朗人 監訳／広井 禎・村尾美明 訳　ISBN 978-4-254-10625-1
〔内容〕物質の特性／力とエネルギー／電気と磁気／音のエネルギー／光とスペクトル／原子の中／用語解説・資料

6. 星と原子
桜井邦朋 監訳／永井智哉・市来淨興・花山秀和 訳　ISBN 978-4-254-10626-8
〔内容〕宇宙の規則／ビッグバン／銀河とクエーサー／星の種類／星の誕生と死／宇宙の運命／用語解説・資料

7. 地球と惑星探査
佐々木晶 監訳／米澤千夏 訳　ISBN 978-4-254-10627-5
〔内容〕宇宙へ／太陽の家族／熱のエンジン／躍動する惑星／地学的ジグソーパズル／変わりゆく地球／はじまりとおわり／用語解説・資料

朝倉書店
〒162-8707　東京都新宿区新小川町6-29／振替00160-9-8673
電話 03-3260-7631／FAX 03-3260-0180
http://www.asakura.co.jp　eigyo@asakura.co.jp

図説 哺乳動物百科（全3巻）

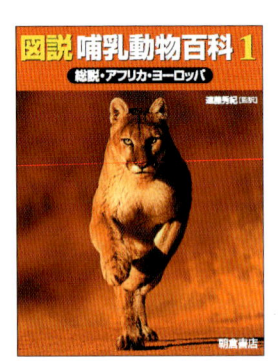

遠藤秀紀 監訳
名取洋司 訳
A4変型判
84～88頁
各定価4,725円
（本体4,500円）

○私たち人間に最も近い仲間
——獰猛で，臆病で，荘厳で不思議な哺乳類の世界

- 美しく躍動感あふれるカラー写真を豊富に掲載。
- 世界の主な哺乳類について，地域ごとに生息環境から分布，食性，進化，環境への適応，人間との関わりまでやさしく解説。
- 魅力的な野生動物たちにまつわるコラムを多数掲載。
- 野生動物保護などの環境問題にも言及し，進化・分類に関しては最新の学説も盛り込んだ。

1. 総説・アフリカ・ヨーロッパ
ISBN 978-4-254-17731-2
総説◆哺乳類とは／進化／人間の役割／哺乳類の分類
アフリカ◆アフリカの生息環境／草原／砂漠／山地／湿地／森林
ヨーロッパ◆ヨーロッパの生息環境／草原／山地／湿地／森林

2. 北アメリカ・南アメリカ
ISBN 978-4-254-17732-9
北アメリカ◆北アメリカの生息環境／草原／山地と乾燥地／湿地／森林／極域
南アメリカ◆南アメリカの生息環境／草原／砂漠／山地／湿地／森林

3. オーストラレーシア・アジア・海域
ISBN 978-4-254-17733-6
オーストラレーシア◆オーストラレーシアの生息環境／草原／砂漠／湿地／森林／島
アジア◆アジアの生息環境／草原／山地／砂漠とステップ／湿地／森林
海域◆海域の生息環境／沿岸域／外洋／極海

海の動物百科（全5巻）

A4判
90頁前後
各定価4,410円
（本体4,200円）

○美しく貴重な写真と精細なイラストで迫る多様性に満ちた海の動物たちの世界

- 第10回 学校図書館出版賞 特別賞 受賞
- The New Encyclopedia of Aquatic Life（A. Campbell & J. Dawes eds.）の翻訳。
- 動物たちの多様な外観に目をみはる美しい写真とイラストを豊富に収載。
- 各分類群ごとに形態・体制・生態・分布・食性などの特徴を解説。関連する淡水生種・陸生種を含む膨大な海産動物種を紹介。
- 生命の不思議を伝える魅力的なコラムを随所に掲載。

1. 哺乳類
大隅清治 監訳　ISBN 978-4-254-17695-7
◆クジラとイルカ（形態と生理・発音と反響定位・進化・餌と摂餌・生態と行動・分布・クジラとヒトほか）／イルカ類／カワイルカ類／シロイルカとイッカク／マッコウクジラ類／コククジラ／ナガスクジラ類／セミクジラ類／◆ジュゴンとマナティー（体型と機能・分布・餌と摂餌・社会行動・保護と環境ほか）

2. 魚 類 I
松浦啓一 監訳　ISBN 978-4-254-17696-4
魚とは何か？／ヤツメウナギ類とメクラウナギ類／チョウザメ類とヘラチョウザメ類／ガー類とアミア／イセゴイ類・ソトイワシ類・ウナギ類／ニシン類とカタクチイワシ類／オステオグロッスム類とその仲間／カワカマス・サケ・ニギスとその仲間／ヨコエソ類とその仲間／エソ類とハダカイワシ類

3. 魚 類 II
松浦啓一 監訳　ISBN 978-4-254-17697-1
カラシン類・ナマズ類・コイ類とその仲間／タラ類・アンコウ類とその仲間／トウゴロウイワシ・カダヤシ・メダカの仲間／スズキ型魚類／ヒラメ・カレイ／モンガラカワハギ類とその仲間／タツノオトシゴ類とその仲間／その他の棘鰭類／リュウグウノツカイ類とその仲間／ポリプテルス類／シーラカンス類／ハイギョ類／サメ類／エイ類とノコギリエイ類／ギンザメ類

4. 無脊椎動物 I
今島 実 監訳　ISBN 978-4-254-17698-8
水生無脊椎動物とは何か？／原生動物／海綿動物／イソギンチャクとクラゲ／クシクラゲ／顎口動物・無腸動物・腹毛動物（イタチムシ類）・毛顎動物（ヤムシ類）／クマムシ類／有爪動物／カニ類・ロブスター類・エビ類とその仲間／他の甲殻類／カブトガニ類／ウミグモ類／エラヒキムシ類／トゲカワムシ類／コウラムシ類／ハリガネムシ類／線虫類／ヒラムシ類とヒモムシ類

5. 無脊椎動物 II
今島 実 監訳　ISBN 978-4-254-17699-5
軟体動物（ヒザラガイ類・巻貝類・ウミウシ類・ツノガイ類・二枚貝類・タコ・イカ・オウムガイほか）／ホシムシ類／ユムシ類／環形動物／ワムシ類／鉤頭虫類／内肛動物／ホウキムシ類／コケムシ類／腕足動物／棘皮動物（ウミユリ類・ヒトデ類・クモヒトデ類・ウニ類・ナマコ類）／ギボシムシ類とその仲間／ホヤ類とナメクジウオ類

海をさぐる（全3巻）

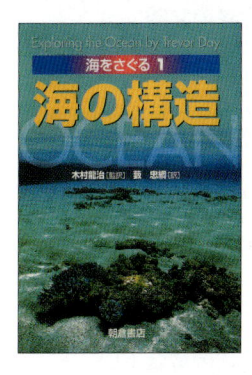

T.デイ 著
A4判
各定価4,095円
(本体3,900円)

○感動的で魅力溢れる海の世界を紹介し，海洋の科学すべての面にわたる興味深い情報を提供

●本シリーズでは，地球上でとても重要だけれどもあまり知られていない海の魅力を，海底の移動からエル・ニーニョ現象といったそのメカニズム，熱水噴出孔に生息する不思議な生物チューブワームからイルカやクジラまでの大小の動植物，帆船による航海や海底油田の掘削といった海を舞台にした人間の営みとその歴史，などの側面から225枚以上の写真・図表・地図を掲載しながら紹介する。

1. 海の構造
木村龍治 監訳/藪 忠綱 訳　96頁
ISBN 978-4-254-10611-4
"The Physical Ocean"の翻訳。海の構造について，科学的かつ平易にカラーで解説した入門書。〔内容〕海洋の構造/青い惑星/海洋の誕生/姿を変える海洋/地球規模のジグソーパズル/海洋の解剖/珊瑚礁/海流/他

2. 海の生物
太田 秀 監訳/藪 忠綱 訳　84頁
ISBN 978-4-254-10612-1
"Life in the Ocean"の翻訳。海の多様な動植物をその生きる環境と共にカラーで紹介。〔内容〕生命の始まり/生物の爆発的増加/食物連鎖/植物・動物プランクトン/魚類/は虫類/海鳥/ほ乳類/深海生物/クジラ/磯の生物/暗黒帯/他

3. 海の利用
宮田元靖 監訳/藪 忠綱 訳　88頁
ISBN 978-4-254-10613-8
"Uses of the Ocean"の翻訳。利用・開発・探険といった海における人間の営みを歴史と共にカラーで紹介。〔内容〕昔の航海者たち/帆船から蒸気船へ/海洋学の誕生/水中音波探知機と人工衛星/海中養殖/海洋の保全/他

生命と地球の進化アトラス Ⅰ～Ⅲ（全3巻）

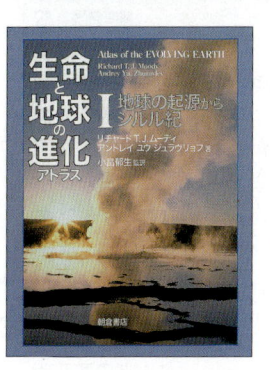

小畠郁生 監訳
A4変型判
148頁
各定価9,240円
(本体8,800円)

○オールカラーの写真とイラスト満載

●魅力的なイラストや写真をオールカラーで多数掲載していて，生物学や地学の予備知識がなくても理解できます。
●年代順の構成で，各章冒頭にキーワード，年表，大陸分布図，さらに章末にはその時代に特徴的な生物の系統図を記載しているので，地球の歴史の流れが自然に把握できます。
●各巻に全3巻共通の用語解説・索引を掲載しました。

Ⅰ. 地球の起源からシルル紀
R.T.J.ムーディ・A.Yu.ジュラヴリョフ 著
ISBN 978-4-254-16242-4
第Ⅰ巻ではプレートテクトニクスや化石などの基本概念を解説し，地球と生命の誕生から，カンブリア紀の爆発的進化を経て，シルル紀までを扱う．
〔内容〕地球の起源/生命の起源/始生代/原生代/カンブリア紀/オルドビス紀/シルル紀

Ⅱ. デボン紀から白亜紀
D.ディクソン 著　ISBN 978-4-254-16243-1
第Ⅱ巻では，魚類，両生類，昆虫，哺乳類的爬虫類，爬虫類，アンモナイト，恐竜，被子植物，鳥類の進化などのテーマをまじえながら白亜紀までを概観する．
〔内容〕デボン紀/石灰紀前期/石灰紀後期/ペルム紀/三畳紀/ジュラ紀/白亜紀

Ⅲ. 第三紀から現代
I.ジェンキンス 著　ISBN 978-4-254-16244-8
第Ⅲ巻では，哺乳類，食肉類，有蹄類，霊長類，人類の進化，および地球温暖化，現代における種の絶滅などの地球環境問題をとりあげ，新生代を振り返りつつ，生命と地球の未来を展望する．
〔内容〕古第三紀/新第三紀/更新世/完新世

図説人類の歴史
（全10巻・別巻2）

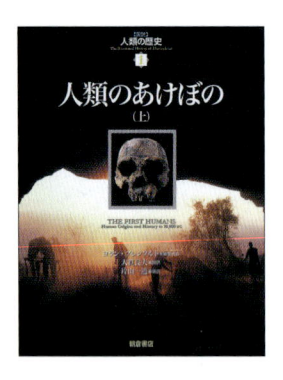

G.ブレンフルト 編
大貫良夫 監訳
A4変型判
144頁

○250点にのぼる貴重な写真・図版で描く人類の叙事詩

- アメリカ自然史博物館（American Museum of Natural History）の監修，国際的専門家チームの編集による全10巻シリーズ。
- 紀元前5万年から今日に至る全世界を壮大なスケールで綴り，各巻250点にのぼる貴重・美麗な写真・図版で描く人類の叙事詩。
- 考古学・人類学上の最新の発見と知見をもとに，過去の人類の生活，社会，文化，芸術，宗教を生き生きと再現。

1. 人類のあけぼの（上）
片山一道 編訳 定価9,240円（本体8,800円）
ISBN 978-4-254-53541-9
〔内容〕人類とは何か？/人類の起源/ホモ・サピエンスへの道/アフリカとヨーロッパの現生人類/芸術の起源/

2. 人類のあけぼの（下）
片山一道 編訳 定価9,240円（本体8,800円）
ISBN 978-4-254-53542-6
〔内容〕地球各地への全面展開/オーストラリアへの移住/最初の太平洋の人々/新世界の現生人類/最後の可住地/

3. 石器時代の人々（上）
西秋良宏 編訳 定価9,240円（本体8,800円）
ISBN 978-4-254-53543-3
〔内容〕偉大なる変革/アフリカの狩猟採集民と農耕民/ヨーロッパ石器時代の狩猟採集民と農耕民/西ヨーロッパの巨石建造物製作者/青銅器時代の首長制とヨーロッパ石器時代の終焉/

4. 石器時代の人々（下）
西秋良宏 編訳 定価9,240円（本体8,800円）
ISBN 978-4-254-53544-0
〔内容〕南・東アジア石器時代の農耕民/太平洋の探検者たち/新世界の農耕民/なぜ農耕は一部の地域でしか採用されなかったのか/オーストラリア―異なった大陸/

5. 旧世界の文明（上）
西秋良宏 編訳 定価9,240円（本体8,800円）
ISBN 978-4-254-53545-7
〔内容〕メソポタミア文明と最古の都市/古代エジプトの文明/南アジア文明/東南アジアの諸文明/中国王朝/

6. 旧世界の文明（下）
西秋良宏 編訳 定価9,240円（本体8,800円）
ISBN 978-4-254-53546-4
〔内容〕地中海文明の誕生/古代ギリシャ時代/ローマの盛衰/ヨーロッパの石器時代/アフリカ国家の発達/

7. 新世界の文明（上）
――南北アメリカ・太平洋・日本――
大貫良夫 編訳 定価9,660円（本体9,200円）
ISBN 978-4-254-53547-1
〔内容〕メソアメリカにおける文明の出現/マヤ/アステカ帝国の誕生/アンデスの諸文明/インカ族の国家/

8. 新世界の文明（下）
――南北アメリカ・太平洋・日本――
大貫良夫 編訳 定価9,660円（本体9,200円）
ISBN 978-4-254-53548-8
〔内容〕日本の発展/南太平洋の島々の開拓/南太平洋の石造記念物/アメリカ先住民の歴史/文化の衝突/

9. 先住民の現在（上）
大貫良夫 編訳 定価9,660円（本体9,200円）
ISBN 978-4-254-53549-5
〔内容〕人種，人間集団，文化の発展/アジア大陸の先住民/東南アジアの先住民/アボリジニのオーストラリア/太平洋の人々/

10. 先住民の現在（下）
大貫良夫 編訳 定価9,660円（本体9,200円）
ISBN 978-4-254-53550-1
〔内容〕アフリカの先住民/北方の人々/北アメリカの先住民/南アメリカの先住民/人類の未来/

〔続刊〕**別巻1・2 古代世界70の大発明（上・下）**

図説大百科 世界の地理
（全24巻）

田辺 裕 監修　A4変型判　148頁
各定価7,980円（本体7,600円）

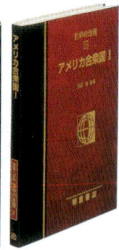

- オールカラーで見る世界の自然・環境・文化・政治・経済・社会の最新情報。
- 英国アンドロメダ社の好評シリーズの翻訳。

各巻の目次
■**国々の姿**（環境，社会，経済）
■**地域の姿**（自然地理，自然環境とその保全，動物の生態，植物の生態，農業，鉱工業，経済，民族と文化，都市，政治，環境問題）
■**用語解説，索引，参考文献**

1. アメリカ合衆国I　　田辺 裕・阿部 一 訳
2. アメリカ合衆国II　　矢ケ﨑典隆 訳
3. カナダ・北極　　廣松 悟 訳
4. 中部アメリカ　　栗原尚子・渡邊眞紀子 訳
5. 南アメリカ　　細野昭雄 訳
6. 北ヨーロッパ　　中俣 均 訳
7. イギリス・アイルランド　松原 宏・杉谷 隆・和田真理子 訳
8. フランス　　田辺 裕・松原彰子 訳
9. ベネルクス　　山本健兒 訳
10. イベリア　　田辺 裕・滝沢由美子・竹内克行 訳
11. イタリア・ギリシア　　高木彰彦 訳
12. ドイツ・オーストリア・スイス　　東 廉 訳
13. 東ヨーロッパ　　山本 茂 訳
14. ロシア・北ユーラシア　　木村英亮 訳
15. 西アジア　　向後紀代美・須貝俊彦 訳
16. 北アフリカ　　柴田匡平 訳
17. 西・中央・東アフリカ　　千葉立也 訳
18. 南部アフリカ　　生井澤進・遠藤幸子 訳
19. 南アジア　　米田 巌・浅野敏久 訳
20. 中国・台湾・香港　　諏訪哲郎 訳
21. 東南アジア　　佐藤哲夫・永田淳嗣 訳
22. 日本・朝鮮半島　　荒井良雄 訳
23. オセアニア・南極　　谷内 達 訳
24. 総索引・用語解説　　田辺 裕・田原裕子 訳

（表示価格は2008年9月現在）

Chapter Eight — ホルツマーデン頁岩

図134 南ドイツ，シュベビッシェ・アルプ地方，Ohmden におけるホルツマーデン頁岩の採掘（Kromer 採石場）．

図135 Ohmden の Kromer 採石場にみられる葉理の発達した瀝青質頁岩，石灰岩層を挟んでいる．

として頁岩油の生産を始めた．そして戦争中には再び原油工場が建設された．現在，このポシドニア頁岩から抽出される油とタールは製薬に用いられ，また Boll の温泉ではこの頁岩を微粒に砕き，薬用泥（！）と称して売っている．

　過去，手掘りで採掘したころには，このホルツマーデンの頁岩から，たくさんのすばらしい化石がもたらされた．1939 年には 30 カ所ほどの採掘場でおよそ 100 人の労働者が働いていた．だが第二次世界大戦の間は採掘はほぼ完全にストップした．1950 年には 20 ほどの採掘場が再開していたが，その頃から輸入される石材・合成材との競争にさらされ，現在では数カ所の採掘場が残っているだけとなった（図134）．そして採掘がほとんど機械化されたため，化石が発見される機会は減った．この地域は今では法律によって保護されているが，いくつかの採掘場はコレクターのために開放されている．

　この地域の化石は，1595 年，Boll の温泉街で発掘中に最初に発見されたのだが，1892 年のセンセーショナルな発見によって，広く科学界に知られることとなった．Bernhard Hauff（1866-1950）の父親は化学者で，頁岩から油を抽出することに注目し，1862 年に Holzmaden にやってきて採掘場を開いた．Bernhard は父親の採掘場で多くの新しい化石を発見し，熱心にクリーニングし，収集していた．そして 1892 年，彼は，皮膚まで残った完全な外形の魚竜の化石を掘り出すのに成功したのである．これ以前，魚竜は，背びれがなく，長い細い尾をもつ動物と復元されていた．だが Hauff の標本は三角形の背びれがあり，尾には大きな肉質の上葉（扇形の尾びれの上側部分）があるが，どちらにもそれを支える骨がないことを明らかに示していた．

　Bernhard Hauff と息子の Bernhard Hauff Junior（1912-1990）はホルツマーデンにハウフ古代世界博物館（Urwelt-Museum Hauff）を設立し，この特別な化石ラガシュテッテから発見された最も美しい化石の数々を展示している（Hauff and Hauff, 1981 をみよ）．

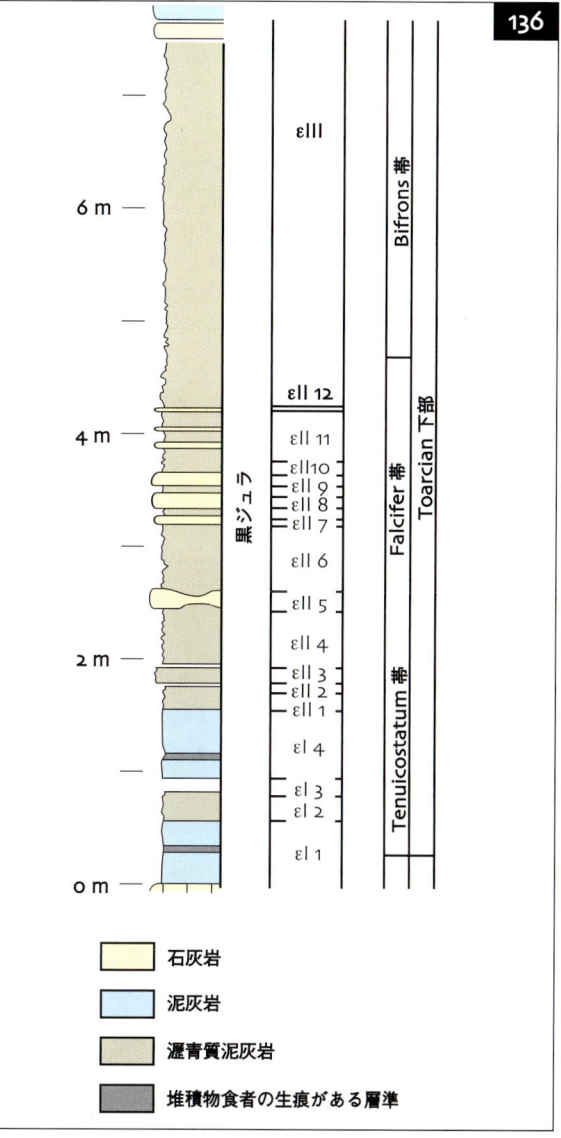

図136 ホルツマーデン地域にみられるホルツマーデン頁岩主要部の平均的柱状図．

ホルツマーデン頁岩の層序的位置およびタフォノミー

　ホルツマーデン頁岩という名は Holzmaden に露出する Posidonienschiefer に与えられた俗称である*．ここの Posidonienschiefer は，厚さ6～8m，黒色，瀝青質の泥灰岩（図135）で，Toarcian 階下部の石灰岩を挟んでいる（ジュラ系下部，*Dactylioceras tenuicostatum* 帯から *Harpoceras falcifer*，*Hildoceras bifrons* の各帯に属す．約1億8000万年前）．Tübingen 大学の地質学者 August Quenstedt はシュベビッシェ・アルプのジュラ系下部（Lias 統）を α（アルファ）から ζ（ゼータ）までの6階に区分したが，ホルツマーデン頁岩は，Lias ε（エプシロン）の中にはいる．

*：この付近を中心に北東-南西に150kmほどに分布する．

　この地層はさらに下部（εI），中部（εII），上部（εIII）に細分されている（図136，Hauff and Hauff, 1981）．Fleins（p.80をみよ）は中部層（εII 3）にある．Fleins の上位に Untere Schiefer（εII 4）があって，油はこれから採取された．また皮膚や筋肉などの軟組織が残る魚竜など，最高の保存状態の化石が得られたのは，このεII 4層の下部であった．そのさらに上には，硬くて風化しにくくかつて建築に使われた石灰岩層 Untere Stein（εII 5, p.81をみよ）が重なる．この石灰岩からは圧縮されていない魚化石を産する．Oberer Stein（εII 8）はもう1層の石灰岩で，この2層の石灰岩に挟まれて Schieferklotz（εII 6）があって，ほとんどのワニ化石はここから産出した．これより上位では地層はもっと不規則となる．Wilder Schiefer（εIII）は軟質の暗青灰色頁岩で，西から東に向かって厚さを増し，最厚7m に達する．この層の下部から扁平に圧縮された多数のアンモノイド化石がみつかっているが，脊椎動物はきわめてまれである．

　ジュラ紀の初めころ，シュベビッシェ・アルプ一帯は，南方でテチス海に接続する広い大陸海に覆われていた（p.101をみよ）．この広い海は北ヨーロッパの大部分を覆っていたのだが，中に海底の高まりや島があって，いくつもの盆地に分かれていた．ホルツマーデン周辺の Posidonienschiefer は，西の Ardennes 島と東および南の Vindelicisch Land/Bohemian High の間の南ドイツ盆地に堆積したものである（Hauff and Hauff, 1981, fig.4）．

　細粒の泥灰岩が黒いのは，一部は広く含まれている黄鉄鉱のためだが，一部はケロジェンとポリビチューメンなどの有機物を大量に（最高15％まで）含むためである．黄鉄鉱も有機物も，停滞的で酸素に乏しく硫化水素（H_2S）に富む海盆での堆積を示唆している．バージェス頁岩（第2章）やゾルンホーフェン石灰岩（第10章）と同様に，この泥灰岩も細かな葉理が発達し，個々の葉理が遠くまで追跡できる．このことも静かな水域における堆積を示唆している．一般に生物擾乱の証拠がなく，底生動物の化石はきわめてまれで，それも棘皮動物，甲殻類，埋在型二枚貝に限られている．

　海底の環境は明らかに動物の生息に不適であった．底層流がないために酸素が十分供給されず，嫌気性バクテリア以外の生命は生息できない，あるいは死んだ生物組織を好気性バクテリアが分解するのに必要な量の酸素がない，貧酸素の海底になっていた．南ドイツ盆地では新鮮な水は表層だけに流れ込んでいた．その十分に酸素が行きわたった栄養分に富んだ表層水が，豊富な遊泳性の動物やプランクトンを支えていた．わずかに挟まれる生物擾乱を受けた層準（εI 3，εI 4，εIII の最上部）は，一時的に表在動物が棲める環境になったことを示し，いくつかの層準で化石の配列に方向性があることは，時に底層流があったことを示しているが，一般には海底付近では水の交換は起こらなかったのである．

図137　体の外形が黒色の有機物フィルムとして保存されている魚竜 *Stenopterygius quadriscissus*（UHM）．体長 120cm．

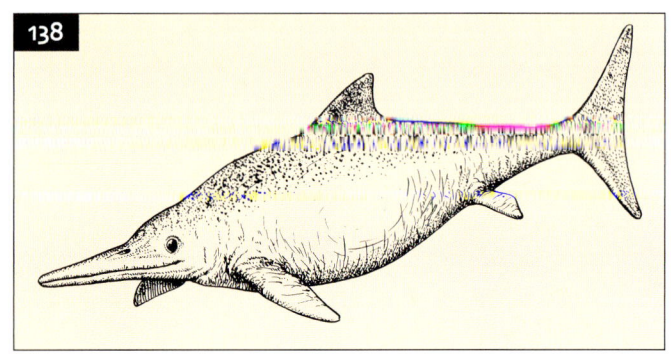

図138　*Stenopterygius* の復元図．

Chapter Eight — ホルツマーデン頁岩

海底に沈む微小な生物は分解を始める．だがそのために海底付近の酸素はすぐ使い果たされ，有機物の粒子はそのまま堆積物に取り込まれていく．爬虫類や魚類などの大型動物の遺骸はこのような無酸素の泥の中に埋没し，その軟組織は分解を止められる．腐食者もその無酸素環境のために閉め出され，遺骸はばらばらにならずに保存されたのである．ホルツマーデン頁岩のこのような停滞環境での堆積というモデルは，大陸上に位置し開口部が著しく限られている現在の黒海の状況に比較される．

Kauffman (1979) はこのモデルに異議を唱え，いくつかの擬浮遊性（pseudoplanktonic）* といわれている動物（特に二枚貝類とウミユリ類，p.86 をみよ）は実は底生で，この頁岩の堆積史は底生群集の変遷が特徴なのだ，と考えた．彼は，無酸素状態だったのは堆積物だけで，堆積物-水境界の直上から上の水中は生物が棲めたのだ，とい

う．この考えは一般に受け入れられていない．だがこの考えは，従来の停滞水モデル改良のきっかけとなった（Brenner and Seilacher, 1979; Seilacher, 1982）．それは，停滞環境は，時折起こる激しい嵐などで出現した高エネルギー環境で中断した，というものである．

*：固着性動物が，流木，流れ藻など浮流する物体，あるいは遊泳動物の体に固着して，プランクトンと同様な生活をおくる性質．

Kauffman のモデルで興味深いのは，海底で堆積物-水境界の直上に微生物（シアノバクテリア）のマットができると提唱した点である．微生物マットは海底の食べ歩きや腐食ができないようにするだろう．そんな微生物マットの存在はエディアカラの場合（第1章），ボルツィア砂岩（第7章），ゾルンホーフェン石灰岩（第10章），サンタナ層/クラト層（第11章）などでも示唆されており，微生物マットは軟組織が保存される重要な要因となって

図 139　5体の胎児を体内にもつ魚竜 Stenopterygius crassicostatus（UMH）の成体，体長 300cm と，1体の幼体．

図 140　長頸竜の Plesiosaurus brachypterygius．体長 280cm（UMH）．

図 141　Plesiosaurus の復元図．

いると思われる．

ホルツマーデン頁岩の化石群

魚　竜：ホルツマーデン頁岩は脊椎動物の完全な骨格が産出することで有名である．しばしば皮膚も残っていて，体の外形が黒いフィルムになってみえるものが発見される．この現象は，サメ，真骨魚類，ワニ，翼竜などでも認められるが，最も見事なのは魚竜の *Stenopterygius* のさまざまな種にみられるものであろう（図 137）．Bernhard Hauff によるこの現象の発見（p.81）で，魚竜には背びれと尾びれ上葉があることが立証された（図 138）．どちらのひれも内部に支持する骨格がなく，したがってふつうは化石に残らない．*Stenopterygius* の多くの個体で胃の内容物（消化できないイカのかぎ爪や厚い硬鱗魚の鱗など）が残っている．もっと驚くべきことに，多数の雌が出産しつつある状態，あるいは体中に胎児をもった状態のまま保存されている（図 139）．妊娠した雌や幼体の比率が非常に高いことは，この地域が繁殖地で，ここに魚竜が周期的に回遊してきたのではないかと思わせる．Hauff (1921) は 350 個体以上を数えている．

長頸竜とワニ：長頸竜ははるかに数少なく，これまでに完全な個体がわずか 13 体と散点する骨が知られているだけである．その中に頭の長いプレシオサウルスの *Plesiosaurus*（図 140, 141）や頭の短いプリオサウルスの *Peloneustes* と *Rhomaleosaurus* が含まれている．ワニはテレオサウルスに属すもので，もう少し数が多い．Hauff (1921) は 70 個体を記録した．最も多いのが *Steneosaurus*（図 142, 143）で，これは多数の歯が並ぶ長く細い吻部

図 143　ワニ *Steneosaurus* の復元図．

図 142　テレオサウルス類のワニ *Steneosaurus bollensis*．体長 270cm（UMH）．

図 145　全骨類の *Lepidotes elvensis*．体長 60cm（UMH）．

図 144　翼竜の *Dorygnathus banthensis*．写真の縦辺の長さ 42cm（UMH）．

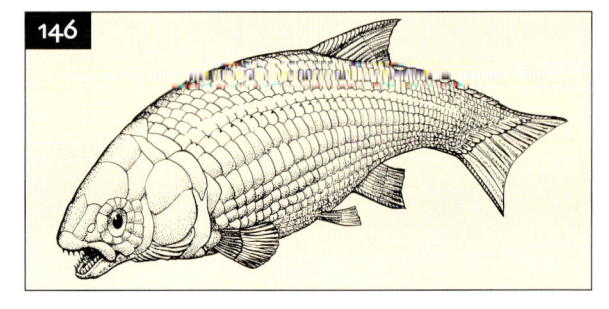

図 146　*Lepidotes* の復元図．

Chapter Eight — ホルツマーデン頁岩

をもち、おそらくその細い口をぱくりと素早く閉じて魚を捕らえていたと思われる。その両眼は上方外側を向いていて、魚群の下に潜り、上に向かって襲ったものであろう。強い脚と尾からみて、これらは強力な遊泳者であると同時に陸上を自在に歩くことができたと考えられる。*Pelagosaurus* はずっと小型で、両眼が頭部の両側面にあり、遊泳はもっと上手であった。*Platysuchus* は頑丈な装甲をもっているが、ずっとまれな種で、世界中でまだ4個体しか見つかっていない。

翼竜と恐竜：翼竜の2属、*Dorygnathus*（図144）と *Campylognathoides* は、それぞれ翼幅1mおよび1.7mで、両者とも完全な骨格がホルツマーデン頁岩から知られている。Hauff（1921）は全部で10標本を記録している。恐竜はただ1つ、セチオサウルス科（Cetiosauridae）の *Ohmdenosaurus* だけである。これは体長4mの竜脚類で、1本の肢骨が見つかっており、近くの集落 Ohmden にちなんで命名された。

魚 類：原始的な全骨類（Holostei）（硬鱗魚 ganoid；硬

図147　全骨類の *Dapedium punctatum*. 体長33.5mm（UMH）.

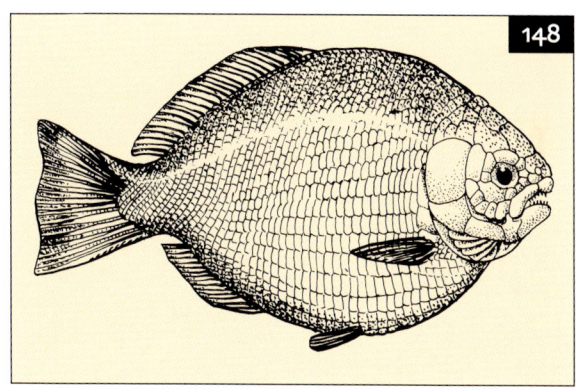

図148　*Dapedium* の復元図.

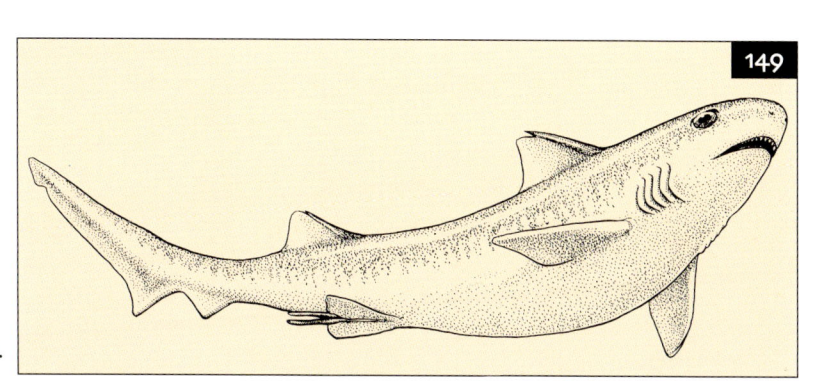

図149　*Hybodus* の復元図.

図150　アンモノイドの *Harpoceras falcifer*. 径20cm（UMH）.

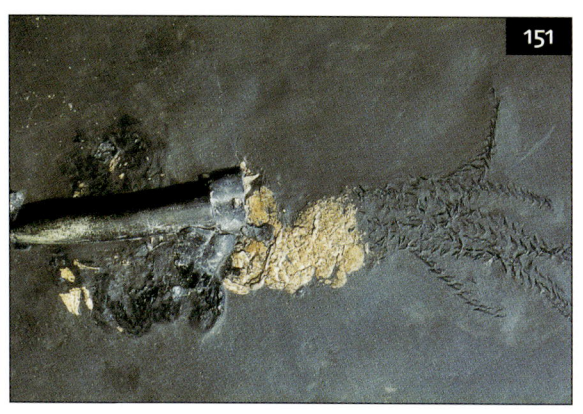

図151　ベレムナイト（矢石）の *Passaloteuthis paxillosa*. かぎ爪がついた腕が保存されている（UMH）.

骨魚綱条鰭類)は，よく知られた Lias 世の属，*Lepidotes*（頑丈なつくりの魚で，厚く光沢のある鱗に覆われ，体長 1m に達する，図 145, 146)，*Dapedium*（ガーの類，扁平な丸い体で，釘のような破砕用の歯をもつ，図 147, 148)，*Caturus*（巨大な捕食者）などが代表的である．一方，真骨魚（teleost）はこれらよりまれで，イワシに似た *Leptolepis* がいる．*Hybodus*（図 149）や *Palaeospinax* などのサメ類も比較的まれで，しばしば黒い皮膚の外形が保存されている．体長 2.5m に達する．だが最大の魚は *Chondrosteus* などのチョウザメ類で，3m になる．シーラカンスの *Trachymeiopon* も 1 個体だけだが知られている．

頭足類：よく知られた Lias 世を代表するアンモノイド，*Harpoceras*（図 150)，*Hildoceras*, *Dactylioceras* などの属はホルツマーデン動物群でも常連の構成者である．だが頭足類化石で最も見事なのは，イカ（たとえば *Phragmoteuthis* など）とベレムナイト（たとえば *Passaloteuthis* など）で，しばしば軟組織が，墨嚢やかぎ爪がついたままの腕などもともに残っている（図 151)．

ウミユリ：ウミユリ類の *Seirocrinus* と *Pentacrinus* はホルツマーデン動物群に普通にみられるメンバーである．どちらも流木に付着して集団で生活していた（図 152)．ハオフ古代世界博物館に展示されている 12m の流木に着生した *Seirocrinus* の標本は 18m 以上の長さがあって，見事なものである．

二枚貝：Lias 世でよくみられる二枚貝，*Gervillia*, *Oxytoma*, *Exogyra*, *Liostrea* などのほとんどが，ここでも流木やアンモノイドの殻に足糸で付着して発見される．まれに一時的に固化した海底に付着したものがある．いくつかの種類，たとえば *Bositra*（以前 *Posidonia* の名で知られていたもの）は遊泳的浮遊者 nektoplankton で，*Goniomya* など 2〜3 の種類は埋在者であった．

植　物：ホルツマーデンの植物群はトクサ類と裸子植物とからなり，裸子植物にはイチョウ，球果植物類，ソテツなどが多い．

生痕化石：生物擾乱を受けた層準（εI 3, εI 4, εIII の最上部）では，主に生痕の *Chondrites* と *Fucoides* がみられる．

ホルツマーデン頁岩の動植物群は Hauff and Hauff (1981) によって十分に記録され，図示されている．

ホルツマーデン頁岩の古生態

ホルツマーデンの化石群は大陸海中の海盆の群集を代表しており，盆地の沈降によって水深 100〜600m と凹凸のあるところに生息していた（Hauff and Hauff, 1981)．ここは北緯 30 度以内の亜熱帯地域に位置していた．

海底は堆積中ほとんど停滞的で無酸素の状態にあり，底生動物の生活は厳しい制約を受けていた．ところどころに著しく生物擾乱を受けた層がある．たとえば εI 3 は Seegrasschiefer（すなわち"海草層"）とよばれ，生痕の *Chondrites* や *Fucoides* によって密に穿孔されていて，と

図 152　流木に付着したウミユリの *Pentacrinus subangularis*. 高さ 170cm（UMH)．*
＊：上端で黒く光っている部分は流木そのものでなく，流木の表面をびっしり覆っているカキなどの固着性二枚貝．

きどき海底に酸素がもたらされていたことを示している．だが一般に埋在動物としては，キタヌレガイや *Goniomya* など 2〜3 の穿掘性二枚貝だけがみられる（Riegraf, 1977)．一方，可動性の表在動物は，微小な Diadematidae 科の正形ウニ，クモヒトデ，巻貝類の *Coelodiscus*, それにおそらく甲殻類の *Proeryon* などだけであった．Kauffman (1979) はこれに，遊泳性底生動物として海底で摂食していた *Dapedium* などの魚を含めている．

だが，十分酸素が供給されていた表層水には，浮遊性および遊泳生物群が繁栄していた．ほとんどのウミユリ，二枚貝，無関節腕足類などは擬浮遊性の生活，すなわち浮いている流木，あるいは二枚貝・腕足類の場合には生きているアンモノイドの殻など，に着生して浮遊していた（Seilacher, 1982)．だが Kauffman (1979) はこれに対し，これらの固着性動物は海底に沈んだアンモノイドの死殻や流木に着生していたもので，これらの動物はやはり底生生活者であったと主張した．

二枚貝の *Bositra*（以前の *Posidonia*）は遊泳的浮遊（受動的遊泳）をする二枚貝であるとされる．真の遊泳者は多くのアンモノイド，小型の魚類などがそれで，強力な遊泳者として，イカ，ベレムナイト，サメやチョウザメ

などの大型の魚がいた．海生爬虫類ももちろんこれにはいる．爬虫類のうち長頸竜と魚竜は外洋で生活し，ワニは沿岸にいたらしい．

当時，およそ100km南にVindelicisch陸塊があって，豊富に含まれている植物化石はこの陸塊に由来したものと思われる．植物にはトクサ類やさまざまな裸子植物（なかでもイチョウ，球果植物，ソテツなどは大木になる）が多かった．葉のついた小枝や大きな丸太が流されて海盆に運ばれ，そこで，竜脚類恐竜のばらばらになった遺骸とともに化石群中の異地的な部分を構成した．魚を求めて海面上を飛翔していた翼竜は，時に嵐に打ち負かされて溺れた．彼らの遺骸は骨格が連結していて，完全で，遠方から運ばれたものではないことがはっきりしている．

栄養解析（trophic analysis）*によると，濾過食者（ウミユリと二枚貝）および堆積物食者（巻貝，ウニ，クモヒトデ）が一次消費者で，これらが一次捕食者の魚類やいろいろな頭足類に食べられ，これらが二次捕食者の魚竜，長頸竜，ワニ，サメに襲われた．なかでも大型の長頸竜がこれらの食物網の頂点に位置していた．

*：p.27の訳注参照．

ホルツマーデン頁岩と他のジュラ紀海生化石群の比較
英国ヨークシャー海岸

英国の海岸に露出する下部ジュラ系（Lias統）の海成層は古くからよく知られている．とくにイングランド南部Dorset海岸の下部ジュラ系は，19世紀の名高い化石コレクターで，Lyme Regis在住のMary Anningの活動によって有名である．Maryとその兄は，Lias統下部から最初の魚竜化石の一つを発見し，最初の完全な長頸竜の骨格を発掘した（Cadbury, 2000）．だが，この地域で海生爬虫類化石のほとんどを産出していて，ホルツマーデン頁岩により似ているのは，イングランド北東部，ヨークシャー海岸のLias統上部である．

Benton and Taylor（1984）は，ヨークシャー海岸からワニ55，魚竜69，長頸竜33および翼竜1個体をリストしている．この地層はホルツマーデンと同じToarcian下部で，アンモノイドの化石帯では*Dactylioceras tenuicostatum*帯，*Harpoceras falcifer*帯，および*Hildoceras bifrons*帯にあたる．だが，ホルツマーデンとヨークシャーでは岩質が大きく違う．ヨークシャーのものは大部分がJet Rock層あるいはAlum頁岩層から得られるのだが，Jet Rock層は硬い灰色の瀝青質頁岩，Alum層は軟らかい灰色の雲母質頁岩で，どちらにも石灰質団塊の層準が挟まれる．典型的なアンモノイド化石として，*Dactylioceras*, *Harpoceras*, *Hildoceras*, *Phylloceras*などが知られている．

ヨークシャーで1819年に最初に見つかった魚竜の化石は頭骨と骨格の一部で，完全に近い骨格が1821年に発見された．興味深いことに，この第2標本のオリジナルな記載の図では尾はまっすぐに描かれていて，Hauffがホルツマーデンの標本（p.81）で魚竜の尾椎が折れ曲がっていたことを示すより前の，一般的な考えに従って描いてある．ヨークシャーの魚竜は*Temnodontosaurus*と*Stenopterygius*に属す．

ヨークシャーではさまざまな長頸竜も知られている．プリオサウルスの*Rhomaleosaurus*および真の長頸竜（プレシオサウルス）の*Microcleidus*と*Sthenarosaurus*である．ヨークシャーのワニは，ホルツマーデンのワニ，テレオサウルスに属し，ほとんどは*Steneosaurus*と同一種で，*Pelagosaurus*もいるが，この種はここでもまれである．

ヨークシャーの海岸からは1888年に翼竜の*Parapsicephalus*の頭骨の一部が発見されており，1926年には獣脚類に属す恐竜の大腿骨1個の発見が報じられた．不幸にもこの骨はその後失われたが，もし産出が確認されれば，これはLias世後期の唯一の獣脚類である．このほかにLias世後期の恐竜として知られる唯一のものがホルツマーデン産の竜脚類*Ohmdenosaurus*である（p.84）．

ヨークシャーの海生爬虫類はホルツマーデンに比べいくらか時代が若い．長頸竜とワニはホルツマーデンより相対的に多く，魚竜はずっと少ない．ワニは両地域で同種なのに，魚竜と長頸竜は種が違う．注目すべき例外が魚竜の*Stenopterygius acutirostris*である．

ヨークシャーの標本の大部分は保存状態がよく，骨格は連結していて，腐肉食をうけた様子がない．ことにJet Rock累層はビチューメン（油母，ケロジェン）を多く含む．Benton and Taylor（1984）はここも海底が無酸素状態であったとしている．

参考文献

Benton, M. J. and Taylor, M. A. 1984. Marine reptiles from the Upper Lias (Lower Toarcian, Lower Jurassic) of the Yorkshire coast. *Proceedings of the Yorkshire Geological Society* **44**, 399–429.

Brenner, K. and Seilacher, A. 1979. New aspects about the origin of the Toarcian *Posidonia* Shales. *Neues Jahrbuch für Geologie und Paläontologie, Abhandlungen* **157**, 11–18.

Cadbury, D. 2000. *The dinosaur hunters*. Fourth Estate, London, x + 374 pp.［キャドバリー著，北代晋一訳, 2001, 恐竜の世界をもとめて, 無名舎, 425pp］

Hauff, B. 1921. Untersuchung der Fossilfundstätten von Holzmaden im Posidonienschiefer des oberen Lias Württembergs. *Palaeontographica* **64**, 1–42.

Hauff, B. and Hauff, R. B. 1981. *Das Holzmadenbuch*. Repro-Druck, Fellbach, 136 pp.

Kauffman, E. G. 1979. Benthic environments and paleoecology of the Posidonienschiefer (Toarcian). *Neues Jahrbuch für Geologie und Paläontologie, Abhandlungen* **157**, 18–36.

Riegraf, W. 1977. *Goniomya rhombifera* (Goldfuss) in the *Posidonia* Shales (Lias epsilon). *Neues Jahrbuch für Geologie und Paläontologie, Monatshefte* **1977**, 446–448.

Seilacher, A. 1982. Ammonite shells as habitats in the *Posidonia* Shales of Holzmaden – floats or benthic islands? *Neues Jahrbuch für Geologie und Paläontologie, Monatshefte* **1982**, 98–114.

Wild, R. 1990. Holzmaden. 282–285. *In* Briggs, D.E.G. and Crowther, P.R. (eds.). *Palaeobiology: a synthesis*. Blackwell Scientific Publications, Oxford, xiii + 583 pp.

Chapter Nine
モリソン層
The Morrison Formation

背景：中生代中頃の陸上生物群

　三畳紀末期から白亜紀の終末まで、陸上生物界は、いうまでもなく、成功者である恐竜たちの天下であった。中生代の各時期（紀）はそれぞれ異なる種類の恐竜の組み合わせで特徴づけられているので、恐竜の分類について学んでおくことは役に立つと思われる。恐竜には、分類上2つの主要なグループ（目）がある。すなわち、爬虫類型の骨盤をもつ竜盤類（Saurischia）と鳥型の骨盤をもつ鳥盤類（Ornithischia）である。

　竜盤類では、骨盤をつくる骨の配置はほぼ他の爬虫類のものと同じようになっている。骨盤の中で頭よりに位置する板状の骨、腸骨（ilium）は、並んでいる頑丈な肋骨を介して脊椎骨に連結する。その下側のへりは寛骨臼（hip socket）の上側部分を構成する。腸骨の下には恥骨（pubis）があり、これは下方やや前に向かって突出している。その後ろに、後方に広がる座骨（ischium）がある。

　竜盤類はさらに2グループに区分される。獣脚類（Theropoda 亜目）は肉食性の恐竜のすべてを含む。ほとんどは鳥の脚に似た、鋭いかぎ爪のついた強力な後肢をもち、前肢は軽快に造られ、長い筋肉質の尾と、短剣のような鋭い歯をもっている。この好例は巨大な Tyrannosaurus（暴君トカゲ）や Albertosaurus、小型で敏捷な Velociraptor（素早い盗人）、歯のないタイプ Oviraptor（卵盗人）や Struthiomimus（ダチョウ似）、などである。これらはすべて白亜紀後期にいた。このグループには古くからよく知られていたジュラ紀の巨大な捕食者、Allosaurus や Megalosaurus、小型の Compsognathus なども含まれる（第10章）。

　竜盤類の第2のグループ、竜脚類（Sauropoda 亜目）はすべて植物食の恐竜である。そのサイズは、三畳紀後期からジュラ紀前期にいた小型のもの（古竜脚類 Prosauropoda の Massospondylus など）から、ジュラ紀後期の真の恐竜、巨大な Diplodocus, Apatosaurus（以前 Brontosaurus とよばれていた）、Brachiosaurus, Camarasaurus などまで、さまざまであった。これらは概して細く長い胴体と、鞭のような尾、長く彫りの浅い顔と細い鉛筆のような歯をもっていた。

　鳥型の骨盤をもつ鳥盤類では骨の配置は現在の鳥と似ている（ただし、混乱しそうだが鳥はこのグループから出たのではない）。腸骨と座骨の配列は竜盤類と同様であるが、恥骨は細く棒状で、座骨に沿って斜め後方に伸びる。また、鳥盤類はいずれも下顎の先端に角質で覆われたくちばしをもっていたようである。

　鳥盤類はすべて植食者で、5つの主要なグループ（亜目）に分類されている。鳥脚類（Ornithopoda, 中型, 白亜紀前期の Iguanodon, Tenontosaurus など, および白亜紀後期のハドロサウルス科 Edmontosaurus のようなカモに似たくちばしの恐竜）、角竜類（Ceratopsia, 白亜紀後期の Triceratops など, 角を備え首にフリルをもつ）、剣竜類（Stegosauria, 背に骨板があるジュラ紀の Stegosaurus など）、パキセファロサウルス類（堅頭類, Pachycephalosauria, 補強されふくらんだ頭部の Pachycephalosaurus など）、鎧竜類（Ankylosauria, 厚い骨質のプレートが埋め込まれた皮膚で覆われている。Ankylosaurus など）、である。

　ジュラ紀の大部分のあいだ、陸上生物群に関する化石の証拠はたいへん貧弱である。だが、この紀の後半になると、いくつか例外的に化石に富む地層が、中国、タンザニア、北米などに知られている。この章では北米のモリソン層*（Morrison Formation）の化石を紹介するのだが、この層は化石がきわめて豊富で、その目を見張るばかりの恐竜の骨格化石群によって古くからよく知られている。モリソン層はロッキー山脈の前山 Front Range にそって、北はモンタナから南はアリゾナ、ニューメキシコまで広大な地域に分布している（**図153**）.

*：地層中に埋没した恐竜標本群の展示で名高いダイナソア国立モニュメントは、コロラド州北西端付近からユタ州にまたがった地域。モリソン層の模式地はデンバー西郊のモリソン市付近。

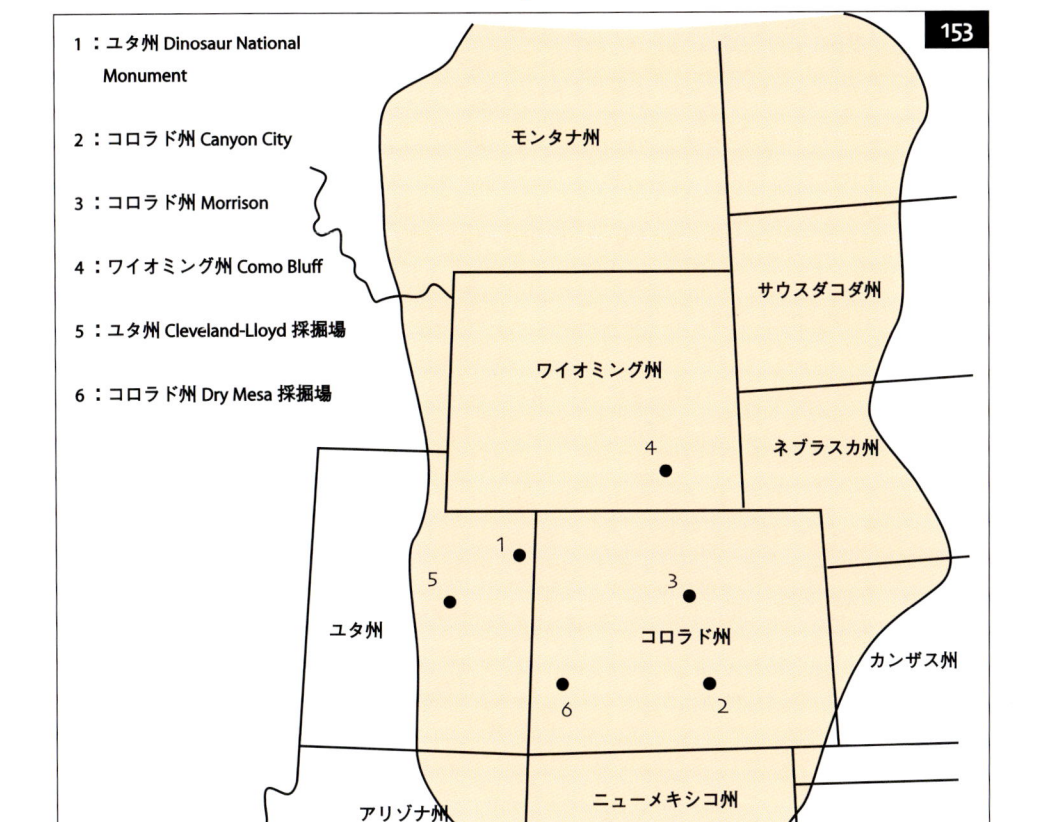

Chapter Nine—モリソン層

図153 モリソン層の分布と主要産地を示す.

1：ユタ州 Dinosaur National Monument
2：コロラド州 Canyon City
3：コロラド州 Morrison
4：ワイオミング州 Como Bluff
5：ユタ州 Cleveland-Lloyd 採掘場
6：コロラド州 Dry Mesa 採掘場

こんなに広い地域に分布しているので，モリソン層は，陸上堆積物といっても，水に浸され石炭層も堆積した北部の湿地から，南部の砂漠まで，場所によって堆積環境もいろいろである．ユタ，およびワイオミングの最も豊富に化石が発見された地域では，モリソン層は大部分が河川成および湖沼成である．ここでは，突発的な洪水によって，文字通り何トン，何十トンという骨が密集的ラガシュテッテを構成して堆積している（図154）．その堆積物は，ジュラ紀後期の陸上生態系，地上最大の恐竜のいくつかだけでなく，巨大恐竜と共存した他の動物たちも含めた生態系，について，詳細なイメージを与えてくれる．群集中にはこれまでに知られるかぎり最も多様性の高い中生代の哺乳類化石群も含まれている．

図154 ワイオミング州 Como Bluff の Fossil Cabin 博物館. 恐竜の骨がたくさんあって，小屋の外壁の材料に用いられている．

モリソン層発見の歴史

モリソン層の恐竜の発見物語は，アメリカの古生物学者の間で「骨戦争（The Bone Wars）」として言い伝えられ，よく知られている．それは19世紀後期における2人の指導的古生物学者の間の激しい対抗意識の物語である．それは1877年，2人の学校教師 Arthur Lakes と O. W. Lucas がコロラドで互いに独立に恐竜の化石骨を大量に含む層を発見したことから始まった．Lakes はモリソンの町の近くで発見した骨をイエール大学ピーボディ博物館の Othniel Charles Marsh 教授のところに送った．Marsh はカンザス産ハドロサウルスの研究で広く知られていた．一方同年，Lucas は Canyon City 近くの同層準で発見した骨をフィラデルフィアの Edward Drinker Cope に送った．Cope はモンタナ産の最初の角竜標本を記載していた．

Marsh と Cope はこのときすでに激しい敵対関係にあった．それは Cope が記載した化石爬虫類に対し Marsh がその誤りを指摘したことに発していた．二人の間で直ちに，送られてきた膨大な数の新しい恐竜を記載する半狂乱の競争が始まった．Canyon City から来た Cope の標本は大型ではるかに完全で，はじめは Cope が優勢であった．だが，その年（1877年）の終わり近く，ワイオミング州 Como Bluff に分布する同層準で新しい発見があって，今度は Marsh が表舞台に立った．

Como Bluff はワイオミング州 Medicine Bow に近い低い丘陵で，延長およそ16km，幅1.6km．ここは北東－南西に走る背斜で，南翼は緩傾斜だが北翼は急斜している．南翼は白亜系最下部の非常に硬い Cloverly 層に覆われて蓋されているが，北翼にはその下位の最上部ジュラ系，すなわち南方，デンバー近くの古典的産地でモリソン層とよばれていたのと同じ地層が露出している．主に巨大な竜脚類からなる豊富な恐竜化石群が埋もれていたのは実にこの地層であった．

Como Bluff での発見は，骨戦争の火に油を注ぐ結果となった．この発見は，大陸横断のユニオンパシフィック鉄道の従業員2人によってなされた．ユニオンパシフィックは当時，ワイオミング南部に広く分布する石炭層を開発する狙いでこの付近を通したのである（Breithaupt, 1998）．1877年7月，近くの Carbon Station 駅の駅長 William Edward Carlin と保線区の監督 William Harlow Reed は Marsh に手紙を書いて，2人が何か巨大な骨，彼らは *Megatherium*（更新世の巨大ナマケモノ）と思っていた，を発見したこと，それを Marsh に売却しようと思っていること，さらにもし依頼があればもっと多くの標本を集めること，を知らせたのである．彼らは自分らの身元を隠すために，この秘密の手紙に彼らのミドルネームで Harlow および Edwards と署名した．4カ月後 Marsh の代理人 Samuel Wendell Williston が Como Bluff に到着し，彼らに費用を支払った（Marsh から前に送られた Harlow および Edwards 宛の小切手は偽名だったために現金化できなかったのである）．

Williston は，直ちに Marsh に対し，Como Bluff の化石が豊富なことを知らせ，コロラドで活動している発掘隊をこの新しい産地に回した．Carlin と Reed は引き続き Marsh のために働き，Reed は後にとうとうララミーにあるワイオミング大学地質博物館のキュレーターで，信望厚い古生物学者となった．負けたくない Cope は彼の発

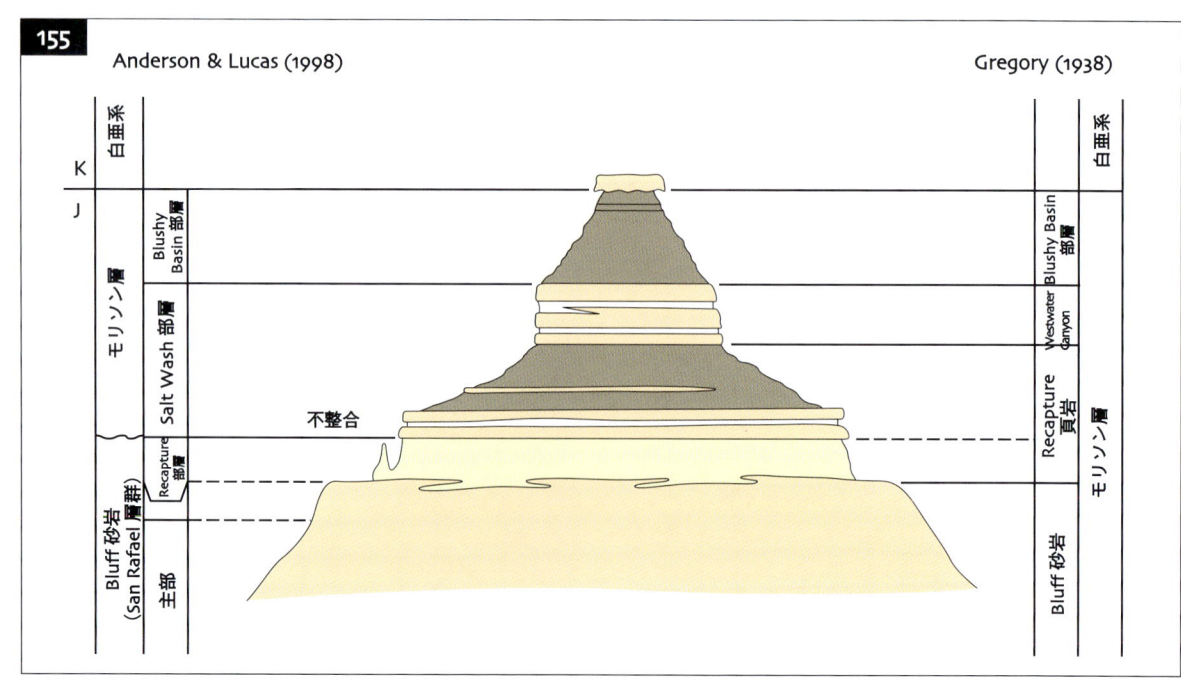

図155　ユタ州，Bluff 地域におけるモリソン層の層序を示す概念図（Anderson and Lucas, 1998 による）．

掘スタッフを Como Bluff に回し，ついには Carlin を彼のために働くように説得した．確執はとうとう野外活動にまで拡大し，相手のキャンプとの間で小競り合いがしばしば起こるまでになった．Breithaupt (1998) は，ライバルの発掘場をスパイしたり，発掘中の骨をたたき割ってしまったり，また時に殴り合いまで演じた，と書いている．

だが，その後の何年かの間に，非常な数の新しい恐竜がここから発見されたのであった．その中に肉食性の *Allosaurus*，奇妙な骨板をもつ *Stegosaurus*，後に最大とわかった巨大な竜脚類の *Diplodocus* や恐るべき *Brontosaurus*（現在では *Apatosaurus* として知られる）などが含まれていた．これらの恐竜たちのほかに，モリソン層はこれまでに発見された中生代哺乳類化石群の中でも最も重要な化石群を産している．

競争は 1897 年に Cope が死ぬまで続いた．Marsh は 1899 年に死んだ．それまでに Marsh は恐竜の新種を 75 種記載した．そのうちの 19 が現在もなお有効名として用いられている．Cope は 55 種を記載，うち 9 種が現在も有効である．北米の 12 の州にまたがって分布するモリソン層（図 153）は世界で最も豊富な恐竜たちの墓場のひとつとして保存され，その化石は世界中の博物館に展示されている．

モリソン層の層序的位置とタフォノミー

モリソン層は伝統的に 4 部層に区分されてきた（Gregory, 1938）が，Anderson and Lucas (1998) は 2 部層，上部の Brushy Basin 部層と下部の Salt Wash 部層（図 155）に限定した．放射年代測定と微化石から Kimmeridgian 期から Tithonian 期前期まで（ジュラ紀後期，およそ 1 億 5000 万年前）の時代である．その露頭はロッキーの前山 Front Range に沿って，150 万 km^2 の地域に広がっている．厚さはきわめて変化に富むが，ユタ州のダイナソア国立モニュメント（Dinosaur National Monument）では，約 188m ある．

モリソン層は，きわめて侵食されにくい白亜系下部の Clovery 層に多くの場所で覆われて（図 157），保護されている．また下位にはジュラ系中部に Sundance 層があって，これは Sundance 海 * に堆積した海成層である．この層序は世界中で最も重要なジュラ紀恐竜の 2 産地，Dinosaur National Monument および Cleveland–Lloyd 恐竜採掘場（ユタ州）で共通にみられるもので，海退的な層序を示す．それはジュラ紀中期 Sundance 海の広大な浅海が北に向かって退いていくのと符合している．たとえば Cleveland-Lloyd 採掘場では，潮間帯の Summerville 層（Sundance 層と同層準）から上方へ潮上帯の Tidwell 部層，ついで河川・湖沼成の Salt Wash 部層，そして最後に Brushy Basin 部層の蛇行河川がつくる洪水堆積物となる（Bilbey, 1998，図 155）．

*：ジュラ紀中–後期に，北極海・カナダ方面から南に向かって北米中西部の大陸上にひろがった大陸海．

モリソン層は広大な地域に堆積したので，場所による堆積環境の差異も著しい．だが恐竜の骨が最も豊富に集

図 156　モリソン層（前景）と下位のペルム/三畳系の赤色土層（中景）．赤色土層は遠景の Bighorn Mountains（ロッキーの Front Range）をつくる古生界を覆う．ワイオミング州 Buffalo 近郊．

図 157　恐竜の骨格を含むモリソン層の砂岩頁岩互層，上位を下部白亜系 Cloverly 層が覆う．ワイオミング州 Thermopolis のワイオミング恐竜センター．

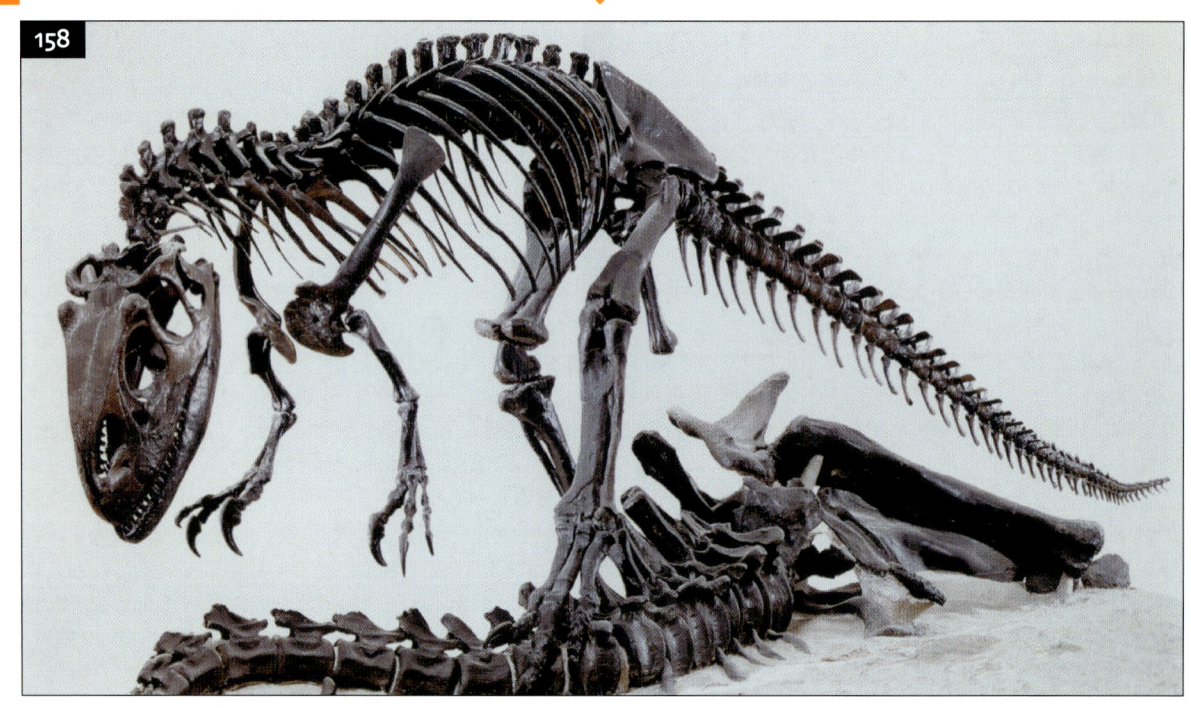

図158　獣脚類の恐竜 Allosaurus fragilis（AMNH）．体長 12m．

積しているのは淘汰の悪い砂岩で，それはごく短期的ながら破滅的な激しい洪水の堆積物であるとされている．Sundance 海が退いた後に残された，広い，そして蛇行河川が流れるだけの開けた平原が植食性恐竜の群れの棲み場所であり，かれらは植生を求めてそんな河川や湖水を歩き回っていた．そして現在のケニヤなどのように，5年，10年，40～50年といった間隔で周期的に襲ってくる干ばつのため，恐竜の群れ（それに他の脊椎動物たち）は残った水たまりに集まり，最終的には脱水のためそこで死んだ．大量死に続いて短期的な洪水によってばらばらになった骨は，短距離を押し流され，流路を充填した砂に埋もれたのである．この状況はコロラドの Dry Mesa 恐竜発掘場で，Richmond and Morris (1998) によって観察・復元された．ここでは 23 種もの恐竜に，翼竜，ワニ，カメ，哺乳類，両生類，肺魚，などを含み，きわめて多様な構成の化石群が残っている．この化石群は，その中の巨大な竜脚類，とりわけ Supersaurus や Ultrasaurus の存在によって名高い．

恐竜骨格の集積層のような大量の遺骸群は，短い間の破滅的なできごとで短期間に集積する場合も，少しずつ集積する場合もある．破滅的なできごとによる場合には，突然の死（たとえば有毒の火山灰などで2～3時間のうちにほとんど死ぬ）が前提で，この場合，遺骸は年齢・雌雄を問わない．短期破滅的でない（たとえば飢餓などによる）大量死は，数時間から何カ月というようにより長い時間をかけて起こる．死の要因は選択的で，年齢，

図159　Allosaurus fragilis の頭骨（SMA）．肉を裂くための縁に刻み目のある鋭い歯を示す．頭骨の長さ 1m．

健康状態，性，個体の社会的順位，などで比率が変わる．したがって遺骸群には幼体・雌・老体などが多くなる．モリソン層の骨の集積は，ほとんどの場合，破滅的ではない大量死の結果であると考えられている（Evanoff and Carpenter, 1998）．この場合，集積に長い時間がかかっているため骨格がばらばらになっている割合が高い．

ばらばらになった骨の保存には乾燥気候が有利に働いた．Dodson et al. (1980) は，モリソン層の恐竜の遺骸は堆

Chapter Nine—モリソン層

図 160 *Allosaurus* の復元図.

図 161 竜脚類の恐竜 *Diplodocus*（AMNH）. 鞭のような長い尾に注目. 体長 27m に達する.

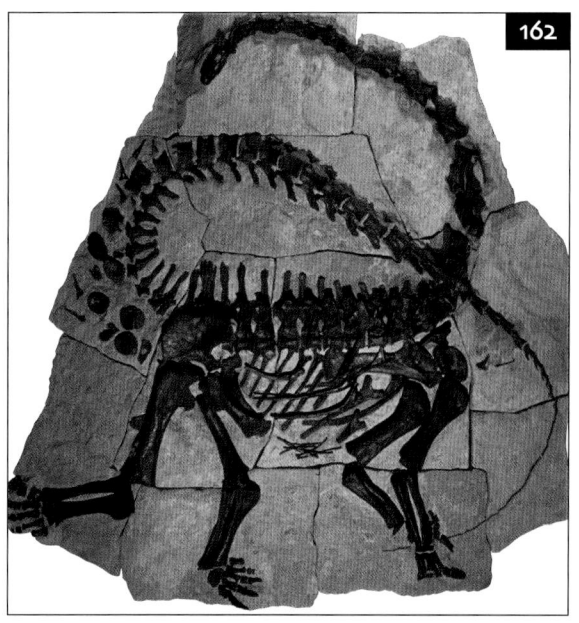

図 162 竜脚類の恐竜 *Diplodocus*. 地層中に埋もれている状態（SMA）. 頭部から尾の先端までの長さ 10.5m.

図 163 *Diplodocus* の復元図.

積する前に，乾燥した平地かあるいは河床で分解したらしいと考えている．死後，乾燥気候のため筋組織，靱帯，皮膚などが脱水乾燥を起こす．だが腐肉を食べられた証拠はほとんどなく，またひび割れができたり表面が剥がれたりもしていない．Richmond and Morris (1998) は，これらの骨が一気の洪水によって埋没するまで 10 年かかることはなかっただろうと述べている．

モリソン層の化石群

Allosaurus：ジュラ紀における最大の捕食性獣脚類のひとつ（図 158 ～ 160）．体長 12m，体重 1.5 トンに達する．頭だけでほとんど 1m の長さがあり，顎には 70 本のカーブした鋭い歯がある．これが竜脚類の群れを襲うとき，群れをつくって狩りをしたと思われている．脚には残忍そうな 3 本の大きな爪があり，これで肉を裂いた．

図 164　頑丈な骨格の巨大竜脚類恐竜 Apatosaurus（UWGM）．体長 23m．

図 165　Apatosaurus の頭骨（図 164 をみよ）（UWGM）．

図 166　Apatosaurus の復元図．

Chapter Nine—モリソン層

図167 竜脚類の恐竜 *Camarasaurus*（WDC）．体長約15m．

図168 *Camarasaurus* の頭骨（WDC）．植物をひきちぎるための鉛筆のような歯を示す．頭骨の長さ約55cm．

図169 モリソン層の骨集積層にみられる *Camarasaurus* の仙骨（腰椎から続く仙椎が融合したもの．骨盤の一部をなす）．ワイオミング州 Thermopolis，ワイオミング恐竜センター．

図170 *Camarasaurus* の復元図．

Diplodocus：Marsh によって記載された植食性の竜脚類．体が最も長い恐竜の一つで，27m に達するが，全体にスリムな体で，体重はわずか 10～12 トン程度にすぎなかった（図 161～163）．頸部と尾はほぼ水平に保たれていて，6m の長さの頸は動物体の大きさに比べてごく小さい頭部を支えていた．一方 73 個もの椎骨からなる長い尾はしなやかな鞭のように用いられた．最近発見された化石から，この恐竜は，現在のイグアナのように，背部に三角形の棘の列があったらしいことがわかっている．

Apatosaurus：もう一つの巨大な植物食の恐竜で，以前 *Brontosaurus* として知られていた．系統的に *Diplodocus* と関係が深い．体長 20m 前後であるが，重厚な骨格で，体重が 20 トンを越す．これは Marsh がモリソン層で発見して以来，恐竜の中で最大のものである．

Camarasaurus：Cope によって記載された植食恐竜で，数が最も多く，「ジュラ紀の雌牛」とあだ名されている（図 167～170）．*Brachiosaurus*（p.98 をみよ）と関係が深く，この両者は *Diplodocus*, *Apatosaurus* に比べると，前肢が後肢より長いため，立ち上がった（キリンのような）姿勢をとっていた．*Camarasaurus* は体長約 18m だがずっしりとした骨格をもち，体重は 18 トンに達する．頭骨は *Diplodocus* に比べてずっと大きく，植物を引きちぎるための 52 本の円錐状の歯を支えている．

Stegosaurus：特殊な形態の鳥盤類恐竜で，背の中心線に沿って，背中の長さいっぱいに 2 列の大きな背板（dorsal plate）が並んでいる．この背板の機能は今もはっきりしていないが，おそらく体温を調節するのに用いられたものであろう．薄い骨の層でできているだけなので防御の役には立たなかったと思われる．この動物はまた小さな頭骨，後肢より短い前肢，太い尾，大型の捕食者に対する武器とする尾の上の鋭い 4 本の角，などを特徴とする（図 171～173）．

恐竜類の生痕化石：鳥脚類の卵殻，植食恐竜の糞石，さまざまな足跡列，などがいずれもモリソン層から知られている．

その他の爬虫類および両生類：以下は普通に出てくるようなものではないが，いくつかの産出記録がある．カエル（無尾類，カエルの最古の記録はジュラ紀前期），トカゲに近いムカシトカゲ（Sphenodon 類，これもジュラ紀後期のゾルンホーフェン石灰岩から知られている，第 10 章），真のトカゲ類のいくつか，ワニ，カメ，翼竜（翼手竜 Pterodactyloidea と嘴口竜 Rhamphorhynchoidea）など．鳥類の記録は後にすべて誤りであったとされている（Padian, 1998）．

哺乳類：モリソン層の哺乳類は，これまでに発見されたジュラ紀の哺乳類化石のうちでも最も重要な化石群の一つであり，長い中生代の哺乳類進化史に開いた貴重な窓の一つである．化石の多くはばらばらになった顎骨や歯で，原始的な三錐歯類（Triconodonta），梁歯類（Docodonta），相称歯類（Symmetrodonta），汎獣類の Dryolestidae などがみられる*．一方，多丘歯類（Multituberculata）はネズミに似たより進化したグループで，始新世まで生き延びていた（Engelmann and Callison, 1998）．

*：どれも哺乳類の原始的な絶滅目（または科），主としてジュラ紀に知られる．

魚　類：肺魚（肉鰭類）は Marsh によって最初に報告され，ながい間これがモリソン層産唯一の魚化石であった．最近になって，さまざまな条鰭類（放射状のひれをもつ魚）が報告され，その中に，原始的な真骨魚（現代的な硬骨魚類）1 種，いろいろな全骨類（骨質の硬鱗魚），それに軟骨魚のパレオニクス（Palaeonisciformes）の新しい種（*Morrolepis*，いわゆるモリソン魚 Morrison fish）などが含まれている（Kirkland, 1998）．

無脊椎動物：無脊椎動物では，淡水生軟体動物（巻貝と二枚貝），貝形虫，エビ類，カイエビ類，ザリガニ，トビケラなどがある．

植　物：Brushy Basin 部層からは，コケ類，トクサ類，シダ類，ソテツ，イチョウ，球果植物類などの植物化石が知られている（Ash and Tidwell, 1998）．

モリソン層の古生態

モリソン層は（パンゲア超大陸崩壊で生じた）ローラシア大陸（Laurasia）の西縁近くの陸上堆積盆に集積した地層で，北緯 30～40°の中−低緯度に位置していた．そこは乾燥ないし半乾燥気候だが，季節的に降雨もあった（Demko and Parrish, 1998）．西側の山地はおそらく降雨を遮蔽する効果があった．また年間降水量が少なかったことは，蒸発岩や風成砂岩，塩湖堆積物などがあることから推定される．しかしさまざまな淡水生の無脊椎動物や魚類の存在は，この広大で開けたモリソン盆地に恒久的な流れや湖水があったことを示唆している．そしてトクサ，シダ，ソテツ，イチョウ，それにさまざまな裸子植物からなる植生からみて，少なくとも短期的にはもっと湿潤で熱帯的な気候の時期があったと推測される（Ash and Tidwell, 1998）．このような河川−湖沼の環境は，くり返される干ばつと洪水のサイクルによって強い影響を受けていたであろう．

青々と茂った湖岸や湿地の広がった川沿いの低地が植食性恐竜の巨大な群れの生息場所であり，群れは食物を求めて平原を歩き回っていた．小型の四足歩行の植食恐竜たち，たとえば *Stegosaurus* などは森林低層のトクサやシダ，ソテツ，あるいは小型の球果植物などを食べ廻り，一方，巨大な竜脚類たちはその長い頸を使って球果植物，イチョウ，木性シダなど高木の樹冠で摂食していた．肉食の恐竜（*Allosaurus* など）は植食者の後を追い，集団で狩りをすることによって最大の竜脚類をも圧倒し，殺すことができた．

カエル，ムカシトカゲ，真正トカゲなどは湖水や流れ

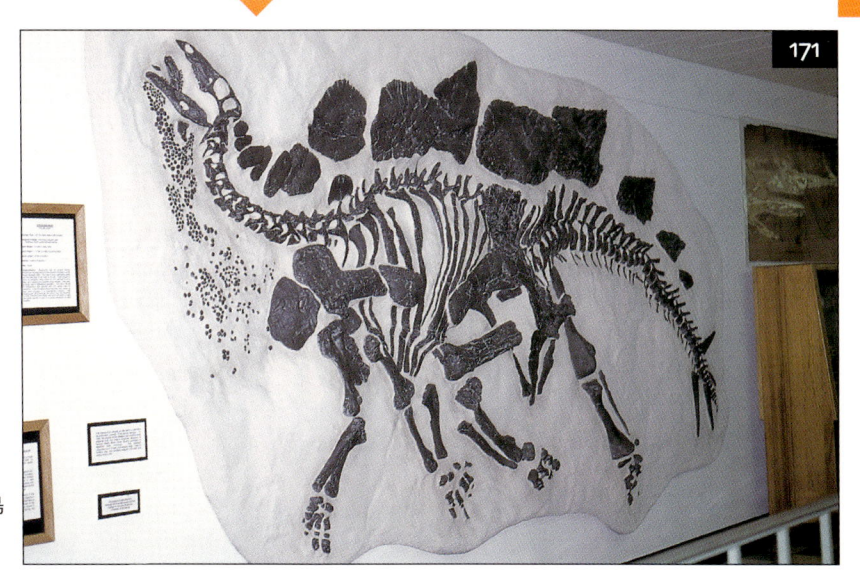

Chapter Nine—モリソン層　97

図 171　堆積物中にあった状態の鳥盤類恐竜 Stegosaurus（UWGM）.

図 172　鳥盤類恐竜の Stegosaurus（SMA）．背板および尾の棘状の角に注目．体長 4.8m.

図 173　Stegosaurus の復元図．

の近く，カメやワニも棲むような場所に暮らしていた．なかでもワニはこれらの水辺に棲む小動物を襲うトップ捕食者であった．翼竜もおそらく湖水のほとりに棲み，魚を探して湖水を見張っていたのであろう．一方，別の一群の小動物が，目立たないようにして洞窟や林の中に棲み，彼らの天下が来るのを待っていた．この原始的な小型の哺乳類は，多くはネズミのような外観であった．彼らの食物は主に昆虫であったと思われる．真の肉食者もいたであろうがその犠牲者は小さな動物に限られていた．ほとんどは，巨大な肉食性恐竜の脅威から生き延びるために，夜行性（また樹上性 arboreal）であった．

モリソン層と他の恐竜産地との比較
タンザニア，テンダグル層

タンザニアの上部ジュラ系，Tendaguru 層は Lindi の北西 75km に露出する．ここはアフリカの上部ジュラ系のうちで最も豊富な産地であり，Werner Janensch と Edwin Hennig が率いるドイツ隊の 1909 年から 1913 年までの発掘によって，恐竜化石の量と種類の豊富さ，年代においてモリソン層に匹敵する膨大な堆積が発見された．連結したままの骨格がおよそ 100 個体に何トンとも知れない大量の骨が発掘され，研究のためベルリンの自然史博物館（Museum für Naturkunde）に送られた．

Somali Basin の Tendaguru 層はモリソン層と違って海成層の層準を挟む．陸成の泥灰岩からなる 3 部層は間を Kimmeridgian/Tithonian 期のアンモノイド化石を含む海成砂岩で隔てられている．堆積当時，ここは南緯 30°と 40°の間に位置していた．この地層群は全体で約 140m の厚さがあり，堆積したのは温暖な大陸海の海岸に近い潟湖か河口域（estuaries）であったと解釈されている．Russel et al. (1980) は，モリソン層の場合と同じように恐竜は季節的な広域的干ばつで大量死し，集積したものであろうと考えた．

テンダグル層の化石群は，巨大な竜脚類が特に多いという点でモリソン層に似ている．ことに巨大な *Brachiosaurus* は体長が 25m，体重 50〜80 トンもあった．その前肢は後肢より長く，したがってキリンのように立った姿勢をとっていて，高さが 16m にも達した．*Brachiosaurus* は最初モリソン層産の破片状の標本で記載されたものだが，北米大陸ではまれな種類である．テンダグル層のもっと完全な骨格でよく知られるようになった．その他の恐竜として，*Barosaurus* および *Dicraeosaurus*（共にディプロドクス科），*Kentrosaurus*（剣竜の一種），*Gigantosaurus*（もう一種の巨大竜脚類），および小型の獣脚類 *Elaphrosaurus* などがいた．

モリソン層の化石群とテンダグル層のものを比較すると，いくつかはっきりした違いに気付く．最も目立つのはテンダグル層には *Allosaurus* のような大型の獣脚類がまれなことである．テンダグル層からは恐竜のほかに，脊椎動物としてワニ類，硬骨魚類，サメ類，翼竜，および哺乳類が，また無脊椎動物として頭足類，サンゴ，二枚貝，巻貝，腕足動物，節足動物，棘皮動物などが知られている．すべて浅い大陸海に生息していたものである．植物化石として珪化木に微植物群の渦鞭毛藻類，胞子・花粉群があり，微化石からは新しい古生態学的データが期待される．

参考文献

Anderson, O. J. and Lucas, S. G. 1998. Redefinition of Morrison Formation (Upper Jurassic) and related San Rafael Group strata, southwestern U. S. *Modern Geology* **22**, 39–69.

Ash, S. R. and Tidwell, W. D. 1998. Plant megafossils from the Brushy Basin Member of the Morrison Formation near Montezuma Creek Trading Post, southeastern Utah. *Modern Geology* **22**, 321–339.

Bilbey, S. A. 1998. Cleveland-Lloyd dinosaur quarry – age, stratigraphy and depositional environments. *Modern Geology* **22**, 87–120.

Breithaupt, B. H. 1998. Railroads, blizzards, and dinosaurs: a history of collecting in the Morrison Formation of Wyoming during the nineteenth century. *Modern Geology* **23**, 441–463.

Demko, T. M. and Parrish, J. T. 1998. Paleoclimatic setting of the Upper Jurassic Morrison Formation. *Modern Geology* **22**, 283–296.

Dodson, P., Bakker, R. T., Behrensmeyer, A. K. and McIntosh, J. S. 1980. Taphonomy and paleoecology of the dinosaur beds of the Jurassic Morrison Formation. *Paleobiology*, **6**, 208–232.

Engelmann, G. F. and Callison, G. 1998. Mammalian faunas of the Morrison Formation. *Modern Geology* **23**, 343–379.

Evanoff, E. and Carpenter, K. 1998. History, sedimentology, and taphonomy of Felch Quarry 1 and associated sandbodies, Morrison Formation, Garden Park, Colorado. *Modern Geology* **22**, 145–169.

Gregory, H. E. 1938. The San Juan Country. *United States Geological Survey Professional Paper* **188**.

Kirkland, J. I. 1998. Morrison fishes. *Modern Geology* **22**, 503–533.

Padian, K. 1998. Pterosaurians and ?avians from the Morrison Formation (Upper Jurassic, western U.S.). *Modern Geology* **23**, 57–68.

Richmond, D. R. and Morris, T. H. 1998. Stratigraphy and cataclysmic deposition of the Dry Mesa Dinosaur Quarry, Mesa County, Colorado. *Modern Geology* **22**, 121–143.

Russell, D., Béland, P. and McIntosh, J. S. 1980. Paleoecology of the dinosaurs of Tendaguru (Tanzania). *Mémoires de la Société géologique de France* **139**, 169–175.

ゾルンホーフェン石灰岩
The Solnhofen Limestone

Chapter Ten

背景：中生代の石版石灰岩（Plattenkalk）

　これまでにジュラ紀の海の生態系と陸の生態系を詳しく紹介した（第8章，第9章）．それぞれジュラ紀前期と後期である．一方，ジュラ紀中期と後期には，期間の短さに比べて不釣り合いに化石ラガシュテッテンの数が多い．それは主にジュラ紀後期から白亜紀前期の古地理的条件，すなわち周囲を囲まれた狭い海盆がこの時代に多くできたことによるものである．

　そのような海盆の多くで，細かな葉理が発達する細粒のミクライト質石灰岩が典型的にみられる．これは，石版石灰岩（lithographic limestone，石版印刷*用に理想的な岩質の層準があるので），あるいはもっと正確にはドイツ語で板状石灰岩を意味するPlattenkalkという語でよばれ，この語にはこれらの層が何十kmも横に連続するという概念も含んでいる．Plattenkalkにはしばしば動物の軟組織がすばらしい状態で保存されている．そのうえ，この地層は当時の生物群を，水生生物だけでなく陸上の動植物もいっしょに，完全な状態で保存しており，ホルツマーデン頁岩やモリソン層のような限定された環境の生物相に比べて，もっと完全な全体像をみせてくれる．

*：平版印刷の一種．平滑な板（石版）の上で画線部にインクをのせ，インクの乗った部分を紙に転写する．

　各地に知られている中生代のPlattenkalkラガシュテッテンのなかでも最も著名でまた最も重要なのは，南ドイツ，バイエルンのゾルンホーフェン石灰岩である（図174）．この石灰岩には化石は決して多くないのだが，長い年月のうちにジュラ紀末の生物界の豊富さを具体的に示す，目を見張るような標本を産出してきた．化石には，維管束植物あるいは非維管束植物の繊細な組織や，あらゆる海生・陸生の無脊椎動物（軟組織からなるイカの触

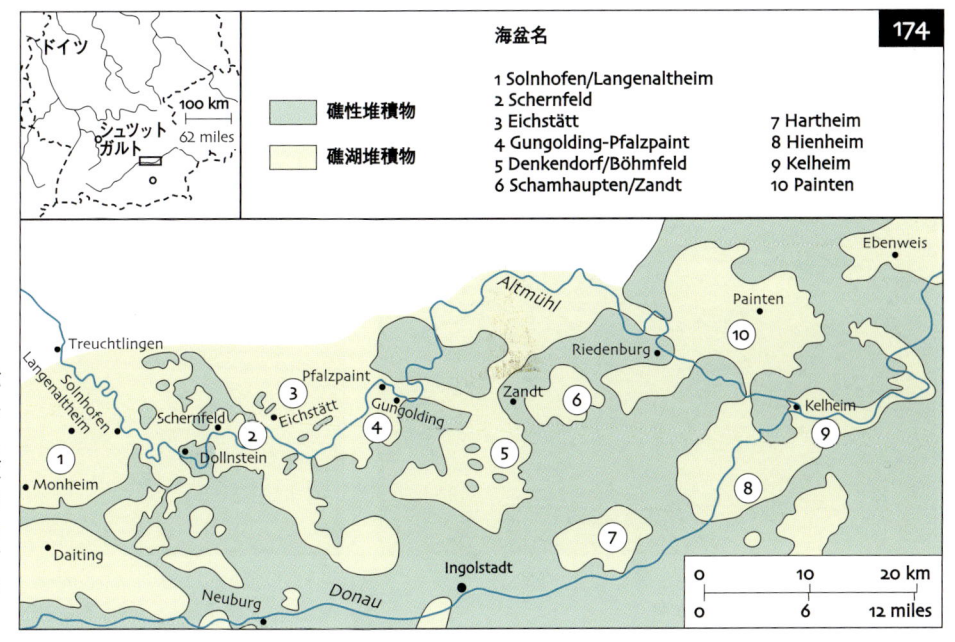

図174　南ドイツ，バイエルン地方のフレンキッシェ・アルプ南部，ゾルンホーフェン石灰岩の分布域におけるPlattenkalkを堆積した礁湖の分布を示す（Barthel *et al.*, 1990による）．

海盆名
1 Solnhofen/Langenaltheim
2 Schernfeld
3 Eichstätt
4 Gungolding-Pfalzpaint
5 Denkendorf/Böhmfeld
6 Schamhaupten/Zandt
7 Hartheim
8 Hienheim
9 Kelheim
10 Painten

手，トンボの繊細な翼，など），魚類，海生爬虫類，まれに恐竜，飛行性爬虫類（時に翼部を構成する膜までが完全に残っている）などがある．しかもそのすべてのうちで最も有名なのがここだけに知られる Archaeopteryx，すなわち羽毛のついた全身が残る世界最古の鳥の化石である．

ゾルンホーフェン石灰岩の発見と開発の歴史

　ゾルンホーフェン石灰岩は初め建築用石材として，のちには印刷用石版として長い開発の歴史をもつ．規則的な層理があり，層理に沿って薄く分割して平滑な岩塊あるいは薄板にすることが容易なことから，少なくともローマ時代から建築用石材や床および屋根用のタイルとして用いられてきた．現在でもほとんど完全に人力だけで採掘していて，家庭用に美しい色合いの床や壁用のタイルを生産している．

　18世紀末に，ゾルンホーフェンの Plattenkalk の細粒で硬い部分が石版印刷に理想的であることが発見された．この印刷法は，初め磨いた石灰岩の表面に油性のインクで文字や絵を記し，インクの載っていない石灰岩の部分を弱酸でエッチングしたのち，紙に転写する，というもので，したがってこの石灰岩を一般に石版石灰岩とよんでいるのである．

　ゾルンホーフェン石灰岩が露出する地域はフレンキッシェ・アルプ（Fränkische Alb）とよばれる台地*の南部で，バイエルン州ミュンヘンの北に位置する（図174）．分布はパッチ状で，塊状のバイオハーム石灰岩が数個の互いに独立な Plattenkalk の海盆を囲んでいる．主な採掘場はこの地域の西に集まっており，ことに Solnhofen の村や古いバロックの町 Eichstätt（図175, 176）が中心で，そこは石灰岩の不純物が少ない．

*：シュベビッシェ・アルプ（第8章）の北東延長に当たる．

　化石はこの石灰岩を掘り始めたときからずっと産出していたにちがいない．だが人々が本当に関心を示すようになったのは，1860年 Solnhofen の近くで1本の羽毛化石が見つかってからであった．さらなるセンセーションが起こったのは，それから間もない次の年に，ほとんど完全な骨格が発見されたときであった（図177）．扇型の尾と羽毛に覆われた翼があり，頭部だけが欠けていた．爬虫類のあるものに似てはいたが，これは明らかに化石の鳥であった．これは実にタイムリーな発見で，Darwin の『種の起源』出版の2年後に見つかったこの化石は，爬虫類と鳥とを繋ぐ，まさに彼の予言した"ミッシング・リンク"であるようにみえた．のちに，始祖鳥 Archaeopteryx lithographica と命名記載された（von Meyer, 1861）この標本は，この地の開業医 Carl Häberlein に診察

図175　ゾルンホーフェン石灰岩の手掘りの状況．南ドイツ，バイエルン地方フレンキッシェ・アルプ南部，Eichstätt 近郊，Harthof の Berger 採掘場．

図176　Berger 採掘場のゾルンホーフェン石灰岩，Plattenkalk にみられる細かな葉理．

図177　原始的な鳥 Archaeopteryx lithographica のロンドン標本（MM にある雄型，原標本は NHM 所蔵）．翼幅 390mm．

Chapter Ten — ゾルンホーフェン石灰岩

料の代わりに渡され，この医者はこれを他のゾルンホーフェン化石の標本とともにロンドンの大英博物館（現在の自然史博物館）に売ったのである．

次の標本（図178）がEichstättの近郊，Blumenbergで発見されるまでに16年が経過した．この1877年標本は頭骨もあって完全で，Häberleinの息子，Ernstによってベルリンの博物館に売られた．こののち現在までにわずか5標本が見つかっているだけである*．Maxberg標本は1955に発見され，その後失われた．Haarlem標本は1855年に発見されていたが1970年に至って初めて始祖鳥だと判明した（オランダ，ハーレムのTeylers Museumにあって翼竜として展示されていた）．Eichstätt標本は幼鳥で，1950年に発見．だがEichstättのユラ博物館には恐竜のCompsognathusとして展示されていて，始祖鳥ということがわかったのは1970年のことであった．Solnhofen標本は1960年代に発見され，SolnhofenのBürgermeister Müller博物館にある．Solnhofen Aktienverien標本は1992年の発見で，新種のArchaeopteryx bavaricaとして記載され，ミュンヘンの博物館にある．

* ：2005年までに全部で11個体が記録されている（Mayr et al., 2005, Science, **310**, 1483-86）．うち1体は羽毛1本のみ．

ゾルンホーフェン石灰岩の層序的位置とタフォノミー

ゾルンホーフェン石灰岩（厳密にはゾルンホーフェン層）は上部Plattenkalkと下部Plattenkalkに二分される．両者ともにジュラ系最上部のTithonian階下部，その中でも下部のHybonoticeras hybonotum帯に入る．年代はおおよそ1億5000万年前（図179）．南部フレンキッシェ・アルプにおけるその露頭は70km×30kmの拡がりがあり，その95mの厚さはおよそ50万年の期間を代表しているとされる（Viohl, 1985）．

ジュラ紀の初め頃には，フレンキッシェ・アルプ南部は全域が広い陸棚海に覆われており，ジュラ紀中期にはこの海は南方でテチス海に連絡していた（Barthel et al., 1990, fig.2.6）．ゾルンホーフェン石灰岩が堆積したのはこの陸棚海で，北側を中部ドイツ隆起帯（Mitteldeutsche Schwelle）に遮られ（第4章，p.40をみよ），南側と東側をサンゴ礁に囲まれてテチス海から隔てられた狭い礁湖に堆積したものである，とする見解が一般に受け入れられている．

ジュラ紀後期Oxfordian期までに礁湖の中に海綿とシアノバクテリア（藍"藻"）が礁の高まりを造り始め，礁間の海盆にはミクライト質の細粒な石灰泥が沈殿するようになった．Kimmeridgian期ころからPlattenkalkが形成され始め，Tithonian期前期にゾルンホーフェンPlattenkalkが堆積したのである．Plattenkalkの規則的な葉理はこれが周囲を囲まれた静穏な海域に堆積したものであることを示している（第2章のバージェス頁岩，第8

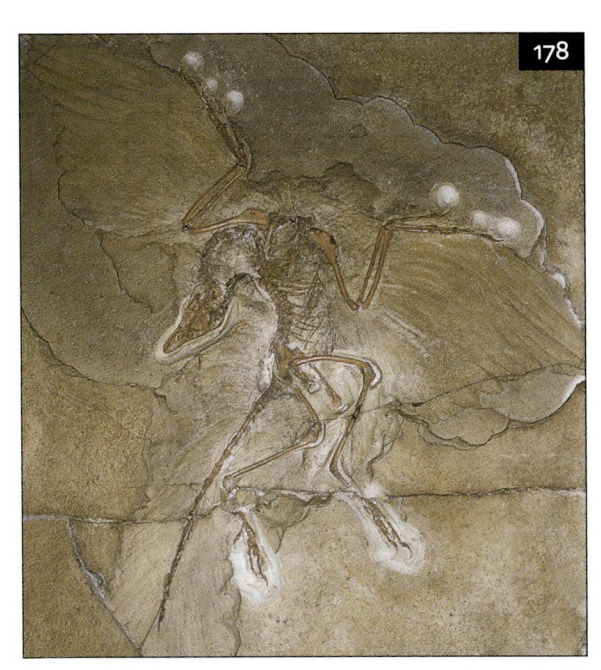

図178 原始的な鳥 Archaeopteryx lithographica のベルリン標本（MMにある雄型，原標本はHMB所蔵）．翼幅430mm.

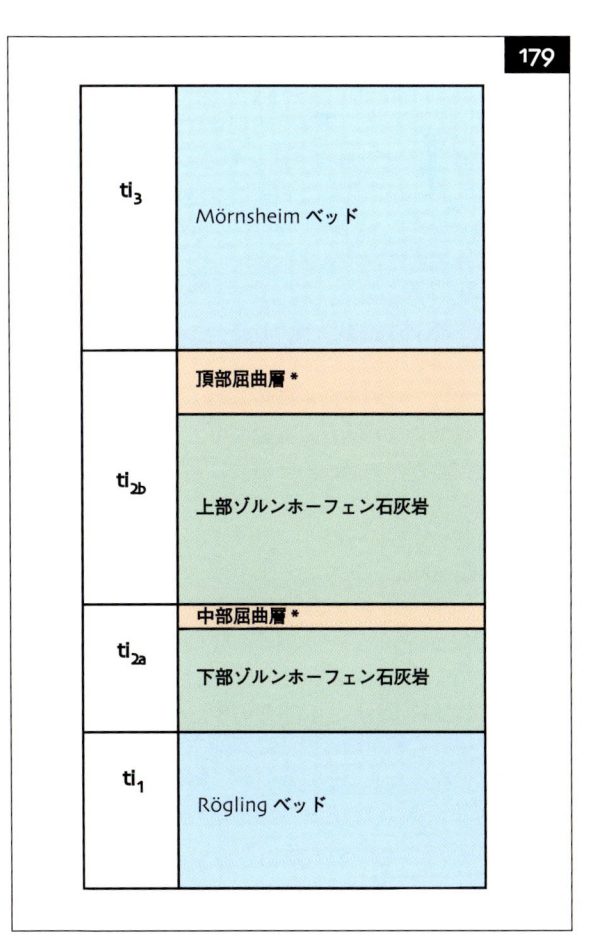

図179 Solnhofen–Eichstätt地域におけるジュラ系上部の層序（Barthel et al., 1990による）．＊：スランプ堆積物．

章のホルツマーデン頁岩と比較).

　このような狭く囲まれた礁湖の水は停滞的であった可能性が高い.半乾燥気候の下での激しい蒸発によって,海水は塩分濃度で成層し,海底には生物の生息を許さない高塩水が集まっていた (Viohl, 1985, 1996).底層水はまた無酸素 (anoxic) であった可能性があり,またあるいは藻類の大増殖 (bloom) によってさらに毒性を増していたことも考えられる.薄い Plattenkalk の各層が長距離にわたって連続し,海底を這ったり穿掘したりという生物攪乱の証拠がみられないことからすると,この礁湖には底生動物がいなかったらしい.これに対し,表層水は正常な塩分で,よく空気が混合し,プランクトンや遊泳動物がいたであろう (その証拠に彼らの糞石が残されている).また,海綿-微生物共同体が造る礁体の上などでは酸素を含んだ表層水が十分に供給されるので,遊泳動物も底生動物も生息していたにちがいない (Viohl, 1996).

　Barthel (1964, 1970) によって提案された堆積モデルでは,強力なモンスーンの嵐が周期的に表層水と底層水を攪拌して,塩分の急激な変動を引き起こし,表面付近に生息していた生物に死をもたらしたであろう,とする.確かに大量で急速な死の証拠を化石からみることができる (たとえば,獲物を食べかけた状態で化石化した魚などがある).海の動物たちは外洋あるいは礁上から礁湖に流し込まれ,空を飛ぶ翼竜や始祖鳥は強風に捕らえられて溺れ,飛翔昆虫や植物は礁湖を越えて吹き飛ばされ,海底に沈んだ.停滞している高塩水は腐食者が入り込めない障壁となり,また微生物による死骸の分解を遅らせる.時には礁湖に運び込まれた後もしばらく生きているものもいた (たとえば,有名なカブトガニ *Mesolimulus* や甲殻類 *Mecochirus* の「死の行進」で,這い回った足跡の末端に死骸が残されている).

　さらに嵐は,礁の周囲に堆積していた石灰質軟泥を巻き上げ,礁湖に流し込む.軟泥の中でも細粒の部分は再び懸濁して北方の Plattenkalk 海盆に運ばれ,そこで最終的に沈殿して,礁湖の底に落ち込んだ死体を何でもたちまち埋没させてしまった.(このモデルでは,堆積物は異地的 (allochthonous) であると見なされている.Keupp (1977a, b) の堆積モデルでは少し違って,細粒堆積物は原地的 (autochthonous) で,礁湖の底に生育するシアノバクテリアによって生産された,とする)

　急速な埋没によって,昆虫の羽根,イカの触手,鳥の羽毛,といった軟組織の微妙な細部まで,細粒の泥に印象として保存されることになった.時に有機物が分解されずに残っている.たとえば頭足類の墨嚢,あるいは最初に発見された1本の始祖鳥の羽毛などがそれである.あるいは Ca 燐酸塩の鉱物フランコライト (燐灰石の一種,堆積性鉱物) に置換されている.その例として最も普通にみられるのは魚類や頭足類の筋肉である.礁湖の底のシアノバクテリア・マット (堆積物中にココイド型シアノバクテリア* があった球形の空隙が残っていて,それでマットが存在したことが示唆される) は,死骸を包み込むカプセルとなり,また石灰質軟泥粒子を結合させて足跡など生痕の保存に重要な役割を果たしている.

*:最も原始的とされる球形のシアノバクテリア.

ゾルンホーフェン石灰岩の化石群

　始祖鳥 (*Archaeopteryx*):この,化石記録中の最古の鳥は爬虫類的な特徴をいくつももっている (図 177, 178, 180).すなわち,手 (前肢) には鋭い爪のある3本の指があり,それは翼には組み込まれていない,顎に鋭い歯が並んでいる,爬虫類のように骨の通った長い尾がある,などである.鳥的な形質としては,長く華奢な後肢と鳥のような足,羽毛が扇状に取り巻く尾,胸の前部付近にある頑丈な叉骨 (furcula),また翼には非対称形の風切り羽根があること,などがあげられる.最後の特徴からは始祖鳥は飛ぶことができたようにみえる (Feduccia and Tordoff, 1979).しかし Ostrom (1974) は,胸骨 (sternum) に大胸筋の付着する隆起がないこと,鳥口骨 (coracoid) に翼を持ち上げる働きをする小胸筋の付着する突起がないことから,飛翔はあまり得意ではなかった,と推定している.そこで Ostrom (1985) は,始祖鳥を「か弱き羽ばたき屋」(feeble flapper) とよんだ.その生活様式について Martin (1985) および Yalden (1985) は樹上性であったと論じている.Yalden は前肢の爪がキバシリやキツツキのように木をよじ登るのに使えることを示した.

　Compsognathus:ゾルンホーフェン石灰岩産の唯一の恐竜である.これは,小型,ニワトリ大の,コエルロサウルス類 (Coelurosauria) にはいる獣脚類である (図 181, 182).長い頸と小さくてくるくるよく動く頭部とは,長い尾によってバランスされている.長い強力な後肢は短い前肢と対照的で,その前肢には指が3本ある.この,鳥に似た恐竜の骨格には始祖鳥と共通の形質がいろいろある.このただ1つのゾルンホーフェン標本には胃のなかにトカゲの骨格が収まっていた.第2標本は,1972年にフランス,プロヴァンスの Tithonian 階から発見された.

　翼　竜:ゾルンホーフェンの翼竜は,白亜紀のサンタナ層 (第11章) 産のような巨大なものに比べて小型のものが多い.これには,翼幅1m に達する *Rhamphorhynchus*

Chapter Ten — ゾルンホーフェン石灰岩

103

図180 始祖鳥（*Archaeopteryx*）の復元図.

図181 小型の獣脚類 *Compsognathus longipes*（MM にある雄型．原標本は BSPGM 所蔵）．写真の大きさは横幅 31cm．

図182 *Compsognathus* の復元図.

（図183）や *Scaphognathus* など，長い尾をもつ嘴口竜類（Rhamphorhynchoidea）に属するものと，ツグミほどの大きさの *Pterodactylus*（図184）など，尾が短い翼指竜類（Pterodactyloidea）に属するものとがいる．翼をつくる膜や，方向舵のような尾の皮膜も時に印象として残されており，そのなかに尾が毛らしいもので覆われているものや，また足指の間に水かきがみられるものなどがある．

その他の爬虫類：このほかに爬虫類では，魚竜，長頸竜，ワニ，カメ，トカゲ，ムカシトカゲ，などがいる．長頸竜は1本の歯だけが知られ，魚竜もまれで，いずれも保存が悪い．このような強力な外洋の遊泳者は，嵐の時に骨が洗い流されるほか礁湖に入り込む機会はないであろう．トカゲもムカシトカゲもまれで，彼らは礁湖の岸から遠く離れた内陸に棲んでいたのであろう．カメは淡水や沿岸に棲むタイプのもので，ワニは海生のものと陸生のものがいる．だがカメもワニも Plattenkalk にはまれである．

魚　類：ゾルンホーフェンで最もたくさん見つかる脊椎動物は硬骨魚の条鰭類（Actinopterygii）と肉鰭類（Sarcopterygii），および軟骨魚（Chondrichthyes）である．

図183　*Rhamphorhynchus* の復元図．

図184　*Pterodactylus* の復元図．

Chapter Ten―ゾルンホーフェン石灰岩

条鰭類は全骨魚（骨質の硬鱗魚）が主で，体長2mに達する *Lepidotes*（図146），現生のブダイに似た *Gyrodus*，巨大な捕食者の *Caturus* などである．他にいくつか，イワシ型の *Leptolepides*（図185）など，初期の真骨魚（Teleostei）が大量死の化石群としてふつうにみられる．肉鰭類は少ない．だが小型のシーラカンスである *Coccoderma* がいる．他に軟骨魚ではサメ，エイ，ギンザメがいる．

甲殻類：十脚類（エビ，ロブスター，カニ）はおそらくゾルンホーフェンの海生無脊椎動物の中で最もよく知られたグループで，*Aeger*（図186，187），*Mecochirus*，*Cycleryon*，などがいる．*Mecochirus* とカブトガニの *Mesolimulus* は，しばしば，渦巻き状の，あるいはあちこち彷徨した足跡列の末端に化石として見つかる．おそらく有毒な礁湖の底に着底して，何歩か足掻いたあげく死んだものであろう（図188）．

図185　真骨類の魚 *Leptolepides sprattiformis*（MM）．体長75mm．

図186　甲殻類の *Aeger tipularius*（MM）．体長65mm．

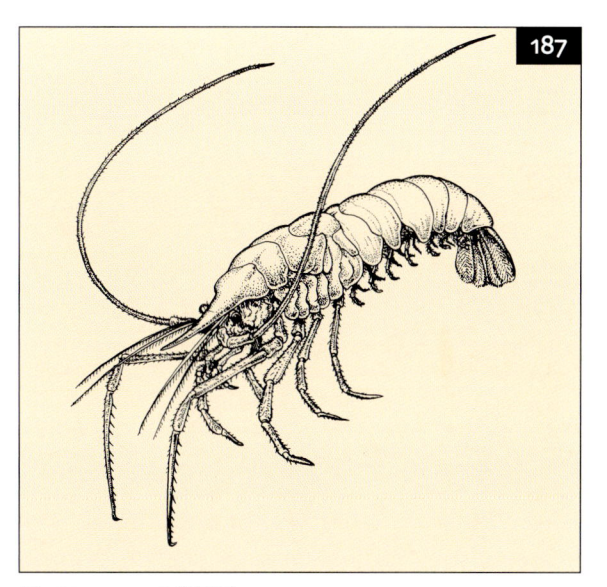

図187　*Aeger* の復元図．

図188　カブトガニ *Mesolimulus* がその死の行進あとの終点に保存されている（PC）．行進跡の長さ1m．

昆虫類：陸上節足動物は有翼昆虫だけが，ふつうは印象として知られている．だがしばしば昆虫の翅脈の微細なところまで残っている．昆虫には，カゲロウ，トンボ（図189），ゴキブリ，シロアリ，アメンボ，バッタ，コオロギ，カメムシ，タガメ，セミ，クサカゲロウ，甲虫，トビケラ，ハエ，ハチ，などがいる．

その他の無脊椎動物：海生無脊椎動物のほとんどすべてのグループが知られている．すなわち，海綿，クラゲ，サンゴ，環形動物，コケムシ，腕足動物，二枚貝，巻貝，頭足類（イカ，ベレムナイト，オウムガイ，アンモノイド），棘皮動物（ウミユリ，ヒトデ，クモヒトデ，ウニ，ナマコ）などである．イカ（*Acanthoteuthis* など）は，しばしば触手まで残り，触手にある鉤も印象として残っている（図190，191）．また墨囊には元の炭が保存されている．浮遊性のウミユリ *Saccocoma* はゾルンホーフェンで最も多い化石の一つである（図192）．

植　物：ゾルンホーフェンで見つかる維管束植物化石はすべて裸子植物で，その中にはシダ種子植物（Pteridospermophyta），ベネチテス類（Bennettitales），球果植物類などが含まれる．だが大型の樹木があった証拠はない．

生痕化石：生痕はここの化石群では重要で，たとえばミミズ状の糞石 *Lumbricaria* には，消化されなかった浮遊性ウミユリの骨板が含まれている．*Lumbricaria* のさまざまな生痕種（ichnospecies）* はそれぞれ別のイカや魚の糞と思われるが，その存在は礁湖にまったく底生動物がいなかったのではないことを示している．また，たとえばアンモノイドが海底に着いた痕（settling trace）は，場所によって底層は停滞的であったことを，また曳きずり痕（drag mark）は弱い流れがあったことを示している．甲殻類の歩行痕については先に述べた．

ゾルンホーフェン産の動植物群については，Frickhinger (1994) が詳しく記載している．

＊：形成者不明の生痕に対し普通の生物と同じように二命名法で与えた名．準分類群（parataxa）の一つ.

図189　トンボの *Tarsophlebia eximia*（MM）．翼幅 75mm．

図190　イカの *Acanthoteuthis* sp.（MM）．長さ 300mm．

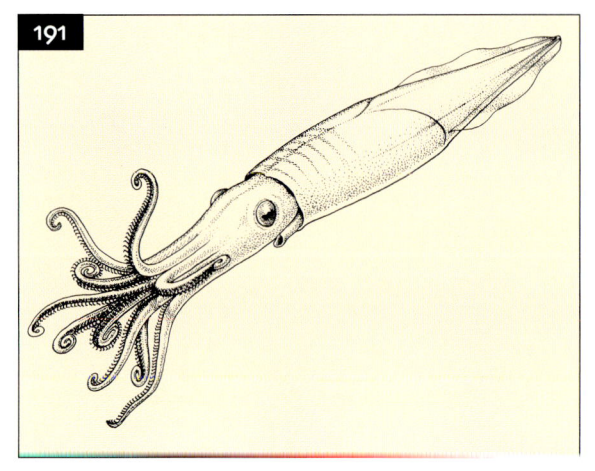

図191　*Acanthoteuthis* の復元図．

図192　浮遊性ウミユリの *Saccocoma tenellum*（MM）．大きさ 35mm．

ゾルンホーフェン石灰岩の古生態

　ゾルンホーフェンの Plattenkalk は，北緯 25 〜 30°の亜熱帯に位置し，季節風の吹く半乾燥地域にあった浅い塩性礁湖の生物群を代表している．停滞的で高塩分の底層水は，そこに大型の生物が棲みついたり腐食を行うことを許さず，したがってここには好塩性のシアノバクテリア・マット以外には原地的な底生生物はいなかった．

　酸素がもっと行きわたり，正常な塩分である表層水には，ある程度までの遊泳生物・浮遊生物が生息できた．少なくとも水が攪拌された嵐の後などに，短期的に可能であった．たとえば浮遊性ウミユリはいくつかの層準にたくさん密集して発見されるが，これがイカと魚の食物となっていたことは，ウミユリの破片を含んだ糞石が礁湖の堆積物中に発見されるので，確実なことである．Viohl (1996) は，魚の生息域として酸素に富んだ礁湖の表層水域と，海綿－微生物のつくる礁の頂部とを加え，4 タイプの生息域を識別した．礁の頂部は生息可能な表層水のところに突出していて，そこにはいくらかの底生動物，特に甲殻類が生息していた．

　生物の棲めない礁湖は外洋との間を一連のサンゴ礁で遮断されていた．礁は種々の海生無脊椎動物，魚類，海生爬虫類からなる豊かな群集を支えていた．ゾルンホーフェンの化石群には，礁の生物たちが嵐のときに洗い流されて運ばれて加わっているので，構成がそちらに偏っている（Barthel *et al*., 1990, p.89）．ゾルンホーフェン石灰岩中には，礁の群集の構成員のうちで，浮遊性のウミユリやクラゲ，海藻に付着していたカキなどの浮遊動物が，アンモノイドや小型の魚など，あまり泳ぎがうまくなくて礁のまわりに棲んでいたものたちと混合して保存されている．ずっと少ないのはイカや大型の捕食性の魚，海生爬虫類（魚竜，長頸竜，ワニ）などの強力な遊泳者で，これらは外洋に生息していたものばかりである．可動性の底生動物，たとえば甲殻類，カブトガニ，巻貝，ウニ，ヒトデなどは，固着性の底生動物よりも洗い流されやすい．したがって，底生の表在性動物，すなわち海綿，サンゴ，コケムシ，腕足動物，固着性二枚貝（たとえば *Pinna*），および底生の内在性動物（*Solemya* のような穿掘性二枚貝も含む）や，ゴカイ類（たとえば *Ctenoscolex*）などは，破片だけが見つかる場合が少なくない．

　礁湖の北にあった低平な陸塊は，塩分を含む土地に適応した球果植物などの裸子植物からなる藪状で丈の低い植生に覆われていた．ここには大きな樹木はなかった．この植生の間に，水生あるいは半水生・陸生の昆虫が生息し，これらはトカゲ型で嘴のある小さなリンコセファリア類（Rhynchocephalia）や鳥（始祖鳥）に豊富な食料を提供していた．そしてそのトカゲ類を鳥に似た獣脚類の恐竜が食べていたのである．

　カメとワニは沿岸水が生息場所であった．海岸には多数の翼竜が棲みつき，そのほとんどは魚をねらっていた（胃の内容物からわかる）．だがいくつかは昆虫食の可能性がある（歯の形態から示唆される）．この場合もゾルンホーフェン化石群には偏りがある．その構成要素のうち陸上のものは大部分が飛翔性の昆虫，翼竜，あるいは鳥で，礁湖を横断することが可能な動物ばかりである．これに対し，地上性の動物，たとえばトカゲや恐竜は，当然，化石としてきわめてまれである．

　ゾルンホーフェン石灰岩からは，これまでに 600 種以上が記載され，さまざまな環境を代表している．最も驚くべきことはそのほとんどが異地的であることで，近くの礁の群集から礁湖に吹き流されたもの，外海，あるいは近くの陸域から運ばれたものなどである．

ゾルンホーフェン石灰岩と他の中生代中期化石群との比較
中国東北部の遼寧（Liaoning）地方

　ゾルンホーフェンに比較できる中生代中期のラガシュテッテンは数カ所に知られている（第 11 章をみよ）が，生態系という観点からは，最近発見された中国東北部の遼寧（Liaoning）地方が興味深い．遼寧地方西部，北票（Beipiao）市の南方に位置する四合屯（Sihetun）の村近くでは，土地の農民の手で化石探しのために大規模な採掘が行われ，軟組織が保存された多種多様な化石の膨大なコレクションができつつある．

　Chaomidianzi 層（以前 Yixian 層下部とされていた．Chiappe *et al*., 1999 をみよ）はジュラ紀後期あるいは白亜紀前期の地層で，1994 年にこの層から嘴があり歯のない最初の鳥，*Confuciusornis sanctus*（孔子鳥）が発見されて有名になった（Hou *et al*, 1995）．そして 2 年後，さらに同じ層から羽毛に包まれた恐竜が発見され（Ji *et al*., 1999），その名はさらに知れわたった．

　ここの化石鳥類は，記載の済んだ少なくとも 8 属のほかに記載が待たれているはるかにたくさんの種類がある，という多様なもので，時代も明らかにゾルンホーフェンの始祖鳥に次ぐ古さのものである．これらの鳥化石にはみな羽毛が保存されていて，その鳥たちのさまざまな形態的特徴は，これらは始祖鳥に比べてより進歩した段階に達していたことを示している．たとえば *Confuciusornis* は，歯のない嘴をもち，中に骨の通った爬虫類的な尾はなく，また第 1 指（hallux）が後方を向いている（これは木に止まるための初期の適応である）．

　化石群の構成はきわめて多様で，淡水生の軟体動物（巻貝と二枚貝），貝形虫，ミジンコ，エビ，魚，カエル，カメ，トカゲ，翼竜，小型の哺乳類などがあり，それに鳥脚類のプシッタコサウルス科（Psittacosauridae）に属す恐竜，獣脚類のドロマエオサウルス類（dromaeosaurs）（たとえば *Sinornithosaurus*），テリジノサウルス類（therizinosaurs）（*Beipiaosaurus* など），および羽毛をもつ恐竜たち（*Sinosauropteryx*，*Caudipteryx*，*Protarchaeopteryx*），加えて *Confuciusornis* ほか数種類の鳥類を含む．そのうえ，ここにはトンボ，ナナフシ，チョウとガ，ラクダムシ，クサカゲロウ，ハエ，ウンカ，

バッタなど豊富な昆虫と，まれながらクモがおり，それにソテツ，イチョウ，球果植物，および被子植物がある．

Chaomidianzi層は3部層に細分され，いずれも薄層理の凝灰岩あるいは凝灰質の堆積岩からなる．各部層の詳細な年代はまだ明らかでない．貫入岩類の放射年代は白亜紀前期を示し，この年代は花粉分析でも，鳥脚類の恐竜 *Psittacosaurus* がいることでも支持される．だが，凝灰岩自体の放射年代も，翼竜で尾の長い嘴口竜類に入る *Rhamphorhynchus* の存在（Ji *et al.*, 1999）も，ジュラ紀最末期を指示している．

ここの層序は，河川環境から湖水へ移行し，その湖が埋積する，という過程を示している．その過程で，激しい火山活動と大量の火山灰の放出によって，大量死の事件がくり返し起こったと思われる．その規模はおそらく湖の生態系全体に影響するようなものであった（Viohl, 1997）．湖内，あるいは周辺の陸上からもたらされた死骸は湖底に沈み，死体を食べる動物も一緒に死んだため乱されることもなく，細かな火山灰に急速に埋められたものであろう．これらの仮説の検証に，詳細なタフォノミーの解析が待たれるが，挿話的にくり返される大量の細粒物質の堆積，というできごとは，バージェス頁岩の混濁流（第2章）やゾルンホーフェンの嵐時の堆積物（本章），そしてそれが堆積物に細かな葉理の形成される原因であったことを思い起こさせる．

遼寧地域とゾルンホーフェンの比較は興味深い．遼寧地域は淡水湖で礁湖ではなく，そのためゾルンホーフェンにあった豊富な海の動物たちは淡水の魚と無脊椎動物に置き換えられている．だが運び込まれた異地的な種類はびっくりするほど似ている．両者ともに鳥類，翼竜，小型の恐竜，カメとトカゲなど，また両者ともに多様な昆虫とイチョウおよび球果植物からなる植物が運び込まれた．被子植物はゾルンホーフェンの時代にはまだなかった．

参考文献

Barthel, K. W. 1964. Zur Entstehung der Solnhofener Plattenkalke (unteres Untertithon). *Mitteilungen der Bayerische Staatssammlung für Paläontologie und Historische Geologie* **4**, 37–69.

Barthel, K. W. 1970. On the deposition of the Solnhofen lithographic limestone (Lower Tithonian, Bavaria, Germany). *Neues Jahrbuch für Geologie und Paläontologie, Abhandlungen* **135**, 1–18.

Barthel, K. W. 1978. *Solnhofen: Ein Blick in die Erdgeschichte*. Ott Verlag, Thun, 393 pp.

Barthel, K. W., Swinburne, N. H. M. and Conway Morris, S. 1990. *Solnhofen; a study in Mesozoic palaeontology*. Cambridge University Press, Cambridge, x + 236 pp.

Chiappe, L. M., Ji, S., Ji Q. and Norell, M. A. 1999. Anatomy and systematics of the Confuciusornithidae (Theropoda: Aves) from the late Mesozoic of northeastern China. *Bulletin of the American Museum of Natural History* **242**, 1–89.

Feduccia, A. and Tordoff, H. B. 1979. Feathers of *Archaeopteryx*: asymmetric vanes indicate aerodynamic function. *Science* **203**, 1021–1022.

Frickhinger, K. A. 1994. *The fossils of Solnhofen*. Goldschneck-Verlag, Weidert, 336 pp.［フリックヒンガー著，小畠郁生監訳，2007，ゾルンホーフェン化石図譜I, II, 朝倉書店, 208pp, 180pp］

Hou, L.-H., Zhou, Z.-H., Gu, Y.-C. and Zhang, H. 1995. *Confuciusornis sanctus*, a new Late Jurassic sauriurine bird from China. *Chinese Scientific Bulletin* **40**, 1545–1551.

Ji, Q., Currie, P., Ji, S.-A. and Norell, M. A. 1999. Two feathered dinosaurs from northeastern China. *Nature* **393**, 753–761.

Ji, S.-A., Ji, Q. and Padian, K. 1999. Biostratigraphy of new pterosaurs from China. *Nature* **398**, 573–574.

Keupp, H. 1977a. Ultrafazies und Genese der Solnhofener Plattenkalke (Oberer Malm, Südliche Frankenalb). *Abhandlung der Naturhistorischen Gesellschaft Nürnberg* **37**.

Keupp, H. 1977b. Der Solnhofener Plattenkalk – ein Blaugrünalgen-Laminit. *Paläontologische Zeitschrift* **51**, 102–116.

Martin, L. D. 1985. The relationship of *Archaeopteryx* to other birds. 177–183. *In* Hecht, M. K., Ostrom, J. H., Viohl, G. and Wellnhofer, P. (eds.). *The beginnings of birds*. Proceedings of the International *Archaeopteryx* Conference, Eichstätt, 1984. 382 pp.

Meyer, H. von. 1861. *Archaeopteryx lithographica* (Vogel-Feder) und *Pterodactylus* von Solnhofen. *Neues Jahrbuch für Mineralogie, Geologie und Paläontologie* **1861**, 678–679.

Ostrom, J. H. 1974. *Archaeopteryx* and the origin of flight. *Quarterly Review of Biology* **49**, 27–47.

Ostrom, J. H. 1985. The meaning of *Archaeopteryx*. 161–176. *In* Hecht, M. K., Ostrom, J. H., Viohl, G. and Wellnhofer, P. (eds.). *The beginnings of birds*. Proceedings of the International *Archaeopteryx* Conference, Eichstätt, 1984. 382 pp.

Viohl, G. 1985. Geology of the Solnhofen lithographic limestone and the habitat of *Archaeopteryx*. 31–44. *In* Hecht, M. K., Ostrom, J. H., Viohl, G. and Wellnhofer, P. (eds.). *The beginnings of birds*. Proceedings of the International *Archaeopteryx* Conference, Eichstätt, 1984. 382 pp.

Viohl, G. 1996. The paleoenvironment of the Late Jurassic fishes from the southern Franconian Alb (Bavaria, Germany). 513–528. *In* Arratia, G. and Viohl, G. (eds.). *Mesozoic fishes – systematics and paleoecology*. Proceedings of the international meeting, Eichstätt, 1993. Dr Friedrich Pfeil Verlag, Munich, 576pp.

Viohl, G. 1997. Chinesische Vögel im Jura-Museum. *Archaeopteryx* **15**, 97–102.

Yalden, D. W. 1985. Forelimb function in *Archaeopteryx*. 91–97. *In* Hecht, M. K., Ostrom, J. H., Viohl, G. and Wellnhofer, P. (eds.). *The beginnings of birds*. Proceedings of the International *Archaeopteryx* Conference, Eichstätt, 1984. 382 pp.

サンタナ層とクラト層
The Santana and Crato Formations

Chapter Eleven

背景：超大陸パンゲアの分裂

　白亜紀に入ったとき，超大陸パンゲアは地下深くのマントルの動きが原因で分裂を続けていた．最初に北アメリカとヨーロッパが分離して北大西洋が開き，次いで白亜紀前期の末頃までに，南アメリカとアフリカが分離して南大西洋が出現した．同時にテチス海は拡大が西に移り，これによって北方の大陸が南方の大陸から分離することとなった．こうして陸橋（land bridge）や移動ルートが失われ，分離した大陸上の動植物が，それぞれ独立に分化することとなった．

　この時代，地球はその全歴史の中で最も暖かい時期であった．大気中にCO_2が多く，その温室効果によって温暖で乾燥した気候となった．極の氷冠が融解し，海面が上がって大陸上に海が氾濫し，大陸の広い地域が浅海（大陸海）となった．白亜紀前期末には，特に中央海嶺に沿って激しい火山活動が起こり，大洋底を押し上げ，海面をさらに上昇させた．この火山活動によって放出されたCO_2によって温室効果がさらに拡大した．

　ジュラ紀には大型爬虫類が，陸上（恐竜），海中（魚竜と長頸竜），また空中（翼竜），とそれぞれ繁栄し，他の動物たちを圧倒した（第8, 9, 10章）．この状態は白亜紀にも続いていた．だが，彼らが白亜紀/第三紀（K/T）境界で最終的に絶滅し去る前，白亜紀のうちに，これらのグループのいずれでも，著しい進化的革新が起こっていたのである．

　大陸の分裂の結果，恐竜の各グループは隔離され，分化を始めたのである．白亜紀になったばかりの頃には多くの恐竜（Iguanodon など）は北米とヨーロッパの間を移動することが可能であった．Iguanodon は白亜紀中頃まではヨーロッパでは引き続き繁栄していたが，北米においては優勢な鳥脚類（Ornithopoda, 二脚歩行の植食者）は Iguanodon から Tenontosaurus に交代した．ジュラ紀に繁栄を極めた（第9章をみよ）重厚な竜脚類（Sauropoda, 巨大な四脚の植食者）は，南米大陸では白亜紀にも相変わらず優占的であった．しかし北の大陸では，白亜紀になると巨大な竜脚類や剣竜類（骨板をもった恐竜）が急速に衰退し，その地位を受け継いだのは鳥盤類（Ornischia）の小型植食者であった．かれらは大きな群れをつくって，乾燥した白亜紀の風景の中を移動する生活を送っていた．この鳥盤類の中に鎧竜類（装甲をもった恐竜）とともに，最初の角竜類（角をもった恐竜，Psittacosaurus, Protoceratops, Triceratops など）がいた．また同じころ，イグアノドン類の中に，カモのような嘴をもった Maiasaura などのハドロサウルス類（hadrosaurs）の恐竜が現れた．

　肉食者の間では，アロサウルス類（allosaurs, 第9章をみよ）が衰退を始め，そのニッチは，Tyrannosaurus などの巨大な獣脚類と，小型の捕食者，Deinonychus や Velociraptor，ダチョウに似た Ornithomimus などに取って代わられた．

　水中における支配的な捕食者は，巨大な海のトカゲ，モササウルス類（mosasaurs）が，ジュラ紀における魚竜にとって代わった．長頸竜は巨大なウミガメとともに繁栄を続けたが，海生のワニは白亜紀の初めのうちに姿を消した．魚類は急速に進化した．より原始的なジュラ紀の全骨類（Holostei）は次第に真骨類（Teleostei）に置き換わり，白亜紀の終わりまでにほとんどの全骨魚類は姿を消してしまった．初期の真骨魚類は原始的でニシン形とサケ形をした祖先がいた．古代型のサメ，ヒボダス類（hybodus）の最後の出現は白亜紀であった．その進化した子孫のサメは種類が多く，多くの現生のタイプを含んでいる．ガンギエイとエイも白亜紀に現代の状態に達した．Mawsonia は最後の化石シーラカンスで，1938年の現生シーラカンス発見までは，このグループの最後の代表者であると思われていた．

　空中では，ジュラ紀に優勢であった原始的で尾の長い

109

嘴口竜（Rhamphorhynchoidea）が，白亜紀には尾の短い翼指竜（Pterodactyloidea）に置き換わった．翼指竜のあるものは翼幅15mもあり，翼竜の進化の頂点にあった．しかし，白亜紀の初めから，空路は競争者である鳥と分けあわなくてはならなくなった．鳥はジュラ紀後期ないし白亜紀最前期に羽毛のある恐竜から分かれて発達した．最初，鳥は湖水のほとりに棲んでいたようであったが，翼竜に比べて適応性に優れた彼らは，すぐにさまざまな生息場所に広がっていった．

いろいろなできごとがあったが，中生代における最も重要な進化上の事件が，被子植物，すなわち顕花植物*の出現であることはまず間違いない．被子植物は食み歩く動物たちに対する自衛のため，速く育ち速く増殖するという新しい戦略を発達させた．白亜紀の間に花は次第に昆虫との関係を深めていった．花は保護されている胚珠に花粉が確かに届くという保証がほしい．そこで花は昆虫を引きつけるために蜜を生産しはじめた．昆虫は余分な花粉を一つの植物から他へ運ぶ．被子植物は白亜紀前期の最末期に爆発的に増え，昆虫はそれと平行して急速に分化した．こうして白亜紀の空は，空飛ぶ爬虫類，鳥，および昆虫でいっぱいになっていた．

*：ふつう顕花植物に裸子植物と被子植物を含めるが，被子植物だけを指す場合もある．

この革新的な進化の起こった時期，白亜紀の動物群や植物群に関するわれわれの知識の多くが，世界で最も豊富な化石の産地の一つ，ブラジル北東部のセアラー（Ceará）州の産地から得られたものである（図193）．ここでは700mの厚さの主として白亜紀前期の地層のなかに，1つではなく2つの別のラガシュテッテンが認められる．最近の層序の再検討によって，それぞれサンタナ層（Santana Formation），クラト層（Crato Formation）と別の名でよばれるようになった．

この2つのラガシュテッテンでは，軟組織はまったく異なる機構によって保存されており，このことから白亜紀前期のいろいろなタイプの化石群について新しい見通しが得られた．サンタナ層では，さまざまな魚類，驚異的な大きさの翼竜や恐竜，その他の爬虫類などの化石が，すべて石灰岩のノジュール中に含まれている．一方，クラト層では世界中で最も注目すべき白亜紀の昆虫化石群が，多様な組成の裸子植物，初期の被子植物，魚類など，あるいはまれながら爬虫類や両生類などとともに，ゾルンホーフェンのPlattenkalk（第10章）に似たミクライト質石灰岩中に保存されている．

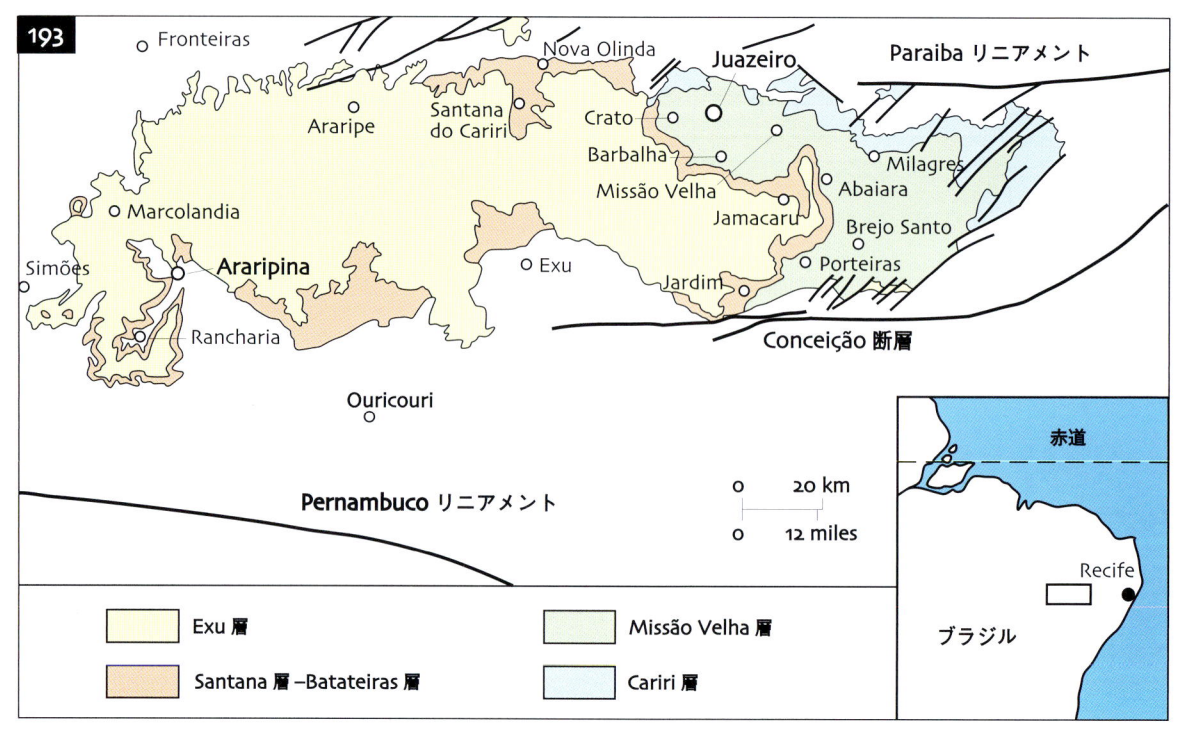

図193 ブラジル東北部，Araripe盆地の地質と集落を示す．2つのリニアメントに挟まれた堆積盆地（現在は台地としく残っている）．（Martill, 1993による）

Chapter Eleven — サンタナ層とクラト層

サンタナ・クラト両層発見の歴史

サンタナ層の驚異的な化石の発見は，19世紀初頭のナポレオンによるポルトガル帝国崩壊にまで遡る．帝国崩壊によってポルトガルの新しい関心はブラジルの開発に向けられることとなった．ブラジルの最初のポルトガル人帝王，Don Pedro はオーストリアの皇女と結婚し，そのためオーストリアやバイエルンから科学者や哲学者がブラジルにやってくるようになった．

1817年と1820年にドイツ人のナチュラリストでミュンヘン学士院の Johann Baptist von Spix および Carl Friedrich Philipp von Martius の2人がブラジル各地を探検し，北東部のセアラー（Ceará）州で，のちにサンタナ層産として記述されるようになった魚化石を含む石灰質ノジュールに出くわしたのである．彼らの報告書は1823年から1831年までの間に出版された．これにはサンタナ層の魚化石の最初の図が掲載されている．

化石は Chapada do Araripe とよばれる標高800mほどの頂上が平坦な台地の麓に露出する地層から発見される．この Chapada は古代の堆積盆地 Araripe Basin が侵食され残ったもので，東西方向に伸び，北方にセアラー州をまたいで続き，南方のペルナンブコ（Pernambuco）州に延びる（図193）．

1836〜41年に英国グラスゴウの植物学者 George Gardner がこの地域を再び訪れた．Gardner の著書 "Travels in the interior of Brazil"（1846）には，丸い石灰岩から産した魚化石のコレクションについて彼の興味深い記述がある．コレクションは英国に送られ，グラスゴウの英国協会の席上で展示された．高名な古生物学者の Louis Agassiz がこの展示を見て，その7種を記載命名し，その地質時代を白亜紀であるとした（Agassiz, 1841; Gardner, 1841）．

Jordan and Branner による1908年出版のモノグラフはこのサンタナの魚類に関する最初の主要な古生物学的研究であった．1913年には Small が Araripe 堆積盆地の層序について最初の見解を発表，サンタナ（Sant'Ana）石灰岩という名称を提唱した．もっと後の Beurlen (1962) による層序の総括では，サンタナ層を三分し，下部は頁岩と葉理の発達した石灰岩（植物と昆虫化石を含む）の Crato 部層，上部は特徴的な魚の化石のノジュールを含む Romualdo 部層で，中間に蒸発岩の Ipubi 部層がある．

この白亜系の層序区分については論争がくり返されてきた．しかし，サンタナ層を従来ロムアルド（Romualdo）部層とよんでいたノジュールを含む部分に限定し，イプビ（Ipubi）とクラト（Crato）の両部層を層に昇格する（図194）という Martill (1993) の提案が受け入れやすいようにみえる．

近ごろでは，狭義のサンタナ層から，よく知られた魚化石のほかに，ワニ，カメ，恐竜，それに驚異的な巨大翼竜などの化石爬虫類が，いずれもノジュールの中から

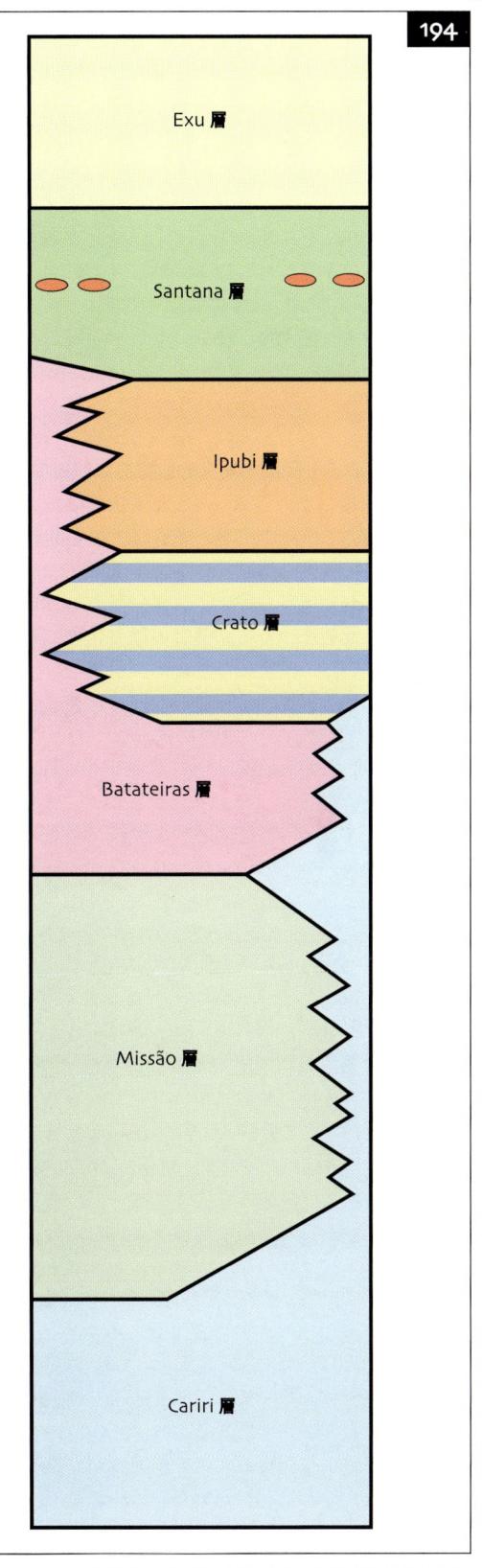

図194 Araripe 盆地の中生界の層序を示すダイアグラアム（Martill, 1993 による）．

発見されるようになった．ノジュールは農民たちが「採掘」している（図195〜198）．ことに Santana do Cariri 近郊の Cancau や Jardim の村で盛んで，ブラジルでは化石の売買は非合法であるにもかかわらず，発掘品は土地の化石仲買人に安く売られている．

クラト層の石灰岩から産するすばらしい昆虫と植物は，ごく最近，1980年代になってよく知られるようになった（Grimaldi, 1990 をみよ）．化石のほとんどは労働者，多くは子供たち，が見つけている．彼らは装飾用の敷石にするため，Nova Olinda の村の周辺で板状の石灰岩を手で掘り出している（図199, 200）．サンタナ層・クラト層産の化石は Maisey (1991) の著書 "*Santana Fossils*" に美しい図が多い．

サンタナ・クラト両層の層序的位置およびタフォノミー

両層が堆積している Araripe 堆積盆地は断層で境された内陸盆地*で，その出現と変遷は，白亜紀前期における南大西洋の拡大（これによって南米とアフリカが分離した）とそれに伴うリフティングに関連している．ブラジルの大陸地殻をつくる結晶質の原生代層は多くの断層で切られている．断層の多くはパンゲアの分裂のときに再び活動して，沿岸およびこの内陸の堆積盆地を出現させた．Araripe 盆地は，東西に走る2つのリニアメント（Paraiba および Pernambuco リニアメント，Martill, 1993, 挿図2.2, 2.3, 2.4 をみよ）に挟まれている．両リニアメントはトランスフォーム断層として大西洋中央海嶺を横切って追跡され，対岸の中央アフリカ西部の断層帯に対応している．

*：オーラコジン（aulacogene，大陸の基盤岩を切る大きな断層で限られ，厚い地層で埋積された帯状の凹地）の一つ．

この堆積盆の侵食され残った部分はその後隆起して，東西に続く幅200kmの台地，Chapada do Araripe をつくった．ここは水平な白亜系（それにおそらくジュラ系も）が原生代〜古生代の基盤岩類の上に不整合で重なっている（図193）．先に述べたように Araripe 盆地の層序については多くの議論があったが，Martill (1993) が示した全体を7つの層に区分するという枠組みが，従来の研究者が無視していた複雑な指交関係を表現していて合理的だと思われる．

Martill (1993) は上部の4層をまとめて Araripe 層群とした．この部分にすべての重要な含化石層がふくまれる．Araripe 層群の最下部，クラト層は，約30mの薄い葉理のあるミクライト質石灰岩（Plattenkalk）からなる．この層は3部層からなり，基底部の Nova Olinda 部層からは保存のよい昆虫や植物の化石を産する．クラト層の上には Ipubi 層が重なる．これは厚さ20m以下，主として石膏からなる成層した蒸発岩層で，化石はない．

蒸発岩層の上位にサンタナ層が重なる．これは非河川性デルタ相のシルト・砂岩からなり，上方に含化石ノジュールを含む緑灰色で葉理のある頁岩に変わる．ノジュール層準より上のサンタナ層は頁岩と石灰岩からなり，巻貝やまれにウニを含む．最上位の Exu 層は，厚さ75mの粗い斜交葉理のある砂岩である．これが侵食に抵抗する水平な帽岩となって Chapada Plateau をつくっていて，下位の地層はいずれも台地の斜面に露出する．

下部白亜系の2つのラガシュテッテン，クラト・サンタナ両層の詳細な年代はまだ定まっていない．それは一部には多くの化石が土地の人によって発掘され，正確な産出位置が記録されていないことによる．クラト層の花粉分析の予備的な結果によると，この層は白亜系下部，Aptian 上部から Albian 下部と考えられるという．サンタナ層はおそらく Albian であろう．

サンタナ・クラトの2つの化石群は，年代が似ているのに軟組織の保存のメカニズムは全く違う．クラト層では昆虫の保存は全く例外的にすばらしいもので，微細な構造の細部や体色のパターンまで残っている（Martill and Frey, 1995）．走査型電子顕微鏡でみると複眼の個眼面（eye facet）やクチクラ上の細毛もみえる．ほとんどの植物も昆虫も黄鉄鉱化し，酸化してゲーサイト（FeO(OH), 針鉄鉱）に変わっている．元の炭素は残っていない．

クラト層の Plattenkalk が堆積した環境は，内陸盆地に出現した淡水湖であったと一般に考えられている．その湖の塩分は，乾燥気候のため次第に上昇しており，塩分で成層している水，あるいは酸素不足の状態で停滞している底層水が発達するようになった．そのため生物はおそらくまったく棲めなかった．せいぜい流入河川の河口付近で湖岸に近いところに出現する舌状の淡水域が生息可能であっただろう．小型の淡水魚 *Dastilbe* はそんな環境に棲んでいたのではないか．この魚はふつう膨大な数が密集して化石化していて，水が混合して急激に塩分が上昇した結果の大量死，を想像させる．薄層理の発達した Plattenkalk には一般に底生動物がおらず，生物擾乱の証拠もない．だが，湖底にはシアノバクテリア・マットが存在したらしいことは，層理面上の微細な漣痕から想像され，それは同時に食べ歩き動物がいなかったことを示している．植物，昆虫，羽毛，それにまれに四肢動物の遺骸，などは川で運ばれ，あるいは風で飛ばされて湖に流入したものにちがいない．したがってクラト層ラガシュテッテの動植物は大多数が異地的と考えるべきである．これは，第10章で述べたジュラ紀後期のゾルンホーフェン Plattenkalk の場合と似ている．もっともクラト層の場合には，急速な埋没を示す証拠もそのメカニズムも存在しない．

サンタナ層のノジュール中での軟組織の保存はまた非常に違っていて，おそらく他に類例をみないものであろう．Martill (1988, 1989) は，デリケートなエラ，筋肉，胃，卵（図201），といった器官や組織が見事に保存されているのは，急速な埋没によるのではなく，急速な化石化，おそらく瞬間的な化石化によるものであろうと論じた．

サンタナ層が堆積を始める前，塩湖が干上がって蒸発

Chapter Eleven—サンタナ層とクラト層

図 195　北東ブラジル，セアラー州，Chapada do Araripe の風景，Jardim 付近．

図 196　サンタナ層の"魚鉱山"，Jardim 付近（図 195 をみよ）．

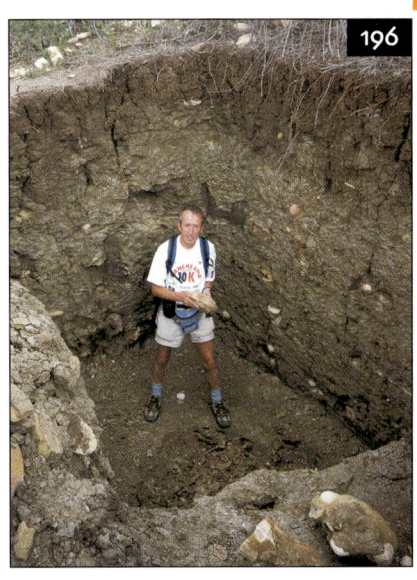

図 197　放棄された魚化石の屑，Jardim 付近の"魚鉱山"（図 196 を参照）．

図 198　サンタナ層から出た化石魚をかざす"漁夫"．ブラジル北東部，セアラー州，Chapada do Araripe の Santana do Cariri 近郊の Cancau にて．

図 199　Chapada do Araripe の Nova Olinda 付近における葉理のあるクラト層石灰岩を手掘りで採掘している．

図 200　クラト層の石灰岩から掘り出した装飾用敷石の集積場．Nova Olinda 付近の石集積場．

岩のIpubi層が堆積し，その後に海進が起こった．膨大な数の魚が，大量死のイベントが起こる前，汽水であったこの海盆に外洋から移り棲んだ．Martill (1988, 1989) は底層水が高塩分になっており，そこで塩分躍層（halocline）が浅い方に上昇することで大量死が起こった（同じことは温度の急上昇や藻類の大増殖でも起こる）であろうことを示唆した．この魚たちは炭酸カルシウムのノジュール中に保存されているが，特記すべきことに，軟組織自体は燐酸カルシウム（隠微晶質のフランコライト）として保存されているのである．Martill (1988, 1989) は，大量死の分解が始まったときに出現するであろう酸素が欠乏した低 pH（酸性）の環境で，フランコライトの沈殿が促進されることを示した．

走査型電顕を用いて Martill (1988, 1989) は燐酸塩化した組織を観察し，横紋のある筋繊維とその細胞核，二次的鰓弁をもつ鰓の破片，胃壁，卵のはいった卵巣，などを認めた．彼の観察によれば，新鮮なマスの鰓の組織は死後5時間経たないうちにバクテリアに感染して分解しはじめ，1週間経たないうちに完全に姿を消してしまった．それで，彼はサンタナ層の魚の燐酸塩化は死後1時間以内に始まった，と結論し，これを"Medusa Effect*"とよんだ．この燐酸はバクテリアが死骸のタンパクを消化して生産するものなので，化石化が始まるには分解が始まる必要がある．

*：ギリシャ神話中の，見たものを石に変える怪物メドゥサから．

この驚くべき保存作用の次の段階は，燐酸塩化した魚がつぶれないで立体的に保存されるために，埋没後それを核として急速に炭酸塩ノジュールが形成される段階である．有機物の周囲では，はじめ，酸素が乏しくpHが低いという燐酸塩の沈殿に好適な状態にあったと思われる．だが，pHが低い環境では炭酸カルシウムはふつう水に溶けている．これが沈殿を起こすためには死骸の周囲でpHが局所的に上昇する必要がある（おそらく遺骸からアンモニアが放出されるためではないか？）．Martill (1988) も Maisey (1991) もともに，推定上のシアノバクテリア・マット，あるいは海底に溜まったゴミの層，がこの過程で重要な役割を果たしていることを強調している．同じことは，エディアカラ（1章），ボルツィア砂岩（7章），ホルツマーデン頁岩（8章），ゾルンホーフェン石灰岩（10章）でも示唆されていることである．

変動するpHと，燐酸カルシウムから炭酸カルシウムへの連続的沈殿という同じ機構によって，連結したままの貝形虫の付属肢や，翼竜のデリケートな翼の膜や，他の爬虫類の同じような構造などが保存されている．

サンタナ層とクラト層の化石群
クラト層

昆虫およびその他の節足動物：この化石群は，世界で最も大きく最も多様な白亜紀の昆虫化石群で，水生，半水生，陸生の昆虫を含んでいる（Grimaldi, 1990 をみよ）．科のレベルでみるとその組成は基本的には現代的で，カゲロウ，イトトンボ，トンボ（およびこれらの幼生），ゴキブリとシロアリ，イナゴ，コオロギ，バッタ，ハサミムシ，ヨコバイ，カメムシ，タガメ，クサカゲロウ，ラクダムシ，甲虫，コクゾウムシ，トビケラ，ハエ，ハチなどである（図202〜205）．科より下の分類群にはまだ記載されていない無数の新しい種類がいる．このほかの陸生節足動物に，サソリ（図206）およびムチサソリ，クモ（図207），無翅昆虫のハサミコムシ，ダニ類のヒヨケムシ，ムカデなどがあり，これらの多くは未記載の新種である（文献は Wilson and Martill, 2001 をみよ）．まれに見つかるカニ類の化石で節足動物群のリストが完成する．

植物：裸子植物ではレバキア目の球果植物 *Cheirolepis* 類の若い枝や破片がどこにもふつうに出る．重要なのは初期の被子植物（図208）で，夥しい量の花，種子，果実，葉，根，などがあるが，これらは最近になって記載が始まったばかりで（たとえば Mohr and Friis,

図201　硬骨魚 *Notelops brama* の筋組織を示す（図215の部分拡大）．

図202　バッタ目キリギリス類の昆虫（PC）．触角も含めた体長60mm.

Chapter Eleven—サンタナ層とクラト層

図203 ヨコバイ（PC）．体長20mm.

図204 トンボ（SMC）．翼幅150mm.

図205 ガ（SMC）．翼幅およそ190mm.

図206 サソリ（MM）．全長21mm.

図207 Dipluridae科のクモ（HMB）．腹部の出糸突起を含めて体長15mm.

図208 被子植物のTrifurcatia flabellata（HMB）．高さ115mm.

2000)，多くの新しい種類が記載されるのを待っている．

魚　類：ネズミギス類（Gonorhynchiformes）の*Dastilbe elongatus*がきわめて多く（図209），しばしば一つの層理面に数個体も密集している（Davis and Martill, 1999）．ネズミギス類には現生のサバヒー（*Chanos chanos*）が含まれる．これはコイ，ミノウ，ナマズなどの姉妹グループである．

翼　竜：最近，クラト層で最初の翼竜が発見された．あるものには軟組織も保存されている．Frey and Martill (1994) は翼指竜で，翼幅4m，オルニトケイルス科の*Arthurdactylus*を記載した．一方 Campos and Kellner (1997) はタペヤラ科（Tapejaridae）の翼指竜で，軟組織からなるトサカをもつ完全な標本を発見している（図210）．

その他：まれではあるが重要な化石に，若いカエル（Maisey, 1991），ときどき見つかる羽毛（Maisey, 1991; Martill and Filgueira, 1994），トカゲ，カメ（軟組織も保存）などがある．最近，羽毛をもった鳥まで発見されたようで，記載が待たれている（Martill, 2001）．

サンタナ層

魚　類：非常に保存のよい，しばしば魚の形をしたノジュール中に入ったサンタナ層の魚化石が，何年も前から世界中で商売人から手に入れることができるようになっていた．化石は膨大な数が産出し，20以上の種類が知られる．最も多いのは条鰭類である．*Vinctifer*は体型が長く，パイク［カワカマス］形で，体側面に並ぶ長く厚い鱗と長く伸びた吻で容易にこれとわかる（図211, 212）．これはしばしば背を弧状に曲げた状態で発見されるが，この姿勢は死んだとき組織の脱水が起こっていることを思わせる．ネズミギス類の*Tharrhias*はクラト層の*Dastilbe*と系統的に関係がある魚で，しばしば数匹が一つのノジュールに含まれている．その他ふつうに産するのは，細い紡錘形で鼻先の非常に鋭い*Rhacolepis*（図214），およびこれと系統の近い*Proscinetes*である（図201, 215）．*Proscinetes*はピクノドン目の特徴的な形態で，より原始的な全骨類に属し，扇形のひれをもつ条鰭類の魚である（図216）．

図209　ネズミギス類の*Dastilbe elongates*（PC）．長さ40mm．

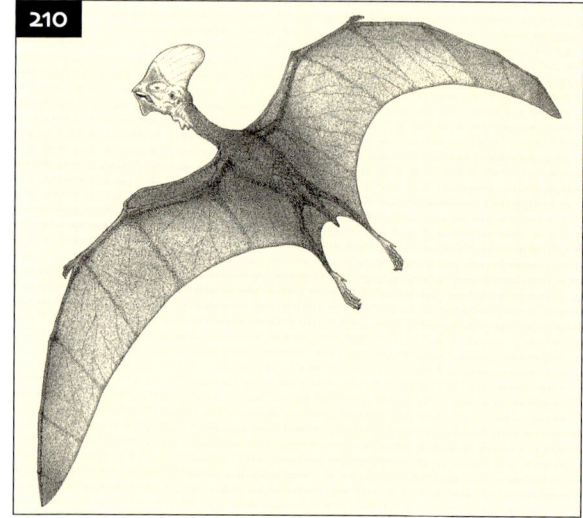

図210　タペヤラ科（Tapejaridae）の翼指竜の復元図．

Chapter Eleven — サンタナ層とクラト層

図 211　真骨類の *Vinctifer comptoni*. 細長く伸びた体側面の鱗と鋭く伸びた吻がある（PC）. 元の長さは 600mm.

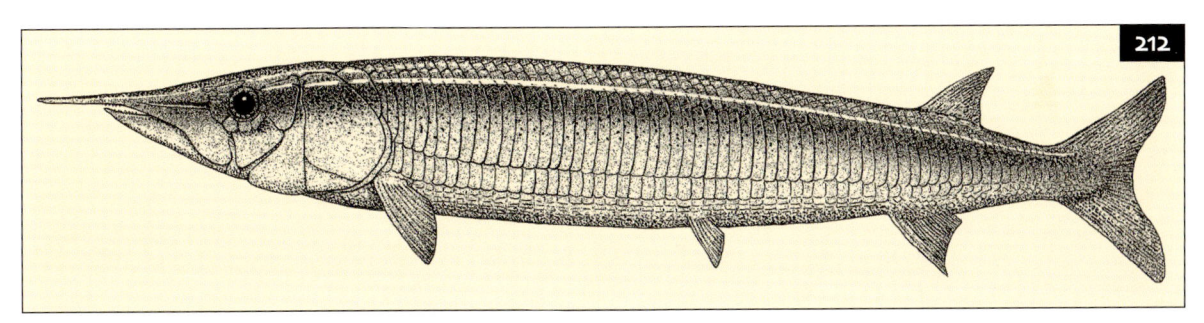

図 212　*Vinctifer* の復元図.

図 213　真骨類の *Tharrhias araripis*（PC）. ノジュールの長さ 780mm.

図 214　真骨類の *Rhacolepis buccalis*（CFM）. ノジュールの長さ 205mm.

図 215　真骨類の *Notelops brama*. 軟組織である筋繊維が保存されている様子. ノジュールの長さ 330mm. 図 201 の全体を示す.

図 216　ピクノドン類の *Proscinetes* sp.（PC）.

肉鰭類には *Mawsonia* と *Axelrodichthys* の 2 種類のシーラカンスがいる．これはサンタナ層から知られる魚のうちで最大で，3m を越える．軟骨魚ではエイの *Rhinobatos* と，ヒボーダス類の *Tribodus* が，その特徴である棘のある 2 つの背びれによって識別されている．

翼　竜：近年，数個体の保存のよい翼竜が記載され，ある個体には翼膜が残っていた（たとえば Martill and Unwin，1989）．これらはすべて尾のない翼指竜で，ほとんどが翼幅 5m を越える大型のものであり，多くの個体に奇怪な "とさか"（crest）がある（図 217）．サンタナ層産の翼竜（*Santanadactylus*，*Araripesaurus*，*Cearadactylus*，*Brasileodactylus*，*Anhanguera* など），が，英国の Greensand 産の翼竜と系統的に関係があるか，それとも別のグループか，議論がある．

恐　竜：近年，獣脚類に属す数々の恐竜が記載されている．まず，スピノサウルス科（Spinosauridae）の 2 種類の不完全な頭骨がある．すなわち *Angaturama*（Kellner，1996）および *Irritator*（Martill *et al.*，1996）で，後者は異様な "トサカ" をもった大型の魚食恐竜である（図 218）．次に，おそらくオビラプトサウルス類（Oviraptosaurs）のものと思われる複合仙骨（synsacrum）（Frey and Martill，1995），および小型のコエルロサウルス群（Coelurosauria）の 2 種類がある．コエルロサウルスのうち *Santanaraptor* は座骨，後肢骨，尾椎骨が知られ，皮膚の一部と筋繊維が残っている（Kellner，1996，1999）．もう一つは，コンプソグナサス科（Compsognathidae）の可能性がある腰帯（pelvic girdle），仙骨，後肢の一部，などで，軟組織の消化管や恥骨後方の気嚢が残っている（Martill *et al.*，2000）．

その他の爬虫類：その他の四肢爬虫類にはペロメデュサ科（Pelomedusidae）に属する 2 属のカメ（これは頭を横に曲げて引っ込める曲頸類（Pleurodira）のうちで最古のもの），2 種類のワニ（陸生のノトスクス科（Notosuchidae）と水生のトレマトカンプス科（Trematochampsidae）に属す）がある．ノトスクス科 *Araripesuchus* 属のワニは西アフリカにも知られていて，この系統が生まれた後も，西アフリカと南米との間で陸地が連続していたことの証拠となっている．

無脊椎動物：貝形虫を別にすれば無脊椎動物は少ない．しかし，小型のエビ，巻貝，二枚貝がいる．2 種類の歪形ウニの記載があるが，まれである．ここには，アンモノイド，ベレムナイト（矢石），オウムガイがいない．サンゴ，ウミユリ，腕足動物もいない．

図 217　*Anhanguera* の復元図．

Chapter Eleven — サンタナ層とクラト層

サンタナ層・クラト層の古生態

クラト層の Plattenkalk は浅い，水が停滞する淡水湖の堆積物で，そこでは塩分が次第に上昇し，三角州近くの淡水域にまれに甲殻類と小型の魚 Dastilbe が棲むほかは，動物が生息できないところになった．湖岸はよく繁茂した植生に覆われ，その間にさまざまな水生，半水生，陸生の昆虫，クモが生息しており，それらはトカゲやカエル，サソリの豊富な食料源となっていた．これらはいずれも流されたり吹き飛ばされたりして湖に運ばれ，化石群の異地的要素となった．まれながら，湖の上を飛んでいた鳥や翼竜も同様であった．

サンタナ層の魚化石群の解釈は簡単でない．完全な淡水，完全な海水，河口域に棲む海の動物群，など，いろいろに記述されてきた．Martill (1988) は棘皮動物が産することを海だとする根拠にあげた．しかし，Maisey (1991) はこれが魚を含むノジュールの層準より上の地層から産したものであることを示し，完全な海の状態になったのはずっと後だったと考えた．この化石群に正常な海の動物（たとえばアンモノイド，サンゴ，腕足動物など）が欠けていることはこの見方を支持する．

サンタナ層産の魚類のほとんどはここに固有の種である．それらが含まれる科で既知のものはふつうは海生なのだが，いずれの科も中にいくつか淡水種を含んでいる．このような相反する情報のため，多くの研究者が"準海水 (quasi-marine) の動物群"とか"たぶん汽水の動物群"などと記述してきた．この点はさらに調査が必要である．

サンタナ層には互いに組成がはっきり異なる化石群が少なくとも3つ認められる（Maisey, 1991）．それぞれ独特の岩質のノジュールに含まれており，それぞれ3つの別の産地を代表し，産地の名でよばれている．"Santana" では，ノジュールはふつう小型で楕円形，中にある魚の形を反映していない．魚化石は Tharrhias が多く，Brannerion, Araripelepidotes, Calamopleurus がふつうに産出，Cladocyclus, Axelrodichthys, Vinctifer, Rhinobatos はまれである．

"Jardim" のノジュールは大きく扁平で，その形は魚の外形を反映している（図 216）．大型の Rhacolepis と Vinctifer が多い．Brannerion, Araripelepidotes, Cladocyclus, Calamopleurus, Axelrodichthys, Rhinobatos がふつうに産出，Mawsonia と Tharrhias はまれで，カメと翼竜がまれに産出する．ここは海岸から離れていて，砂/泥質，無酸素の海底であったとされる．

"Old Mission"（Missão Velha に由来）でもノジュールは大きく，だが板状というより厚みがあり，魚の外形を反映していない．Rhacolepis と Vinctifer が多く，Brannerion はふつう，Araripichthys, Calamopleurus, Cladocyclus はまれである．陸生・水生の爬虫類は産出せず，水深の大きい外洋で海底が無酸素の泥に覆われている場所であった．

この3化石群にはいずれも遠洋性の動物，主に魚，が多いのだが，重要なことは遠洋性の無脊椎動物，頭足類などが欠けている点である．さらに，半水生の爬虫類（ワニとカメ）はいるが，魚竜などの完全な海の爬虫類がいない．表在性底生の軟体動物（二枚貝，巻貝）や，まれにウニも産出するが，だがその他の表在性底生動物，サンゴ，ウミユリ，腕足動物などがいない．Maisey (1991) は，底生性の無脊椎動物は偶発的に流れ込んだものだと考えた．彼の結論は，ここは次第に陸化しつつある浅い湾入で，周期的に海の侵入が起こって水が混合している場所であった，という．

図 218　スピノサウルス科の恐竜 Irritator challengeri. 偽造された吻部をもつ．頭骨の本当の長さは 800mm と推定される．

サンタナ層・クラト層と他の白亜紀化石群の比較
スペイン，カタロニアのシエラ・デ・モンチェック

Plattenkalk 相は白亜紀にも数カ所に知られ，その中には軟組織まで保存された化石群を産するところが多いが，サンタナ層とクラト層の群集は独特で，同様のものは他のどこにも発見されていない．だがいくつかの化石群は両層と比較できるものがあり，なかでもシエラ・デ・モンチェック（Sierra de Montsech）のラガシュテッテ以上に似ているものは知られていない．これはスペイン，カタロニア地方 Lleida 州のピレネー山脈南麓に露出している（Martinez-Delclòs, 1991）．

モンチェックには，サンタナ層・クラト層と同様，この産地に固有の種が多い．だが，高次の分類群で比較すると両者の化石群には共通点がみえてくる．モンチェックはサンタナ・クラト両層より少し古く，白亜紀初頭の Berriasian から Valanginian である．魚が多く，少なくとも 16 属は知られ，そのほとんどは汽水性の条鰭類で，シーラカンス（肉鰭類）1 種とサメ（軟骨魚類）2 種を伴う．また，ここにもまれながらカエルとワニがいるが，目立つのは，カメ，翼竜，恐竜がいないことである．ほかに鳥の羽毛が知られている（骨格の破片も 1 個出ている）．また豊富な昆虫化石群が知られ，クモ，貝形虫，カニ類，二枚貝と巻貝，それに保存のよい植物を伴う．植物の中には不確かながら被子植物が含まれている．

この Plattenkalk は岩質的には細かい葉理のある石灰岩であるが，均質でなく，ワッケストーン，パックストーン，バイオクラストを含む石灰質角礫岩などがあって，堆積場所に斜面があり地滑りが起こったことを示唆する．この地層は湖成層で，化石動物の多くは原地的で，その堆積盆地内に生活していたもの，と解釈されている．生痕と糞石はいくつかの層準でふつうに見つかる．しかし，乱されていない薄葉理の石灰岩層が厚く，底生動物がいないことからみて，湖の深い部分は無酸素の状態であったと考えられる．

参考文献

Agassiz, L. 1841. On the fossil fishes found by Mr. Gardner in the Province of Ceará, in the north of Brazil. *Edinburgh New Philosophical Journal* **30**, 82–84.

Beurlen, K. 1962. A geologia da Chapada do Araripe. *Anais da Academia Brasileira de Ciências* **34**, 365–370.

Campos, D. and Kellner, A. W. A. 1997. Short note on the first occurrence of Tapejaridae in the Crato Member (Aptian), Santana Formation, Araripe Basin, Northeast Brazil. *Anais da Academia Brasileira de Ciências* **69**, 83–87.

Davis, S. P. and Martill, D. M. 1999. The gonorynchiform fish *Dastilbe* from the Lower Cretaceous of Brazil. *Palaeontology* **42**, 715–740.

Frey, E. and Martill, D. M. 1994. A new pterosaur from the Crato Formation (Lower Cretaceous, Aptian) of Brazil. *Neues Jahrbuch für Geologie und Paläontologie, Abhandlungen* **1994**, 379–412.

Frey, E. and Martill, D. M. 1995. A possible oviraptorsaurid theropod from the Santana Formation (Lower Cretaceous, ?Albian) of Brazil. *Neues Jahrbuch für Geologie und Paläontologie, Monatshefte* **1995**, 397–412.

Gardner, G. 1841. Geological notes made during a journey from the coast into the interior of the Province of Ceará, in the north of Brazil, embracing an account of a deposit of fossil fishes. *Edinburgh New Philosophical Journal* **30**, 75–82.

Gardner, G. 1846. *Travels in the interior of Brazil, principally through the northern provinces*. Reeve, Benham and Reeve, London, xvi + 562 pp. (Reprinted AMS Press, New York, 1970.)

Grimaldi, D. A. 1990. Insects from the Santana Formation, Lower Cretaceous of Brazil. *Bulletin of the American Museum of Natural History* **195**, 1–191.

Jordan, D. S. and Branner, J. C. 1908. The Cretaceous fishes of Ceará, Brazil. *Smithsonian Miscellaneous Collections* **25**, 1–29.

Kellner, A. W. A. 1996. Remarks on Brazilian dinosaurs. *Memoirs of the Queensland Museum* **39**, 611–626.

Kellner, A. W. A. 1999. Short note on a new dinosaur (Theropoda, Coelurosauria) from the Santana Formation (Romualdo Member, Albian), Northeastern Brazil. *Boletim do Museu Nacional, Geologia* **49**, 1–8.

Maisey, J. G. 1991. *Santana fossils: an illustrated atlas*. T. F. H. Publications, New Jersey, 459 pp.

Martill, D. M. 1988. Preservation of fish in the Cretaceous Santana Formation of Brazil. *Palaeontology* **31**, 1–18.

Martill, D. M. 1989. The Medusa effect: instantaneous fossilization. *Geology Today* **5**, 201–205.

Martill, D. M. 1993. *Fossils of the Santana and Crato Formations, Brazil*. (Field Guide to Fossils No.5). The Palaeontological Association, London, 159 pp.

Martill, D. M. 2001. The trade in Brazilian fossils: one palaeontologist's perspective. *The Geological Curator* **7**, 211–218.

Martill, D. M., Cruickshank, A. R. I., Frey, E., Small, P. G. and Clarke, M. 1996. A new crested maniraptoran dinosaur from the Santana Formation (Lower Cretaceous) of Brazil. *Journal of the Geological Society of London* **153**, 5–8.

Martill, D. M. and Filgueira, J. B. M. 1994. A new feather from the Lower Cretaceous of Brazil. *Palaeontology* **37**, 483–487.

Martill, D. M. and Frey, E. 1995. Colour patterning preserved in Lower Cretaceous birds and insects: the Crato Formation of N. E. Brazil. *Neues Jahrbuch für Geologie und Paläontologie, Monatshefte* **1995**, 118–128.

Martill, D. M., Frey, E., Sues, H. D. and Cruickshank, A. R. I. 2000. Skeletal remains of a small theropod dinosaur with associated soft structures from the Lower Cretaceous Santana Formation of northeastern Brazil. *Canadian Journal of Earth Sciences* **37**, 891–900.

Martill, D. M. and Unwin, D. M. 1989. Exceptionally well preserved pterosaur wing membrane from the Cretaceous of Brazil. *Nature* **340**, 138–140.

Martínez-Delclòs, X. 1991. *Les calcàries litogràfiques del Cretaci inferior del Montsec. Deu anys de campanyes paleontològiques*. Institut d'Estudis Ilerdencs, 162 + 106 pp.

Mohr, B. A. R. and Friis, E. M. 2000. Early angiosperms from the Lower Cretaceous Crato Formation (Brazil), a preliminary report. *International Journal of Plant Science* **161**, 155–167.

Small, H. 1913. Geologia e suprimento de água subterrânea no Ceará e parte do Piauí. *Inspectorat Obras contra Secas, Series Geologia* **25**, 1–180.

Spix, J. B. von and Martius, C. F. P. 1823–1831. *Reise in Brasilien*. Munich, 1388pp.

Wilson, H. M. and Martill, D. M. 2001. A new japygid dipluran from the Lower Cretaceous of Brazil. *Palaeontology* **44**, 1025–1031.

グルーベ・メッセル
Grube Messel

Chapter Twelve

背景：新生代

　白亜紀の終わり，すなわち中生代の終わりは，陸上において恐竜と翼竜の絶滅，また海中においてアンモノイドと海生爬虫類の絶滅，という大量絶滅の事件で線が引かれている．これに続く新生代は，古第三紀（Paleogene），新第三紀（Neogene）（ふつうこの2つの紀を合わせて第三紀（Tertiary）とよぶ），第四紀（Quaternary）からなる．この時代には動植物はより現代的な様相を帯びてきた．陸上の脊椎動物では，哺乳類と鳥類が，それまで優占的だった恐竜と翼竜にとって代わった．白亜紀が終わったとき，恐竜の絶滅で非常に多くのニッチが空席になって残され，空いたニッチは適応放散を始めた哺乳類と鳥類によって急速に埋められていった．始新世の中頃までには，哺乳類のほとんどすべての目と鳥類の主要なグループが出現していた．哺乳類でその後絶滅したグループもいくつかいる．この時期には，まだ高山のアルプスはなく，北大西洋もなく，ヨーロッパと北米はまだフェロー諸島（The Faeroes）付近にあった陸橋によって連結していた．北海，北フランス，オランダ・ベルギー付近，デンマーク，の各地域には海盆があった．残りのヨーロッパの大部分は複雑に入り組んだ島々と海域とからなっていた．火山活動があちこちにみられ，その一部は大西洋の拡大と関連した活動で，ほかに，ライン地溝（Rhine Rift Valley）などで古い破砕帯に沿う活動があった．グルーベ・メッセルはライン地溝が中央ヨーロッパ島列（Central Europe Islands）を横切っているところにあたり，この地殻のたわみ下がりの場所には広く湖水群が形成された．グルーベ・メッセル，翻訳すれば「メッセルの孔」，はもともと褐炭を採掘した露天掘り鉱山で，鉱山が閉鎖された後で保存され，1995年に世界遺産に登録されている．グルーベ・メッセルの盆地が，広い河川系中の一盆地だったか，はるかに大きな湖水の一部だったか，あるいは火口湖だったか，まだ論争が続いている．

　グルーベ・メッセルで最もよく知られた化石は哺乳類である．驚いたことに，グルーベ・メッセルの哺乳類の大部分は，他の地域で出現し，始新世にヨーロッパに移住してきた者たちである．中生代には哺乳類はまれだし，原始的である．そして暁新世には化石が少ない．ヨーロッパの他地域でわずかに発見される始新世より前の哺乳類は，食虫類（Insectivora）に似た中生代の残存型で，メッセルで発見されるもののような現代的な形態のものではない．メッセルの哺乳類のうち2～3のものだけがこれらヨーロッパの原始的な種類のようで，食虫類に似たもの，初期のハリネズミに近縁のもの，初期の有蹄類などがそれである．他所から侵入してきた現代的な哺乳類には，齧歯類，アリクイ，ウマ，コウモリ，それに霊長類などがいる．メッセル産の鳥は現生の目に属していて，ここが湖成層なのに水鳥はほとんどおらず，大部分が森林に生活するフクロウ，アマツバメ，ブッポウソウ，キツツキ，などである．植物化石によると気候は亜熱帯的で，たとえばヤシ，柑橘類などが代表的であるが，熱帯林特有の科はない．陸棲の節足動物は一般に簡単には化石に残らない．メッセルにはまれではあるがこれが産出し，出たときにはいずれもきれいな色と色パターンを呈する．特に甲虫には構造色＊（虹色）がみられる．多くの魚類，両生類（たとえばカエル），爬虫類（たとえばワニとカメ）なども産出し，湖だけでなく近接する支流にもいろいろ生息していたことを示す．

＊：光の波長程度かそれ以下の微細な構造のくり返しによる反射光の干渉のため現れる色．CDやチョウの翼の虹色がそれ．

グルーベ・メッセル化石群発見の歴史

　メッセルにおける最初のピットは1859年に鉄鉱石を対象として掘られ，1875年には"褐炭"（実はオイルシェール，油母頁岩）が発見されて，その採掘が始まった．そしてこの年の遅くに最初の化石，ワニの遺骸が発見され，

それから20世紀にかけてたくさんの化石が発見されることとなった．そして1960年代に大規模な採掘が終わると，もっと組織的な化石の収集とプレパレーションが始まった．だが，1970年代初め，ヘッセン州政府はメッセルのピットを産業廃棄物の集積場にしようと計画した．これに対し，科学者やアマチュア古生物学者から直ちに反対の声が上がった．この頃には，いくつかのメッセルの化石にはびっくりするような高値が付き，多くの化石仲買人がピットにいって化石を発掘するようになった．そこで安全のためという理由で，ピットは一般に対し閉鎖された．一方，廃棄物でピットが埋積されるという脅威から，ドイツの数多くの古生物学教室が，救出のための緊急発掘を始めたのである．このような調査・研究の結果，この産地の重要さが古生物学界に広く知られることとなった．1970年代末，メッセル化石群の特別展が，フランクフルト・アム・マインのゼンケンベルク博物館とダルムシュタットのヘッセン博物館で開かれた．1980年代初め，いよいよ廃棄物集積場の許可がおり廃棄が始められることとなった．この化石産地が完全に失われるというさし迫った危機に，1987年4月，メッセルのピットに関する国際シンポジウムがゼンケンベルク博物館で開催された．それでも，グルーベ・メッセルを廃棄物で満たすという計画が最終的に放棄されたのは，ずっと遅れて1990年代初めのことであった．この産地は，結局，科学に対する国際的な重要さが認められ，1995年に世界遺産として認定され，このピットで発掘と研究を続けることができるよう，古生物学の未来の世代のために残されることとなった．

メッセルにおける主な化石採集方法は，単純に大きな刃で頁岩を層理面に沿って薄く分割することである．しかし，いったん化石が見つかると，研究室に運搬する間，発見物を保護するために特別な取り扱いが必要になる．もし頁岩を乾かすと化石は分解してしまうので，最も緊急な処置は頁岩のブロックを湿った状態に保つことである．化石は湿っているうちに水を通さないプラスチックで包んで，研究室に運ばれる．研究室ではKühne (1961)の開発した"移し替え"(transfer)のテクニックが脊椎動物に対し最も有用である．化石を湿った状態に保ったまま，解剖顕微鏡の下で骨の周囲の頁岩を針で慎重に除いていく．化石を可能なかぎり露出させると，骨をその位置に保つため樹脂で表面を覆う．次いでその岩塊全体を表裏ひっくり返し，化石の反対の面を同じようにして露出させる．最終的に化石は完全に掘り出され樹脂の型におさまることになる．昆虫と植物は湿った状態で処理し，頁岩の中に入ったままで保存しなくてはならない．濡れた状態を保つため，水より蒸発しにくいグリセリンを用いる．さらに脊椎動物の研究にはX線を用い，頭骨や細かい骨（たとえばコウモリの翼の骨など）の細部が見えるようにする．そうしないと，これらは見るのも母岩から傷つけずに取り出すのも難しい．

グルーベ・メッセルの層序的位置とタフォノミー

化石群の組成から，グルーベ・メッセルの地層（メッセル層）はGeiseltal褐炭層*最下部の哺乳動物群に対比され，それはパリ盆地の海成層Lutetian階（始新統下部）に対比されてきた．メッセル層はLutetian階の最下部に相当する．すなわちおよそ4900万年前の年代である．

＊：ドイツ東部，Halle付近に分布する下部始新統の夾炭層．

メッセル層はグルーベ・メッセルから2～3kmの範囲しか追跡できない．それはこの地層がライン地溝（図219）内に限定された狭い湖盆に堆積したためである．湖盆は，断層で境された盆地内にできたもので，断層は堆積中に活動し，これに伴う火山活動もあったので，メッセル層の堆積物はこれらの活動を反映した特徴をもっている．基底部は高エネルギーの砂と礫で，最初期の盆地の縁の崩壊か，河川の活動による埋積堆積物である．砂礫層を覆ってオイルシェールが重なる．これは湖が形成されて出現した静穏な堆積環境を代表する．頁岩の中に砂礫のレンズを挟んでいることから，断層の再活動によって時折湖岸近くから粗粒堆積物が滑り落ちたことがわかる．頁岩の部分の地滑りも認められる．断層の活動が続き，湖盆はつねに更新され，その形態や拡がりはつねに変化していたであろう．オイルシェールの最大の厚さは190mに達する．

現世のオイルシェールは，粘土鉱物（すなわち頁岩），有機物（ケロジェン＝すなわち石油）15%，水およそ40%，などからなる．これからみても，メッセルのオイルシェールは石油の原料として価値が高く，そのため開発の対象となったのである．正常な環境では有機物は水中でバクテリアの働きで酸化されて分解するのだが，メッセルでは何かがこの過程の進行を妨げていた．推定される当時のメッセルは亜熱帯林に覆われ，大量の植物質，とりわけ藻類の遺体が湖底に集積していたと思われる．もし湖底の水に酸素が欠けていたとすると，その有機物は一部だけが分解するか，まったく分解せずに集積するであろう．その有機物がケロジェンに変わる．また古生物学者にとって重要なことは，こうして動植物の軟体部が保存されることである．湖水で時折起こる藻類の大増殖で，分解しきれない有機物が大量に生まれ，それが使える酸素をすべて消費して，湖底の水を無酸素にしてしまったのは考えられることである．

グルーベ・メッセルの化石群

植　物：現在と同様に被子植物（顕花植物）が植生の中で優占的であったが，他のグループも生育していた証拠がある．メッセルでみられるシダ類は，現在の湿地やマングローブ林にみられるシダ植物のゼンマイ科，フサシダ科，ウラボシ科に属するものである．裸子植物にはイヌガヤ科，ヒノキ科，スギ科，マツ科がある．このスギ科の植物とはヌマスギで，北米のメキシコ湾岸で常に冠水した場所に生育し，北はバージニアにまで分

Chapter Twelve ― グルーベ・メッセル

布する．これに対しマツ科の樹木は一般にもっと乾燥したところで生育する．メッセルの湖成層に裸子植物が相対的に少ないのは，これらが湖水から少し離れたところに生育していたことを示唆する．植物化石群の組成からは亜熱帯ないし暖温帯の気候であった，といえる．

被子植物のうち，イネ科を主とする草本類は始新世中期まではまだ今みられるような多様なものでなかった．だが，草状の植物として，イグサ科，カヤツリグサ科，ガマ科，などがあった．これらの植物はイネ科の草よりも湿気の多いところを好む．一つ興味深い植物がある．それはサンヤソウ科で，現在ゴンドワナの（すなわち南半球の）大陸で湿った場所に分布している．この科の花粉がメッセルで発見されるのである．メッセルだけでなく世界中の白亜紀後期から第三紀前期の堆積物から発見されている．サンヤソウ科の植物は，第三紀中頃のイネ科植物の放散によって，元の生育場所から押しのけられたようである．イネ科以外の単子葉植物でグルーベ・メッセルから知られているのはヤシ科，サトイモ類，ユリ類で，ヤシは現在も始新世でも熱帯・亜熱帯に特徴的な植物，またサトイモとユリは典型的には湿ったところを好む．

常緑の木本ないし藪状の低木で，第三紀において重要

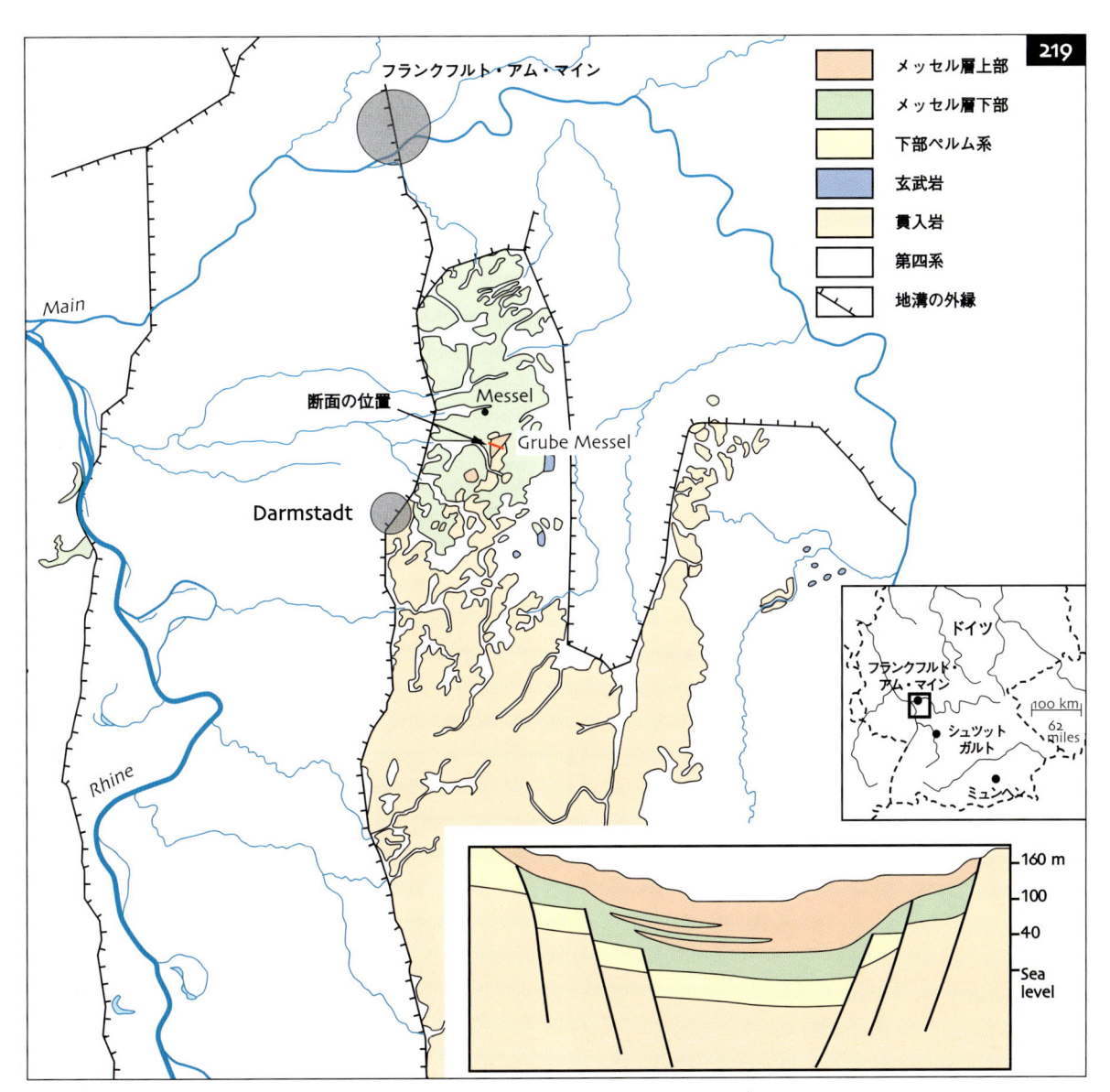

図 219　グルーベ・メッセルの位置図および地質断面（Schaal and Ziegler, 1992 による）．

な科にゲッケイジュなどクスノキ科がある．これの存在もまた亜熱帯気候を示す．このほかメッセルに産する種類で気候を指示する科にツヅラフジ科がある．これは現在熱帯・亜熱帯の森林で主につる植物として生活している．他の熱帯・亜熱帯の科でグルーベ・メッセルで発見されているものに，ツバキ科（チャ），クロタキカズラ科，ブドウ科，ミカン科，クルミ科がある．グルーベ・メッセルにおいて最も豊富に産出する葉化石の一つにスイレン科（図220）がある．この化石の存在は気候について何の情報ももたらさないが，オイルシェールが堆積していた場所の近くの湖水に，浅く，開けていて酸素が行きわたった状態のところが存在したことを示している．もう一つ，非常に重要な科でメッセルでも普通に産出する植物に言及しなくてはならない．それはマメ科で，この科は現在ほぼ世界中いたるところに分布し，始新世においてもまったく同様であった．

葉，果実，種子，胞子や花粉など，植物遺体がきわめて豊富なことからみて，グルーベ・メッセルの湖水を取りまいていた森は亜熱帯気候の下でよく繁茂し，高い多様性を保っていた．だが湖水は，開けた水域，湿地，湖岸，じめじめした森，乾いた土地，など，いくつもの違った生息場所のサンプルを保存している．マスティクシア（*Mastixia*）という植物は，現在では東南アジアに分布が局限されているが，第三紀植物群中には他の産地でも普通に現れる．だがメッセルではこの科はまれで，その理由は，これは湖水の近くには生育しておらず，その果実は大きいために堆積の場まで運ばれることがなかったのだろう，といわれている．同様に，ブナ科（ブナ，クリ，カシなど）は現在主に熱帯の外に広く生育している科で，この科の特徴的な化石は他の産地では普通に産するのに，メッセルではその花粉が見つかっているだけである．おそらくこれらの樹木は，湖からさらに離れた，もっと高く乾燥した土地を占有していたらしい．

メッセルでは植物と他の生物の相互作用を示す証拠がたくさんある．たとえば，葉に特徴的なサビ病のあと（寄生菌類による斑点）がついている，葉の上に昆虫の卵が付着していた証拠がある，幼生が噛んだ跡がある，などである．また，植物デトリタスが哺乳類の消化管の中に見つかっている．たとえばブドウの種子がゲッケイジュやクルミその他の植物の葉とともに，小型のウマ *Propalaeotherium* の体内からみつかって，この動物の食物が多様であったことがわかった．花粉が甲虫の翅鞘（さやばね）（elytra）の下側から見つかった．これはこの虫が花粉を媒介していたことを意味する．

節足動物：メッセルで最も美しい化石の一つが甲虫で，翅鞘上に見事に構造色が保存されている（**図221**）．甲虫あるいは鞘翅類（Coleoptera）の体は比較的頑丈なので，メッセル産の全昆虫化石のうちで甲虫が最も多い（63％）．

フランクフルトのゼンケンベルク博物館の収集品にあ

図220　スイレン科（Nymphaeaceae）の葉（SMFM）．長さ160mm

図221　変色現象を示すハムシ科（Chrysomelidae）甲

るメッセルの甲虫類は，コメツキムシ科が最も多く15.8％，次がゾウムシ科：12.8％，以下，タマムシ科：8.4％，コガネムシ科：3.9％，クワガタムシ科：1.7％，オサムシ科：1.4％，ゲンゴロウ科：1.4％，カミキリムシ科：0.5％，ハネカクシ科：0.26％の順である．このほかの科はもっと比率が低いが，その中に色彩鮮やかなハムシ科およびオサムシ類のゴミムシダマシ科を含む．ドロムシ類マルヒラタドロムシ属は，滝など酸素の供給が特に多いところでのみ生育できるのだが，その幼生の産出はメッセルにおける驚くべき発見の一つであった．これらの動物は，どこか他の場所から流されてきたものであろう．

ハチ目（アリ，ハチなど）はメッセルの昆虫で2番目に多い（17％）．このうちアリ類が最も多く，それもほとんどが有翅の段階のものである．特に興味深いのは巨大な女王アリの化石で，翼幅160mmに達する．この大きさはアリどころか知られるかぎりのハチ目のすべてを凌駕している．他のハチ類には，寄生性のハチ（ヒメバチ科），アシブトコバチ科，コツチバチ科，ツチバチ科，トックリバチ科，コシブトハナバチ科，ベッコウバチ科，ジガバチ科がいる．面白いことにハバチ類（Symphyta）がいない．これは現在のこの類が，熱帯域でなく温帯に多いという性質で説明できることだろう．

カメムシ目類は昆虫化石の12.5％を占める．そのほとんど（>80％）はツチカメムシ科である．このグループは一般に植物の樹液をを吸う虫だが，熱帯域で動物の死体からの分泌液を好むことが観察されている．動物の死体はむろんメッセルの湖水周辺に多かった．このほかの地上あるいは植物上に棲む昆虫でメッセルに産出するものはゴキブリ目（1.5％）とコオロギ類（0.5％）である．ハエ目（0.4％）とチョウ目（0.25％）は，他の第三紀昆虫の産地と比べると，メッセルでは不思議に少ない．だがこれらは大きな羽根があり，湖底に沈むよりも水面に浮きがちなので，この結果は当然である．だから，トンボ，カワゲラ，成虫のトビケラなどがごくわずかしか見つかっていないのも驚くにあたらない．

クモ形類（クモ，ザトウムシ，ダニ，マダニ，サソリ，およびこれらの類縁）は，コハク中（13章をみよ）のほかは，他の昆虫がきれいに保存されている地層でもまれな化石である．グルーベ・メッセルでもごくわずかな個体が見つかっているだけで，ほとんどは網を張るタイプのクモである．現在の湖岸の植生にはこのような種類のクモ類が普通にいるので，驚くことではない．ザトウムシ目の標本1個体がグルーベ・メッセルで発見されている．

魚　類：グルーベ・メッセルで発見される魚は，すべて硬骨魚類の新鰭類に属す進歩したタイプのものである．だが種の多様性は高い．メッセルで最も頻繁にお目にかかる魚の一つにガー Atractosteus がある．ガーは独特な捕食者で，大きな頭と頑丈な顎をもち，鱗は大型で互いに重なり，硬鱗魚タイプの輝くようなエナメル質で，装甲鋼板のようである．アミア（現在北米東部の淡水に棲む硬骨魚）は Cyclurus 属で代表され，これもメッセルで最も頻繁に出くわす魚である．アミアとガーはどちらも体長およそ200〜300mmのものが多く，もっと小型のものも大型の（500mmに達する）ものもある．アミアもガーと同様に恐ろしい捕食者である．体長およそ600mmのウナギ Anguilla ignota の標本は注目すべき発見であった．降流性（産卵を海で行うが一生の大半を淡水で過ごすもの）の現生属に同定されているウナギの存在は，メッセルの湖水が海と連絡があったことを示唆する．だが，現在，ウナギはいるところにはたくさんいるものだが，メッセルではなぜ1匹だけなのだろうか．

両生類：湖水はふつう両生類を見つけるには非常によい場所と思われている．この四肢性の脊椎動物は，その生活の主体が陸上であっても生殖のために水に戻る．それなのにグルーベ・メッセルではサンショウウオ Chelotriton の1標本およびわずかな数の無尾類（カエル類）が発見されただけである．だがカエル（図222）の保存状態はすばらしく，あるものは皮膚や筋肉が保存されている．オタマジャクシの化石もある．

図222　カエル Eopelobates wagneri（SMFM）．体長（脚を除く）約6cm．

図223　スッポン *Trionyx*（SMFM）．甲の長さ300mm.

爬虫類：淡水生のカメは一般にその骨質の甲のために保存のよい化石となる．オイルシェールからとりだした完全な *Trionyx* は非常に美しい標本である（図223）．現生のスッポン科はほぼ完全な水生で，産卵のときに水から出るだけである．ワニもグルーベ・メッセルで多数の標本が得られているが，水のところにいる動物なので驚くにあたらない．幼体から体長4mの成体まで，いくつか完全な標本が得られている．全部で6属のワニがメッセルで産出しているが，現在の状況と比べると1カ所の産地としては多様性が高い．実際には *Diplocynodon* 属だけが多く，これだけに幼体の各成長段階の完全なセットが見つかることから，実際に湖水に生息していたのはこれだけで，他のワニはすべて付近の川や，複雑な湖水系の他の場所から洗い流されて混入したものという解釈が出されている．

半水生のワニやカメよりまれなものは陸生のトカゲとヘビである．メッセルでは大型で捕食性のオオトカゲから，すばしこいイグアナ，脚のないトカゲなど一連のトカゲ化石がみられる．ヘビは爬虫類の中では出現が遅く，最古のヘビは白亜紀に見つかる．始新世までに獲物を締め殺すボアやニシキヘビが出現し，メッセルでは *Palaeopython* 属として知られている（図224）．一方，毒蛇は進化したタイプで，出現が遅く，メッセルには産出しない．

鳥　類：非常に多様な鳥がグルーベ・メッセルで発見

図224　見事に保存されたニシキヘビ類 *Palaeopython*（SMFM）．長さ約2m.

されている．古顎類には，現生では走鳥（飛べないダチョウ，レア，など）と南米のシギダチョウ類だけが含まれる．グルーベ・メッセルにはダチョウに似た古顎類の1種，*Palaeotis* を産する．これは現在の走鳥の祖先にあたるものかもしれない．このほかのメッセル産のすべての鳥は古顎類の姉妹群である新顎類にはいる．猛禽類と，ニワトリに似た鳥がいたらしい証拠もある．原始的なトキコウ，*Rhynchaeitis messelensis* はメッセルで最初に発見された鳥で，1898年のことであった．第三紀の初期には巨大な飛べない鳥が優勢であった．メッセルでは，ディアトリマ類（*Diatryma*）（強力な嘴をもち体高2mに達する巨大走鳥）の後肢跡が，3個体の大型の *Aenigmavis*（ツル類）の標本とともに発見されている．また，同じツル目のほかの鳥，ノガンモドキ（南米にすむコウノトリに似た鳥）とクイナ類も化石で見つかった．チドリ目ではフラミンゴの *Juncitarsus* 属が産する．メッセルのフクロウ，*Palaeoglaux* には現在のフクロウ類には知られていないおかしな羽毛が残っており，まだ夜行性になっていなかった可能性がある．このほか，ヨタカ，アマツバメ，ブッポウソウ（図225）がいる．ブッポウソウ類は色彩豊かな羽毛をもったグループで，ブッポウソウのほか，カワセミ，ヤツガシラ，サイチョウ，ハチクイなどがこのグループにはいる．メッセルのブッポウソウのいくつかは例外的に美しい羽毛（残念ながら色は残っていない）と，ものをつかむハヤブサのようなツメをもった状態で保存されている．メッセルにはキツツキに分類される鳥化石が多数ある．近くに森林があったことの更なる証拠である．実際，メッセル産の鳥化石のうちたった1個のフラミンゴ化石のみが真の水鳥で，そのほかはすべて陸棲，あるいは森林棲の種類である．

哺乳類：グルーベ・メッセルは哺乳類化石の産出によって最も有名である．オポッサムで代表される有袋類も含め，多くのグループが知られている．オポッサムには少なくとも2種類いて，一つは小型で木に登り，把握力

図225　ブッポウソウに近縁な鳥．羽毛の見事な保存状態を示す（SMFM）．全長約200mm．

図226　珍しい哺乳類の *Leptictidium nasutum*（SMFM）．全長750mm（450mmの長さの尾を含む）．

図227　*Leptictidium* の復元図．

のある尾をもつもの，他は大型で尾が短くおそらく地上性のもの，である．有胎盤類がメッセルの哺乳動物群の大半を占める．*Leptictidium* とよばれている魅力的な生き物（図226, 227）は，固定観念から食虫類に入れられていたが，いまはモグラ類に近い原真獣類（Proteutheria）という原始的な有胎盤哺乳類で白亜紀から第三紀初期にいたグループに含められている．グルーベ・メッセルからは *Leptictidium* の3種が記載されている．この動物の際立った特徴は移動のしかたである．彼らは相対的に巨大な後肢と小さな前肢，桁外れに長い尾をもつ．尾は40以上の椎骨からなり，現生哺乳類のどれよりもはるかに多い．だがその尾には把握力はなく，したがってこれはバランスを取るためだけに用いられたもので，この動物はその大きな後肢を移動に用いたと推定される．だが，強力な後肢を揃えてジャンプするカンガルーやトビネズミと違って，*Leptictidium* の後肢は関節の連結が弱く，現在の哺乳類にはみられない走り方，大またの駆け足をしていたと推定される．おなじく原真獣類に入るものに *Buxolestes* がいる．これは短いが強力な足と太い尾をもち，カワウソに似た姿は泳ぎが上手なことを思わせる．その推定は腸の内容物が魚骨や鱗であることで裏付けられる．真の食虫類のなかには，ハリネズミに近縁で，後肢が大きく，ジャンプするように特殊化した *Macrocranion* や，鱗のある尾があり，前頭部に神経がよく集中した大きな器官をもつ *Pholidocercus* がいる．食虫類のもう一つの種類，*Heterohyus* は樹上性で前肢に長い第2指，第3指をもち，樹木の穴から昆虫の幼虫を取り出すのに使っていた．

コウモリは地層中にはめったに保存されない．それはコウモリが飛行して移動するためと，身を隠し潜む生活をしているためである．ところがメッセルではコウモリは最も普通に産する哺乳類である．その説明として示唆されている考えは，メッセルの湖水から放出される有毒ガスにやられて溺れたため，とするものである．メッセルに産する何百というコウモリ化石は，彼らの進化を研究するためのユニークな資料となっている．すべてコウモリ目コウモリ亜目に属し，果実食でなく食虫性のコウモリである．オイルシェールの中というすばらしい保存条件によって，皮膚や翼膜，筋肉，皮革，消化管の内容物（図228）などが残っている．コウモリ6種の翼のアスペクト比[*]の違いは，木々の間の高所を飛ぶもの，開けた場所の低層で狩りをするもの，木の葉の面あるいは地表面をすれすれに飛ぶもの，などの生活様式の違いを想定させる．消化管の内容物には，ガの鱗粉，トビケラの毛，甲虫の翅鞘などがある．全種が狩りの際にエコーによる位置決定法を用いていた．標本の3/4が地表すれすれに飛ぶコウモリのグループで，これらは高所を飛ぶものに比べて有毒ガスの影響をより受けやすかったと思われる．

[*]：この場合は，翼の縦・横の長さの比．翼の飛行特性を支配する基本要素の一つ．

メッセルで発見されている4点の霊長類化石はアダピス類に属す．この動物は，ネコの半分ほどの大きさで，マダガスカルのキツネザルと類縁関係にある可能性がある．センザンコウ目は夜行性の蟻食動物で，体は毛でなく鱗でおおわれている．何か邪魔されるとボール状に丸くなり，鱗状の表皮で防御する．この動物の形質の多くは原始的なので，哺乳類の歴史の中の早いうち（おそら

図228 コウモリ *Archaeonycteris trigonodon*（SMFM）．前腕の長さ 52.5mm．

く白亜紀）に出現したのだ，とする意見がある．最も古く最も保存のよいセンザンコウの化石が発見されたのがメッセルで，現生のものにそっくりな形態である．これはその意見と矛盾しない．ところが，この動物が明らかにアリやシロアリを食べる蟻食（myrmecophagy）に適応しているようにみえるにもかかわらず，その胃の内容物はほとんどすべて植物片であった．このパラドックスに対する非常に面白い一つの説明は，これら初期のセンザンコウは，熱帯林のどこにでもいるハキリアリから葉片を盗んで食っていた，そして蟻食というのはこの習性から進化したのだ，というのである．現生哺乳類の他の目で蟻食に特殊化しているものがアリクイ類（貧歯類）で，メッセルから1点だけ得られている．その消化管の内容物には昆虫のクチクラとともに砂粒（昆虫をすりつぶすのに役立つ）と材組織が含まれ，この動物が木材中のシロアリを食べていたことを示唆している．

　齧歯目の特徴は大きな1対の門歯があることで，これは植物を嚙み切り，種子をかじるための適応である．メッセルには3種の齧歯類がいる．1種はリスに似た大きな種類で，その消化管中には木の葉があった．ほかの2種は小型でネズミに似ていた．これらの齧歯類がおそらく食肉類の食物の一部になっていたと思われる．その食肉類として，樹上性のミアキス科（現生の食肉類の祖型と思われる絶滅科）に属す*Paroodectes*，肉歯類ヒエノドン科の*Proviverra*，などがある．

　メッセルには蹄をもつ哺乳類として2つのタイプ，すなわち現生グループに属しその初期の代表的なものと，絶滅した祖先型のグループの両方がいる．後者の例は*Kopidodon*で，形態のいろいろな特徴から有蹄類の祖型グループに属すと思われるのに，強力な爪と長い尾をもち，樹上生活に適合している．奇蹄類には，ウマ，バク，サイがいる．メッセルはこれらのグループで最も見事な化石の実例を提供している．メッセルのウマ，*Propalaeotherium*（図229）は70体以上の標本が，仔から完全に成熟した成体まであり，2つの種が認められている．一つは肩高300〜350mmで，他は550〜600mm，実に小さなウマである．だが他の特徴はこれらが原始的なウマであることを示す．たとえば，前肢にはひづめのある指が4本，後肢には3本ある（現在のウマは1つの脚に1本しかない）．これら初期のウマの消化管内容物は木の葉や種子で，ブラウジング（browsing）（若芽や下葉など植物の一部を選択的に食べる食性）であったことを示し，草原とグレージング（grazing）（草や小木を丸ごと食いちぎって食べる）をするウマは始新世にはまだ出現していなかった．偶数の蹄をもつ偶蹄類は，ウシ，シカ，ブタ，ラクダ，キリン，カバなどを含むグループである．メッセルからは原始的な偶蹄類2種類が知られている．奇蹄類と同様これもイヌほどの大きさで，ブラウジング，あるいは森のゴミを探して食べるフォリッジング（foraging）をする動物であった．

グルーベ・メッセル化石群の古生態

　メッセルの湖水が無酸素であった原因ははっきりしているようにみえる（p.122をみよ）が，その地理的位置づけについては，まだ激しい議論が闘わされている．一説では，この地域一帯に大規模な河川系が広がっていたが，そこにライン地溝の形成が始まり，その結果丘陵地域の中に低地が出現し，切り離された河川系の一部が湖水と

図229　メッセルのウマ *Propalaeotherium parvulum*（SMFM）．肩高300〜350mm.

なった，とする．この説は，流水に棲む魚とトビケラの化石の分布と，地層中でのそれらの配列に基づいている．それは，流れがメッセルの湖盆に流入し，また流出していたらしいことを示している．別の提案は，湖はおよそ10万年あまりも存続し，しかも堆積物は露出している全域にわたって著しく均一であるという研究結果から，ここには大きく永続的な低地があってそこに大きな湖水が存在していたと考え，化石が残るのは湖の中の，深い，無酸素の凹所に限られている，とする．このモデルによれば，生物の多くはその大きな湖水中の酸素が行きわたった水の部分に生息していたことになる．第三のモデルでは，メッセルの湖水は火山陥没構造，マール（maar）に水が溜まった火口湖であると説明する．マール火山は火山灰を噴出する爆発的噴火で，円形の凹地を残す．凹地はふつう後で水に満たされる．このようなマールの湖は第三紀を通じて南部ドイツの各地でみられる．Randecker Maar*がその一例である．このモデルでは，湖水は深く，側壁は急で，底層水が無酸素になるのに理想的な形態である．それに火山性の湖水から放出される有毒ガスが上を飛ぶコウモリや鳥を落すことができる．一方，陸上の哺乳類は急斜面で滑って湖に落ち込みやすいであろう．付近の小川がカゲロウの幼生や小魚にとって故郷となりうる．だが大型の魚と水鳥は棲めない．同じように，葉や花は風で飛ばされるが，小枝や木の枝は滅多に飛ばされない．いま，これらの3モデルから一つを選ぶのはまだ難しい．これらを評価するためにはもっと研究が必要である．

*：シュツットガルトの南東35km付近，1700万年前の噴火．

　この章を通して，発見された化石がメッセル地域の生態について，古生物学者に何を語りかけているか，を述べてきた．語る根拠は，現生類縁種の生息場所との比較であり，また堆積学的な状況やタフォノミー（保存の過程）についての考察などである．それらの証拠に基づいて描かれた復元像は錯綜しているが，しかし人の関心をよぶ力がある．メッセルの化石群は典型的な湖の生物相を保存しているものではなく，広く周囲の森林や，湖のいろいろな部分からのサンプルが集まったものらしい．その中で特に古生物学者の興味を引くのが森林に棲む生物たちであることは間違いない．それは，森林などはふつうまれにしか化石記録が残らないためである．この点で，この化石群はコハク中の化石群と比較することができるであろう（第13章をみよ）．

グルーベ・メッセルと他の第三紀化石群との比較

　メッセルの北東約150km，Geiseltalには褐炭層があり，おおよそ3世紀にわたって採掘されてきた．この間に，グルーベ・メッセル化石群に比較できる膨大な数の化石が産出した．たとえば植生は両者いろいろな点で似ている．しかしそこに重要ないくつかの相違点がある．メッセルは湖水で，いろいろな生息場所の植生のサンプルが集まっているのに対し，Geiseltalは湿地帯で，そこは特徴的に多様性の低い，貧弱な生態系の場所である．

　両者の間では動物群にも興味深い違いもみられる．Geiseltalからは両生類のアホロートル（axolotl）（幼生型のまま成熟した個体）に似た化石が300個体以上も見つかっているが，メッセルからはゼロである．もっとも両者の爬虫類化石群は互いによく似ている．メッセルではその特別な立地のためにコウモリの化石が多いが，Geiseltalからは産出しない．だが，他の哺乳類についてはよく似ていて，たとえば霊長類，アリクイ，有蹄類，などは共通である．

参考文献

Buffetaut, E. 1988. The ziphodont mesosuchian crocodile from Messel: a reassessment. *Courier Forschungsinstitut Senckenberg* **107**, 211–221.

Franzen, J. L. 1985. Exceptional preservation of Eocene vertebrates in the lake deposits of Grube Messel (West Germany). *Philosophical Transactions of the Royal Society of London*, Series B **311**, 181–186.

Habersetzer, J. and Storch, G. 1990. Ecology and echolocation of the Eocene Messel bats. 213–233. *In* Hanak, V., Horacek, T. and Gaisler, J. (eds.). *European bat research 1987*. Charles University Press, Prague.

Habersetzer, J., Richter, G. and Storch, G. 1992. Palaeoeccology of the Middle Eocene Messel bats. *Historical Biology* **8**, 235–260.

Kühne, W. G. 1961. Präparation von flachen Wirbeltierfossilien auf künstlicher Matrix. *Paläontologische Zeitschrift* **35**, 251–252.

Lutz, H. 1987. Die Insekten-Thanatocoenose aus dem Mittel-Eozän der 'Grube Messel' bei Darmstadt: Erste Ergebnisse. *Courier Forschungsinstitut Senckenberg* **91**, 189–201.

Maier, W., Richter, G. and Storch, G. 1986. *Leptictidium nasutum* – ein archaisches Säugetier aus Messel mit aussergewöhnlichen biologischen Anpassungen. *Natur und Museum* **116**, 1–19.

Novacek, M. 1985. Evidence for echolocation in the oldest known bats. *Nature* **315**, 140–141.

Peters, D. S. 1989. Ein vollständiges Exemplar von *Palaeotis weigelti*. *Courier Forschungsinstitut Senckenberg* **107**, 223–233.

Schaal, S. and Ziegler, W. (eds.). 1992. *Messel. An insight into the history of life and of the Earth*. Clarendon Press, Oxford, 322 pp.

Sturm, M. 1978. Maw contents of an Eocene horse (Propalaeotherium) out of the oil shale of Messel near Darmstadt. *Courier Forschungsinstitut Senckenberg* **30**, 120–122.

Westphal, F. 1980. *Chelotriton robustus*, n. sp., ein Salamandride aus dem Eozän der Grube Messel bei Darmstadt. *Senckenbergiana Lethaea* **60**, 475–487.

バルトのコハク
Baltic Amber

Chapter Thirteen

背景：新生代の森林，その生態

　前章では，メッセルの化石が，湖の岸辺とか湖から離れたところとか，さまざまな生活場所に棲む動植物のサンプルを集めたものであること，そしてそれが1か所に集められた過程をみてきた．メッセルでは大型の哺乳類や鳥類が最も重要で，一方，ハエ（双翅類）やチョウ（鱗翅類）のような繊細な飛翔昆虫は底に沈まないで水に浮いてしまうから化石はまれである．しかし，この水面に張りついてしまう性質は，これらがコハク－硬化した樹脂－の中に保存されやすい原因でもある．デリケートな昆虫やその他の動物は樹脂に惹かれ，そして樹脂に取り込まれる．樹脂は極めて局所的な堆積物である．ある種の木は大量の樹脂を生産し，樹木のところにいる動植物がその中に保存されやすい．一般に遺骸を保存する最良の方法は，分解をひき起こす環境から早く引き離すことである．不透性のようにみえる樹脂よりも速く閉じこめることのできるものがなにかあるだろうか．樹脂に取り込まれるとき，樹幹に沿って流れ下るとか，動物自身がもがくなどの動きを除けば，死の地点からの移動量はゼロである．もっとも，コハクは後に，地層の中に集積するときに運搬されるのがふつうである．

　コハクは湖沼堆積物とは違う供給源から森林の生物たちのサンプルを集めている．それに保存のされかたは昆虫のようなデリケートな無脊椎動物にとっては湖成層よりはるかに好適である．また，コハク中には脊椎動物などはめったに保存されない．最も保存されやすいのは樹皮上に棲んでいる昆虫である．多くの昆虫が樹脂に誘引される．おそらく分泌された樹脂から放出される揮発性の油脂に反応していると思われる．昆虫は樹脂に誘引され，その粘着性のために捕らえられてしまう．クモなどの捕食者はもがいている昆虫に惹かれ，あげくに彼らも捕らえられる．ランチョ・ラ・ブレア（第14章）のタールの池に哺乳類の捕食者が保存されたのと同じ方式である．コハク中に保存される動物には，樹皮の裂け目に棲むもの，木の表面や根元に生えたコケの中に棲むもの，森の中を飛ぶ昆虫，それにこれらを捕らえて食べる捕食者，などが最も多く，それにさまざまな植物質，胞子，花粉，種子，葉や毛，なども多い．樹脂の小滴ではたくさんの生物を捕らえそうもないが，ある種の木は，きずがあるとそこから大量の樹脂を分泌する．このような裂け目を埋め表面に広がった大きな樹脂塊はSchlaubenとよばれていて（Schlüter, 1990），樹幹を流れ下って理想的なトラップとなる．

　樹脂は現在も過去も，さまざまな種類の樹木が生産している．樹脂を多く分泌する木の一つにカウリマツ（ナンヨウスギ属），*Agathis australis*（**図230**）がある．これはニュージーランド北部に自生していて，この木に由来するコハクがニュージーランドの約4000万年前（始新世）

図230　若いカウリマツ *Agathis australis*（ナンヨウスギ属）．第三紀の頃から樹脂を多く分泌する樹種の一つ．ニュージーランド北島．

の地層から発見されている．3万～4万年という若いコーパル（copal，コハクほど十分に硬化していない樹脂）がやはりニュージーランドから産し，20世紀のコーパル採掘産業の対象となっていた．コーパルはコハクより低温で融け，かつてはワニスの原料にしたり，何か，たとえば装身具や義歯などまで，をつくるための型材に用いられた．コハク化の過程で，新鮮な樹脂はまず揮発性油脂を失い，次いで重合が始まる．樹脂がモースの硬度*で1～2度まで硬化し，曲がらなくなるとコーパルとよばれる．しかしこの段階では有機溶媒に溶け，低温（150℃以下）で融けてしまう．コーパル（ことにアフリカ産コーパル）には確かに昆虫その他の包有物を含んでいるのだが，コハクに比べてはるかに若いものなので，あまり古生物学者の興味をひかない．真のコハクができるには重合と酸化が長期的に進行しなくてはならず，その結果モースの硬度で2～3程度になり，200℃程度では融けず，有機溶媒には溶けないようになる．単なるコーパルの，あるいはコーパルを融かしてつくった偽物が多い．一つの傑作な偽物の例がロンドンの自然史博物館のAndrew Rossによって発見された（Grimaldi *et al.*, 1994）．Rossはみたところ本物と思われたコハクに入っているハエの化石に興味をもった．それは進化した現代的な科に属すもので，これまで化石には知られていないものであった．少し熱くなるランプで光を当てて顕微鏡で観察していたところ，コハクに割れ目が現れたのである．調べると，これは一塊のコハクを2つに切って一方に穴をあけ，そこに（現生の）ハエを挿入して，コハク塊を注意深く元のようにはり合わせたものであった．

* ：鉱物の硬さを標準鉱物と比較して10段階で表す．硬度1は滑石，2は石膏，3は方解石．

バルトのコハク発見の歴史

コハクは古代文明によく知られ，また特別な意義があった．それは紀元前1万年あまり前から装身具として発見される．ローマではコハクを活力石（succinum）とよび，古代ギリシャではエレクトロン（elektron）とよんでいた．英語のelectricity（電気）はコハクを柔らかい布で擦ったときに生ずる静電気の現象に由来している．1世紀のプリニウスはコハクの特性を記述した最初の人物で，これが石化した樹脂であると正しく論じた．プリニウスは取引きされているコハクがヨーロッパの北部から産したものであることを認めている．したがってバルトのコハクは最古の記録をもち最もよく知られたコハク堆積物であるといえる．

その美しさ（図231），したがってその価値のゆえに，コハク貿易はバルト地域の文明にとって不可欠な要素であった．古代からコハクはバルト海の海岸で採集されてきた．13世紀から15世紀にかけてバルト海岸地域を占領したチュートンの騎士団はコハク貿易を独占したが，その支配権をねらって多くの勢力の抗争が続くことと

図231 包有物があるバルトのコハク（PC）．長さ約70mm．

った．19世紀中頃，海底のコハクを浚ったり地下から採掘しようという企業が現れた．ロシア，サムランド地域の海岸の町，Palmnicken（現在のJantarny）の村近くに工場が建設された（サムランドSamlandとは，カリニングラード・オブラストという名のロシアの飛び領土にある岬の古名）．これまでに造られた最高のコハク彫刻は，1701年，プロイセンのフリードリッヒ一世が注文した琥珀の間（Amber Room）であろう．これはさまざまな色のコハク片で装飾した壁パネルからなる部屋で，完成までに10年を要し，その後サンクトペテルブルクのピョートル大帝の夏宮殿に運ばれた．だが第二次世界大戦のとき，この部屋は当時ドイツ領だったバルト海岸のケーニヒスベルク城に移築された．後にロシア軍が反攻してケーニヒスベルク（カリニングラード）に迫ったとき，この部屋の壁パネルは再び取り外され，木枠に収められて確かに城の地下室に置かれてあった．その後琥珀の間のパネルに何が起こったか，ミステリーのままである*．

* ：琥珀の間は，2003年，サンクトペテルブルクの夏宮殿内に復元された．

コハクの包有物が生物学的に興味深いということも，また非常に古くから認識されていた．これまでの最高のコレクションはサムランドのケーニヒスベルク大学地質学教室の博物館のものであった．これは1860年，海底の浚渫や地下の採掘の開始とともに始まったコレクションで，第二次世界大戦の爆撃によって破壊されたと思われていた．だが実際には各地の博物館に分散して助かり，今も保管されている．バルトのコハクの大きなコレクションは，たとえばロンドンの自然史博物館，ワルシャワの地球博物館，サンクトペテルブルクの動物学研究所，ベルリンのフンボルト大学博物館，などにある．

バルトのコハクの層序的位置とタフォノミー

図232にコハクを生産した森林の推定位置，サムランドの海岸の露頭分布，再堆積したコハクが採集できる海岸を示す．森林から洗い流されたコハクの塊は，Blue Earth（青粘土）とよばれる海緑石粘土中に含まれる．海緑石は鉛を含む鉱物で，典型的には緑色だが暗色の粘土中に含まれると青色にみえる．青粘土層は何層もあり

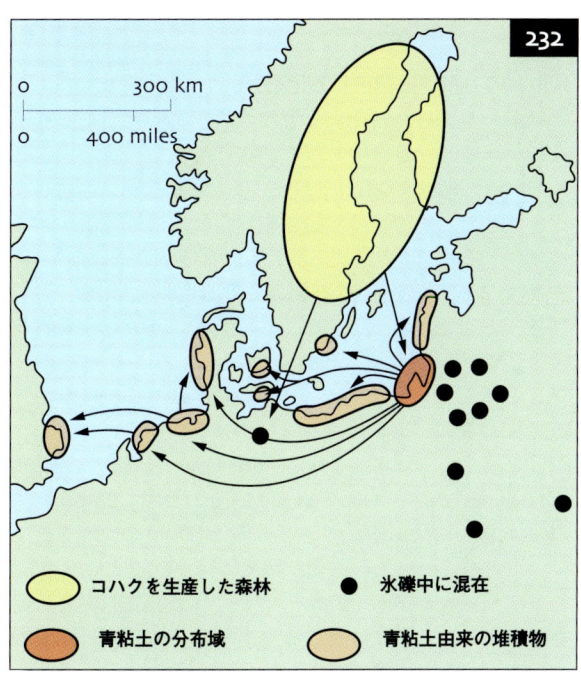

Chapter Thirteen—バルトのコハク

図232 バルト海周辺のコハクの産出地域．コハクを生産した森林の推定位置，サムランドにおける Blue Earth 層の露頭，に由来するコハク堆積物の分布を示す（Schlüter, 1990 による）．

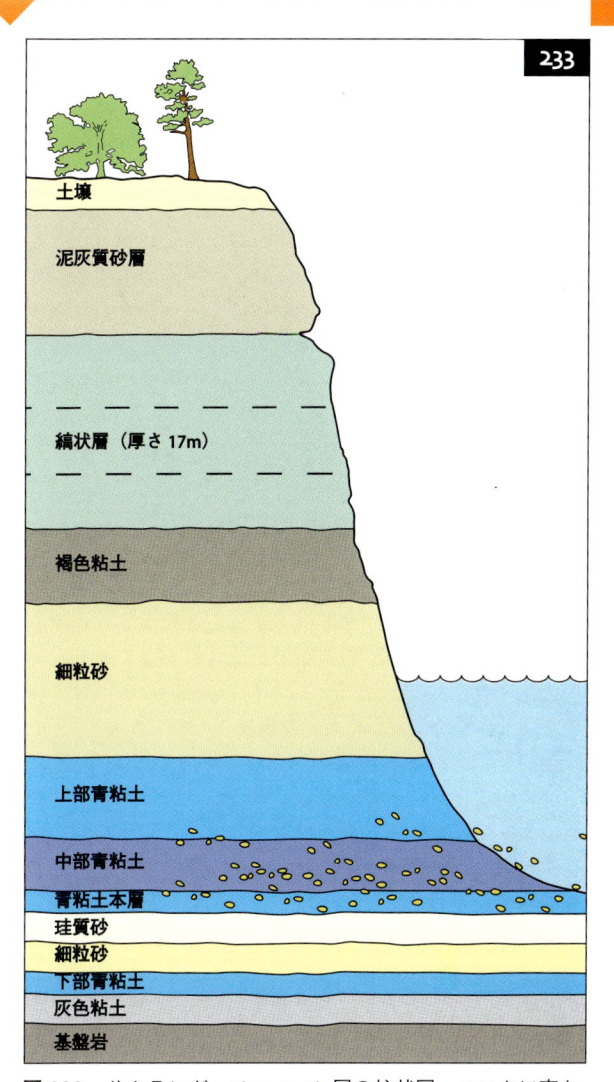

図233 サムランド，Blue Earth 層の柱状図．コハクに富む層の位置を示す（Poinar, 1992 による）．

砂岩や泥岩の間に挟まれている（図233）．この地層群の時代は，含まれる海生化石によって始新世中期から漸新世前期にまたがるものとされている．Palmnicken 付近でコハクを採掘しているのは，この青粘土層からである．第四紀に現在のバルト海地域は大陸氷河によって削られ，青粘土は氷河の運んだ泥や礫（氷礫）の中に混じって，ポーランド北部，ドイツ，デンマークに広く運ばれた．コハクは密度が低いので，青粘土の露頭から出たコハクあるいはコハクを含む岩塊は波浪によって簡単に海岸に運び上げられる．こうしてバルトのコハクはバルト海だけでなく北海の海岸でも見つかる．

　バルトのコハクとなった樹脂を分泌した木の種類については，これまでいろいろな議論があった．1830年代の最初の研究で，現生のマツ属（*Pinus*）とされたが，後の解剖学的研究では絶滅属の *Pinites succinifera* であると結論され，19世紀の別の解剖学的研究ではこの木はトウヒ属（*Picea*）に近いとされた．もっと現代的な技術である赤外分光分析を用いるとコハクのタイプを識別することができるが，これによると，バルトのコハクには，その分光カーブにバルトの肩（Baltic shoulder）とよばれている，特徴的な平坦な領域が現れる．注意すべきは，樹脂とコハクの赤外分光カーブを比較するとき，化石化の程度によってカーブの形が異なることである．そういう問題は残るが，バルトのコハクの赤外吸収スペクトルはニュージーランドのカウリマツ（*Agathis australis*）のスペクトルによく似ている．さらに，最近の熱分解ガススペクトル分析でも同様な結果が得られている．このようにバルトのコハクのスペクトルはナンヨウスギ科（Araucariaceae）との類似を指し，植物の形態からはマツ科（Pinaceae）と類似している．ナンヨウスギ（*Agathis*）はたしかに多量の樹脂を分泌しマツ（*Pinus*）はずっと少ししか生産しない．だが，マツには化石の証拠がありナンヨウスギにはそれがない．可能な一つの折衷案として Larsson (1978) は，樹木は裸子植物の絶滅グループで，それはマツ科とナンヨウスギ科の両方の特徴をもつ，と考え（どちらの科の先祖でもない．なぜなら両科は共にすでに白亜紀に生息していた）．

　一見したところ，コハク中の昆虫は立体的に保存され元のクチクラも色も残ってはいるが，内部は空洞で，体内の構造は何も残っていないようにみえる．これが誤解であることは，古く1903年に Kornilovich がコハク中の昆虫から横紋筋を記載したときに最初に指摘している．

のちに Petrunkevitch (1950) は，バルトのコハク中に含まれるクモに体内の器官が残っていることを確認し，Mierzejewski (1976a, b) は走査型電子顕微鏡による研究で，コハク中では昆虫よりクモの方が体内器官（出糸腺，書肺，肝臓，筋肉，血リンパの細胞など）の保存状態がよいことを示した．Poinar and Hess (1982) は透過型電子顕微鏡を用いて，バルトのコハク中の吸血性双翅類（ブヨなど）の中に筋肉繊維，細胞核，リボソーム，小胞体，ミトコンドリアを確認した．動物体はミイラ化という過程を経てコハク中に保存されている．この過程では各器官は脱水を起こして収縮し，元の体積の 30 %ほどになる（このため化石は中空で外殻だけのようにみえる）．有機物は酸化されている．それは，ゆっくりだがガスがコハク中を拡散できるためである（したがってかつて期待されたようにコハク中の気泡を過去の大気の研究に用いることはできない）．だがコハクは，他の多くの樹脂のように，固定剤あるいは抗菌剤としての機能をもっている．古代エジプト人は，かれらのミイラを準備するとき樹脂を使用しており，多くの樹脂の抗菌特性をよく承知していた．ギリシャのレッチナ・ワインの独特な香りは，味が落ちるのを防ぐように入れた樹脂のためである．

細胞レベル以下の組織が見事に保存されているので，コハク中の化石からデオキシリボ核酸（DNA）の破片を取り出すことが可能かもしれないと，少なからぬ関心が集まった．映画『ジュラシック・パーク』で，もし化石化した恐竜の血液が，中生代のコハク中に保存されていたブユの腸から取り出されたなら，それから読み取られた恐竜の DNA シーケンスを使って，生きている恐竜を造り出すことができる，ということが示唆された．すべてのよくできた SF と同じで，このアイデアも低い可能性に賭けて，それが実現したとする．コハクから DNA を取り出す努力がなされたが，成功しなかった．コハクはかつて考えられていたほど不透性が高くなく，また DNA 分子は何百万年もの間分解せずに残ることはとてもありそうもない．DNA は細胞の死後 2～3 時間でも生き延びられず，細胞が死ぬと急速に分解してしまう．

含まれている生物体の保存が良好であっても，裂け目があったり曇りや他の包有物があって，その生物の重要な特徴がはっきりみえないことがある．バルトのコハクに共通する特徴に，包有物が白い綿毛状の鋳型のようなものに包まれていることがある（図 234）．Petrunkevitch (1942) によってエマルジョン（emulsion）とよばれたこれを顕微鏡でみると，小さな空気の泡からなることがわかった（Mierzejewski, 1978）．これは死骸から抜け出した湿気が，化石化の初期に樹脂と反応してつくったと思われている．これは特にバルトのコハクに特徴的とはいえ，他のコハク，たとえば英国 Wight 島の白亜紀前期のコハクでも報告されている（Selden, 2002）．これができるかできないかは，コハクを生産した木の種類の違いで，樹脂に水がどれほど溶け込めるかの違いに関係しているらしい（Poinar, 1992）．

バルトのコハクに含まれる化石群

バルトのコハクに関する最初の科学的研究から 250 年ほどが経過し，包有物として非常に多様な生物が報告されている．Poinar の著作 (1992) は大半がコハクの包有物として産した動植物の記述に充てられ，ほぼ各項すべてにバルトのコハクの図がある．もっと詳細な論評ならば，読者は，バルトのコハクに限定した Larsson (1978)，および Weitschat and Wichard (2002) の著作を，また節足動物を総括している Keilbach (1982) を参考にするとよい．

これまでの 2 世紀半，そして主として 1830 年から 1937 年の間に，おおよそ 750 種の植物がバルトのコハクから記載されており，それは，Conwentz (1886)，Göppert and Berendt (1845)，Göppert and Menge (1883)，Caspary and Klebs (1907) などに要約されている．バルトのコハクを生産した樹木についての主要な研究には，Conwentz (1890) および Schubert (1961) がある．だが，Czeczott (1961) の研究によると，この 750 種のうちわずか 216 種だけが有効な種で，バクテリア 5 種，粘菌 1 種，菌類 18 種，地衣類

図234　バルトのコハク中のオオハナノミ科 Rhipiphoridae 甲虫（GPMH）．表面が白いエマルジョンに覆われていることに注意．長さ約 5mm.

図235　バルトのコハク中のバラ（被子植物バラ科）（GPMH）．花の径約 5mm.

Chapter Thirteen—バルトのコハク

2種，苔類18種，蘚類17種，シダ類2種，裸子植物52種，被子植物101種，であるという．

菌　類：バルトのコハクから知られる菌類の大部分は，他の生物体上でその分解物を栄養とする腐生菌である．地衣類は藻類と菌類の共生体で，樹幹表面にふつうにみられる．蘚苔類は一般に化石記録ではまれであるが，なかでも最高の保存状態の化石は，バルトのコハク中から産するもので，Czeczott (1961) によって記載された．シダ類はコハク中にはまれで，Czeczott (1961) によって2種，*Pecopteris humboldtiana* と *Alethopteris serrata* が記載されているだけである．

裸子植物：バルトのコハク中の裸子植物は主として現生属の種類であり，興味深いことに，コハク中の種類に最も近い種は，北米，東アジア，アフリカに産するものである．バルトのコハク中の属としては，ソテツの *Zamiphyllum*，ナギ類の *Podocarpites*，マツ科の *Pinus*，*Piceites*，*Larix*，*Abies*，スギ科の *Glyptostrobus*，*Sciadopitys*，*Sequoia*，ヒノキ科の *Widdringtonites*，*Thujites*，*Librocedrus*，*Chamaecyparis*，*Cupressites*，*Cupressinanthus* および *Juniperus* などが報告されている．

被子植物：バルトのコハク中の被子植物は，そのおよそ2/3が花，果実，種子によって同定されたもの（図235, 236）で，残りが葉あるいは小枝によっている．ほとんどは現生属のもので，温帯性，地中海性，亜熱帯性，さらには熱帯まで，さまざまな地域の，非常にさまざまな科を代表している．

裸子植物と同様，被子植物でも最も近似する種の現在の分布は興味深い．たとえば化石属 *Drimysophyllum*（モクレン科）は現生の *Drimys* 属（シキミモドキ科）に最もよく似ている．この属は現在インドネシアの諸島，ニューカレドニア，ニュージーランド，中・南米に産する．コハク中に産する *Clethra* の現在の産地でバルト海に最も近いところは，アフリカ西岸のマデイラ諸島である．バルトのコハクでその他の熱帯・亜熱帯性の科に，ヤシ科，クスノキ科，ビワモドキ科，ヤブコウジ科，ツバキ科，ツユクサ科，サトイモ科，マメモドキ科がある．Czeczott (1961) によれば，約23％の科が熱帯的で，12％が温帯に限定される科，残りは汎世界的か，不連続な分布をするグループであるという．バルトのコハクに共通な包有物で，この地域のコハクであることを識別するのに役立つものは，オーク（ブナ科コナラ属の広葉樹，カシ，ブナ，コナラなど）の葉の表面を覆う星状毛である．

線形動物と軟体動物：顕微鏡的な線虫（線形動物）はまさにどこにでもいる動物である．したがってバルトのコハク中から報告されていても驚くことではない．図237は寄生性の線虫が寄主であるユスリカの体から出かかっているところである．陸生のマイマイ（軟体動物腹足類の有肺類と前鰓類）は驚くほど少なく，ここのコハクから2～3の属が記載されているにすぎない．Klebs (1886) は，関連する現生の巻貝がどの地域の原産であるかの表を示した．その地域として，中央～南ヨーロッパ，北アメリカ，中央アジア，中国南部，インド，がはいっている．

甲殻類：節足動物は，もちろんコハク中の包有物で最もありふれたものである．だが驚いたことに，甲殻類はバルトのコハクから，端脚類の *Palaeogammarus* と等脚類の *Ligidium*，*Trichoniscoides*，*Oniscus*，*Porcellio* が，それぞれ2～3個体の標本によって知られているだけである．端脚類のハマトビムシ（および近縁種）は現在湿った植物デトリタスや淡水の環境に棲む．また等脚類のワラジムシは植物デトリタスのある湿った場所に棲む．

多足類：多足類には捕食性のムカデ綱，および主として植物デトリタス食のヤスデ綱とがいる．両者ともに陸上の湿ったところ，腐った丸太の下や枯れ葉の堆積の中などにどこにでも生息している．バルトのコハク中からは非常に多様なムカデ類が記載されており，その中には現生属の *Scutigera*，*Cryptops*，*Geophilus*，*Scolopendra* および *Lithobius* が含まれる．ヤスデの中に，剛毛をもちクチクラ層が軟らかい原始的なフサヤスデ亜綱がいる．このグループは樹幹にいる種類で，3属で代表される．こ

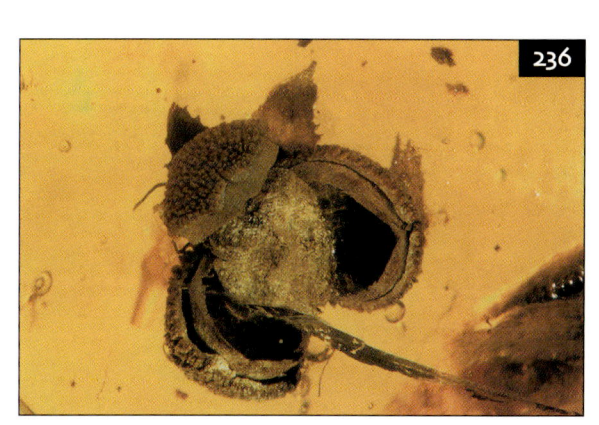

図236　バルトのコハク中にみられた種類不明の堅果（GPMH）．径約5mm.

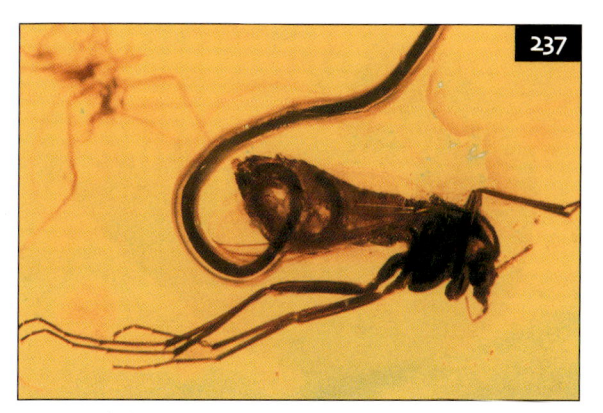

図237　宿主であるユスリカの雌（ユスリカ科 Chironomidae）の体内から出かかっている線形動物（シヘンチュウ科 Mermithidae）（GPMH）．長さ約6mm.

のほかのヤスデ類に，現生属タマヤスデ（*Glomeris*）やその他の現生属，*Craspedosoma*, *Julus*, *Polyzonium* などがいる．図238に示した標本はツムギヤスデ科のものらしい．

六脚類（昆虫）（以下，昆虫とその近縁グループは目あるいは亜目ごとに記す）：バルトのコハク中では，原始的な六脚類は，コムシ目の2種と数多くのトビムシ目で代表される．トビムシは跳躍によって移動するので，コハク中に保存される機会が多いのは容易に理解できる．現在は樹皮の下や石の下にいるシミ目はバルトのコハク中に多く，3つの科にはいる多数の属が知られている．

バルトのコハク中で最も多いのはもっと進歩した有翅昆虫である．まず大変な数のカゲロウが記載されている．カゲロウ類の幼生は水生だから，コハクの森に湖沼か川か淡水があったにちがいない．だが成体は短命で，しばしば大集団で出現する．カゲロウと同様，カワゲラも幼生は水生で，コハク中に4つの科に属す種類が知られている．カゲロウやカワゲラと対照的に，トンボとイトトンボは強力な飛翔昆虫で，粘っこい樹脂の上に吹き飛ばされる可能性はずっと低いと思われる．したがってこれらがまれなのは驚くにあたらない．代表的なデトリタス食者，ゴキブリはありふれた化石で，多様な種類がいる．代表的な属は，現在主として亜熱帯から熱帯にいる．コオロギとバッタも産するが，これらがコハクに産するのは，一つにはジャンプして樹脂の上に着陸してしまうためであろう．捕食性のカマキリとナナフシの各グループもその代表者がバルトのコハク中に見つかる．いま樹皮の一片をどれでもひっくり返してみたとき，ほとんど確実に出くわす昆虫にハサミムシがいる．したがってこれがコハクから見つかっても驚くことではない．

シロアリは朽ちかけた木材に棲むことでよく知られている．バルトのコハク中にこのグループはごく普通に産し，3つの科に属する数多くの属で代表される．最も多い種は *Reticulotermes antiquus* である．シロアリモドキは昆虫中の小グループで，クチクラが薄く，飛翔力が弱い．

彼らは樹皮の下や石の下に共同で絹糸状のチューブを造ってその中に棲んでいる．バルトのコハク中に1種，*Electrombia antiqua* が知られている．このほか昆虫の目レベルの小グループで，バルトのコハクから産するものにチャタテムシ目がいる（図239）．この小動物はデトリタス食者で，死んだ植物や動物質を食べる．彼らは古い本の製本用の糊を食べているのをみることが多い．本のシラミとよばれるゆえんである．野外では彼らは樹幹の樹皮の下に棲むので，コハクにはふつうに産する．8科を代表する非常に多数の属がバルトのコハクから知られている．そのチャタテムシ類の大多数は現在熱帯・亜熱帯アジア，アメリカ，アフリカに棲む種に最も近似している．アザミウマも微小な昆虫で，生きている植物や他の動植物の組織から体液を吸引するための口器をもち，多くは害虫である．バルトのコハクから6科が報告され，多くはアザミウマ科に属している．

カメムシ目は吸引用の口器が特徴的で，便宜上2つの亜目，カメムシ亜目とヨコバイ亜目に区分する．ヨコバイ類には，セミ，アブラムシ，ヨコバイ，カイガラムシなどを含む．バルトのコハク中のヨコバイ類には非常に多様なアブラムシの種，いくつかのカイガラムシとヨコバイの種を含む．これら小型のヨコバイ類がたくさんいるのと対照的に，大型で力強く飛ぶセミはコハク中にはまれである．カメムシ亜目は，上記以外のすべてのカメムシ類を含む．すなわち，キンカメムシ，ミズムシ，アメンボ，カスミカメムシ，トコジラミ，サシガメ，などである．これらはいずれも植物中の樹液，あるいは動物の体液を吸うので突き刺すための口器をもっていた．バルトのコハクにはこれらカメムシ類のほぼ全グループの代表がみられる．植物の樹液を吸うカメムシ，たとえばカスミカメムシ科のような大きな科がコハク中にふつうに産するのは理解できる．だが，タイコウチ（*Nepa*）（大型の捕食者），ミズムシ，アメンボ，など（水棲のもの）がいるのは奇妙なことである．もっともこれらはよく飛行するので，樹脂に捕らえられた昆虫に魅せられて

図238　バルトのコハク中のヤスデ（ヤスデ綱 Diplopoda, ツムギヤスデ目？）（GPMH）．長さ約 8mm.

図239　バルトのコハク中，チャタテムシ（チャタテムシ目ケチャタテ科 Caecilisidae）に乗る寄生性のダニ（クモ形類コナダニ亜目タカラダニ科 Erythraeidae, *Leptus* sp.）（GPMH）．体長 0.5mm.

Chapter Thirteen—バルトのコハク

やってきたのかもしれない.

アミメカゲロウ目は近縁のさまざまなグループ, センブリ, キスジラクダムシ, ヘビトンボ, クサカゲロウ, アリジゴク, アミメカゲロウなどを含む. これらは大型の昆虫で捕食性, しかし概してゆっくり飛翔する. これらのグループのほとんどすべてについて, それぞれ2〜3種はバルトのコハク中から記録されている. シリアゲムシは腹部が特徴的に曲がっていて, 名前の由来となっているが, それ以外の特徴はアミメカゲロウに似ている. 4属がバルトのコハクから報告されている.

甲虫目(鞘翅類)は昆虫の中で最も多様化した目で, したがって全陸上動物中で最も種類が豊富なグループである. 当然, バルトのコハクからも甲虫の報告がたくさんある. オサムシ科は樹幹にふつうにみられ, したがってコハク中にも非常に多い. タガメなどと同様にゲンゴロウモドキ(ゲンゴロウ科), ミズスマシ科がコハク中から発見され, 森林地帯に川か湖かが存在したことを示している. シバンムシ科は木に穿孔し, ふつうにいる甲虫で, したがってコハク中にも多い. このほかの樹木穿孔性の甲虫, たとえば美しいタマムシ科, カミキリムシ科などもコハク中から産する. 鞘翅が美しい色に輝くハムシ科も, コハク中から2ダース以上の属が報告されている. テントウムシ科の2〜3の属がコハクから知られている. 現在, たくさんの科の甲虫が樹皮で生活していて, 樹皮に着生している地衣類を食べている. これらの科も, コハク中にふつうに入っている. ふれておくべきものにゾウムシ上科がある. これに属すおよそ50の属がバルトのコハクから知られている. また, コメツキムシ科はコハク中に非常に多く, 約40属が知られている. たぶん彼らが樹脂に惹かれるためであろう. コガネムシ科は一般に動物の排泄物に伴うのだが, バルトのコハク中に2〜3の属が産する. ハネカクシ科は甲虫の中で最も大きなグループの一つである. したがってこのグループに属す50もの属がコハク中に産するのも驚くにあたらない. 図234にオオハナノミ科の成体を示す. この現生の近縁種は花頭に棲み幼生は花に来るハチに寄生している.

トビケラ目は幼生は水生だが成虫は空中を飛ぶ. Ulmer (1912) はバルトのコハク中のトビケラに関する広範なモノグラフを出版し, その中で12科56属152種を記載した. この非常な多様性(それに大変な個体数. これはバルトのコハク中に極めて多い)は, コハクの森に川や池がたっぷりあって幼生を支えたことの反映であろう. 興味深いのは, 現生の全トビケラの1/4がエグリトビケラ科に属しているのだが, これがバルトのコハクにはまったくいないことである. これはおそらくエグリトビケラ科が熱帯・亜熱帯でなく温帯にいるグループであるためであろう. 大型のチョウ目は強い飛翔力をもち, 樹脂の滲出に惹かれたとしても捕らわれることは少ないように思える. 確かにコハク中にみられるチョウ類には小型のガ(蛾)が多い. スイコバネガ科, モグリチビガ科, マガリガ科, ミノガ科, ヒロズコガ科, ハモグリ科, ホソガ科, コナガ科, スガ科, クサモグリガ科, マルハキバガ科, キヌバコガ科, ハマキガ科, メイガ科, ヒゲナガガ科などの科のメンバーがコハクから報告されている. これらのうちでヒロズコガ科とマルハキバガ科とが最も多く, 大型のハマキガ科は明らかにコハク中に十分反映されていない. 彼らは簡単には樹脂に捕らえられないためである. だが大型のチョウ類が捕らえられている記録がある. これにはスズメガ科, ヒトリガ科, ヤガ科, アゲハチョウ科, シジミチョウ科などが含まれている.

ハエ目は昆虫の中で甲虫類に次ぐ第二の大きなグループである. このグループは1対だけの翼(前翅)をもつことで簡単に識別できる. 後翅は退化して平均棍というバランスを取るための器官になっている. この目には3亜目, カ亜目, ハエ亜目, 環縫亜目があり, カ亜目ではユスリカやキノコバエが代表的で, コハク中の昆虫でも最も多いものの一つである. コハク中に見いだされる数多くの科の中で, 以下のものは特に興味深い. ハエ科(図240)の幼生は分解しかけている有機物上にいる. ケバエ科は春に膨大な数の成虫が現れる. タマバエ科の幼生は葉に虫こぶをつくる. ヌカカ科の成虫は人や動物を刺して非常な痛みを与える. 幼虫は水生で植物デトリタスを食べている. ユスリカ科は成虫は大きく群れを造るが刺さない. 幼生は水生である(図237). カ科は悪名高い吸血昆虫で, 幼生は水生, キノコバエ科とクロバネキノコバエ科は森林のどこにもいて, 幼虫は菌や分解しかかった材を食べる(ただキノコバエ科のある種は鮮やかな色の尾に誘われてくる昆虫を食べる). チョウバエ科の幼虫は植物デトリタスを食べているが, 成虫は吸血する. ニセケバエ科の幼虫は動物の死体や排泄物を食べる腐食者である. ブユ科は重要な吸血昆虫である. ガガンボ科はよく知られた"足ながおじさん"で, バルトのコハク中に約40種知られている. ガガンボダマシ科は暗い場所を好み冬に現れる. ハエ亜目ではバルトのコハク中に以下の科が知られている. コガシラアブ科はクモの体内に

図240 さなぎから孵化したばかりの成虫のブユ(ハエ目ハエ科 Anisopodidae). バルトのコハク中 (GPMH). さなぎの殻の大きさ約4.6mm.

寄生するハエ．ムシヒキアブ科は大型の捕食性ハエ．ツリアブ科はハチに似た体をし，果汁を吸う．アシナガバエ科は成虫幼虫ともに捕食性，幼虫はしばしば樹皮の下にいる．オドリバエ科は幼虫が樹皮の下におり（したがってコハク中に多い），成虫は小集団をつくって特徴的な乱舞をする．シギアブ科は幼虫も成虫も捕食性（図241）．ミズアブ科は大型のカラフルな捕食性のハエで，幼虫は樹皮の下にいる．アブ科は成虫の雌が吸血性で，刺されると痛いのでよく知られている．幼虫は水棲．このほかツルギアブ科，キアブモドキ科，キアブ科が知られている．環縫群では18科がバルトのコハクから報告されている．なかでも最もよく知られているのはショウジョウバエ科とイエバエ科である．どちらもコハク中には1種だけしか知られていない．

ノミ目の化石記録はまれだが，バルトのコハク中から2種が知られていて，どちらも *Palaeopsylla* 属に入る．この属はトガリネズミとモグラに外部寄生する．

ハチ目は2つの亜目，ハバチ亜目（ハバチとキバチ）とハチ亜目（アリ，ハチ類）に二分されている．バルトのコハクからハバチの7科が知られ，主にそれらの幼虫それぞれ1個体で代表されている．ハチには，寄生性，単独，群体性，社会性，有翅，無翅，など，多くのグループがいる．寄生性のものは，昆虫の数を調節している点で重要である．たくさんの寄生ハチがバルトのコハクから知られている．ことに，コマユバチ科（図242）とヒメバチ科が多い．タマバチの存在は，ふつうは没食子のような虫こぶの存在から知れるのだが，虫こぶはコハク中に数多く産する．刺針をもつハチ亜目にアリ，ハチがはいる．アリはコハク中に非常に多い．おそらく樹幹を登ったり降りたりする習性のためであろう．50属を越すアリがバルトのコハクから知られている．これほど多いのはバルトのコハク中のアリが異なる気候環境の複数のグループ，一つは亜熱帯気候下のグループでもう一つは温帯のもの，を含んでいるためである．Wheeler (1915) はコハクは非常に長い期間にわたって堆積したものなので，その間に気候が寒冷化し森林型も変化したと考えた．大型のハチはコハク中に2種（スズメバチ科）が報告されている．ジガバチ科とベッコウバチ科は単独バチで，穴を掘りそこに卵が孵って成長のときの食料として麻痺させた獲物（ふつうはクモ）を置き，その脇に卵を生む．多数のジガバチとそれより少ないベッコウバチの種類がコハク中から報告されている．小型のハチ（ハチ超科）には単独性のハチと社会性のハチとがいて，コハク中から両タイプのハチがたくさん知られている．

昆虫の項を終わる前に，ごく最近2002年に発見されたバッタ目に近い新目カカトアルキ目（Mantophasmatodea）（図243; Klass *et al.*, 2002; Zompro *et al.*, 2002）についてふれたい．これは昆虫の未知の目に属すとしてバルトのコハクから2001年に記載されたもので（Zompro, 2001），その後，現生の標本がタンザニアとナミビアで発見され，新しい目と確認された．これは夜行性，捕食性の昆虫で，その生息場所は乾燥した岩だらけの山地で，バルトのコハクの森とは相当に違った環境である．

クモ形類：クモ形綱（クモ，サソリ，ダニ，およびその近縁グループ）の化石記録は，バルトやその他のコハクがなければはるかに貧弱なものになったであろう．だが，バルトのコハクに含まれるほとんどの種類が現生の科や属に入り，したがってこのグループの進化についてあまり参考にはならない．サソリはバルトのコハクからキョクトウサソリ科の6個体が知られ，それぞれ別の属に入れられている．これらに最も近縁な現生属はアフリカとアジアにいる（Lourenço and Weitschat, 2000）．サソリは他の産地のコハクに比べバルトにははるかに少ない．ミニチュアのサソリのようだが尾のないものはカニムシである．この小さな動物はコケの中や，樹皮の下，落ち葉の間などにいる．バルトのコハク中には9科にはいる

図241　便乗行動．アブ（ハエ目シギアブ科 Rhagionidae）の脚に乗ってヒッチハイクしているカニムシ．バルトのコハク中（GPMH）．カニムシの体長 2.5mm．

図242　便乗行動．コマユバチ（ハチ目コマユバチ科 Braconidae）に便乗しているカニムシ *Oligochernes bachofeni*．鋏（ハサミ）を除くカニムシの体長約 2.5mm．

Chapter Thirteen—バルトのコハク

多数の属が知られている（Schawaller, 1978）．カニムシは移動するのに巧妙な手を用いる．彼らは飛翔昆虫が現れ，コケ，樹皮，ゴミなどに着陸するのを待ち，かぎ爪のある触脚（pedipalp）で昆虫の脚にしがみつく（図 241, 242）．昆虫が飛び立つとカニムシは伴われ，棲み場所として好適なところに着地したとき"手を離す"のである．このようなヒッチハイクを便乗（phoresy）といい，バルトではコマユバチに便乗しているカニムシの例が発見されている（Bachofen-Echt, 1949）．ザトウムシ目（図 244）はよく知られた長い足のクモ形類で，落ちた樹皮の下に何百となく集まっている．9属がコハクの中から記載された．だが標本の実際の数は膨大で，それはザトウムシが捕まると脚を捨てる習性のためで，分離して同定不可能な多数の脚がコハクの中に認められる．マダニとダニは陸上で昆虫の4巨大目に次いで多様性の高い動物である．多くは動植物に寄生し，体液を吸うための口器をもつ．寄生性のものの多くは宿主の種類がきまっているので，寄生動物の化石の証拠から宿主の存在を推定することが可能となる（図 239）．バルトのコハクからはマダニの1種 *Ixodes succineus* と60属以上のダニが記載されている．ほとんどのダニは自由生活をするタイプで，現在，樹皮の下やコケ・ごみの中にいて，植物デトリタス食，あるいは菌食をしている．

化石として知られているすべてのクモ類の90％以上はコハク中から産したものである．バルトのコハクからはおよそ33科に属するクモが記載されている．主として Koch and Berendt (1854) によって最初に記載され，Petrunkevitch (1942, 1950, 1958) によって改訂され，Wunderlich (1986, 1988) によって追加記載された．これらのうちアゴダチグモ科（図 245, 246）は，最初にバルトのコハク中で記載され，後に現生種が熱帯アフリカとオーストラリアで発見された．コハクから発見された科はいずれも森林に生息すると判断されるもので，属の多くは亜熱帯気候を示唆している．樹皮の裏側や脱皮殻に棲むいくつかの小型の種類は別として，コハク中に保存されているクモの多くはすでに樹脂に捕らえられた昆虫を

図243 *Raptophasma kerneggeri*，最近記載された新目カカトアルキ目 Mantophasmatodea の模式標本．バルトのコハク中（GPMH）．体長 11.7mm.

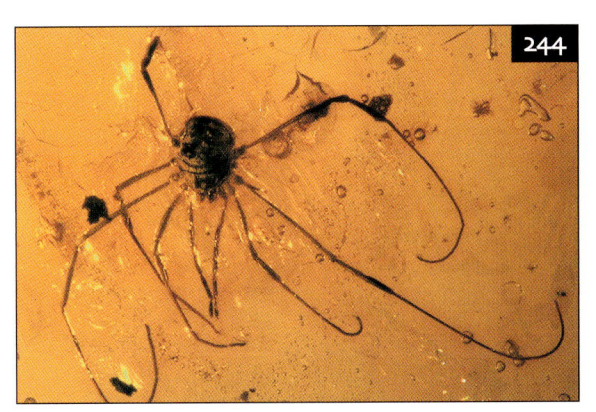

図244 バルトのコハク中のザトウムシ（クモ形類ザトウムシ目 *Dicranopalpus* sp.）．脚を除く体長約 3.25mm.

図245 バルトのコハク産，雄のアゴダチグモ科 Archaeidae のクモ（GPMH）．長さ（鋏角を含めて）5.625mm.

図246 バルトのコハク産，雌のアゴダチグモ科のクモの前面（GPMH）．頭部の後端から鋏角の先端まで約 3mm.

ねらっていたものらしい．驚くべきは，クモの糸と巣（図247, 248）がコハク中に保存されていることで，それに一組のクモが交尾したままの状態で樹脂に捕らえられている（Wunderlich, 1982）．

脊椎動物：脊椎動物は樹脂に捕らえられるには一般に大きすぎるが，しかしいくつかの遺骸が発見されている．残念ながらカエルとトカゲの報告のほとんどは詳細な調査の結果，偽物であることがわかった．あるいは標本が失われていて再調査ができない．鳥の羽毛がコハクから産している（たとえばWeitschat, 1980）．この羽毛はスズメ，キツツキ，ゴジュウカラ，その他の小鳥のものである．哺乳類はわずかに足跡と毛が見つかるだけで，毛はヤマネ，リス，コウモリのものと同定されている．

バルトのコハクの古生態

バルトのコハクに含まれる植物の組み合わせが現在の複数の気候帯にまたがり，現生種が世界の広い範囲に広がっていることを説明するため，いろいろな提案がなされてきた．Heer (1859) はこの植生タイプの混合を，森林が広大で現在のスカンジナビアからポーランド，ドイツにまで広がっていたため，と説明した．このように，森が温帯から亜熱帯までの広い気候帯にまたがっていた，加えてこの地域の北部では森が山地の斜面に広がっていた，と考えることができる．Wheeler (1915) は，バルトのコハクの森はある狭い同一の気候帯を占めていたのだが，気候がコハクの形成期間中に変化したと考えた．コハクの生産はおそらく数百万年にわたっており，その間に森林の気候が亜熱帯から温帯へ（あるいはその逆に）変化したことは考えられることである．Ander (1941) は，森林は湿潤な山地にあって，その南斜面などでは熱帯種が生育でき，いっぽう低温を好む植物は北よりの寒冷な谷筋などに限られていた，という状況を示唆した．Abel (1935) および他の研究者は，バルトのコハクの森林についてその古生態を現在のフロリダ南部と比較した．そこでは亜熱帯・温帯地域のなかに隔離されて島のように熱帯植物が生育する区域（この森林はハンモック（hammock）とよばれている）がある．この地域ではヤシ，マツ，オークの3組の植物群が同時に共存していて，バルトのコハク地域の植生と同様である．これらの提案はいずれももっともらしく聞こえる．このどれであるか，の判断を下す前に，別の視点からの証拠が必要ではなかろうか．バルトのコハク中の動物や植物は，明らかに1つの森林から集まったサンプルである．気候の証拠からはその森は温帯から熱帯におよび，多くの昆虫が水と関連し，特にその幼虫が水生であったものが多いことから，そこは明らかに湿潤であったといえる．

バルトのコハクと他のコハクの比較

Schlüter (1990) は，バルトのコハクと組成を量的に比較できるほど包有物をたくさん含んでいる唯一のコハクとして，ドミニカのコハクを取り上げて比較し，興味深い結果を得ている．バルトのコハクではハエ類が包有物のおおよそ50％を占めていたが，ドミニカのコハクでは40％以下である．ドミニカではハチ目（主としてアリ）はハエ類に次いで2位になる（これも40％に近い）．しかし，これらはバルトではわずか5％ほどでしかない．このことは，アリは熱帯では温帯に比べ不釣り合いに多くいるので，と説明できる．あらゆる証拠がドミニカのコハクは熱帯林のものであることを示している（Poinar and Poinar, 1999）．ドミニカのコハクはマメ科の木の *Hymenaea protera* が生産したもので，この木は東アフリカの *H. verrucosa* に最も近縁である．このコハクはバルトのものに比べ色がやや淡く，もっと澄んでいる．オークの毛（星状毛）や，バルトで包有物を見にくくして悩ましいエマルジョンがない．コハクやコーパルはドミニカ共和国の，1500万年前から4500万年前までの年代の数多くの産地からもたらされている．現在では，ドミニ

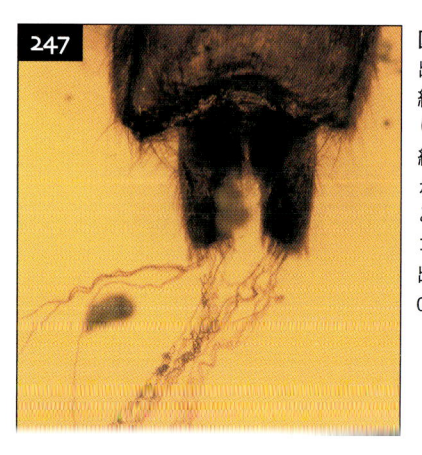

図247　クモの出糸突起の拡大．絹糸の子糸（縒り合わせる前の細糸）が出糸管から出てくるところ．バルトのコハク（GPMH）．出糸突起は約0.2mmの長さ．

図248　バルトのコハク中にみられるクモの網（GPMH）．写真の幅は約30mm．

カのコハクは開発途上で，それは，新生代の森林中の生命について教えてくれるという点で，バルトのコハクと同等の，ある場合（脊椎動物など）には凌駕する意義があるといえる．

参考文献

Abel, O. 1935. *Vorzeitliche Lebensspuren*. Gustav Fischer, Jena, xv + 644pp.

Ander, K. 1941. Die Insektenfauna des Baltischen Bernstein nebst damit verknüpften zoogeographischen Problemen. *Lunds Universitets Ärsskrift* N. F. **38**, 3–82.

Bachofen-Echt, A. 1949. *Der Bernstein und seine Einschlüsse*. Springer-Verlag, Wien, 204 pp.

Caspary, R. and Klebs, R. 1907. Die Flora des Bernsteins u. andere fossiler Harze des ostpreussichen Tertiärs. *Abhandlungen der Königlich Preussischen Geologischen Landesanstalt*. Berlin N.F. **4**, 1–182.

Conwentz, H. 1886. *Die Flora des Bernsteins. 2. Die Angiospermen des Bernsteins*. Danzig, 140 pp.

Conwentz, H. 1890. *Monographie der baltischen Bernsteinbäume*. Danzig, 203 pp.

Czeczott, H. 1961. The flora of the Baltic amber and its age. *Prace Muzeum Ziemi. Warszawa* **4**, 119–145.

Göppert, H.R. and Berendt, G.C. 1845. *Der Bernstein und die in ihm befindlichen Pflanzenreste der Vorwelt*. Vol. 1. Berlin.

Göppert, H. R. and Menge, A. 1883. *Die Flora des Bernsteins unde ihre Beziehungen zur Flora der tertiarformation und der Oegenwart*. Volume 1. Danzig.

Grimaldi, D. A. 1996. *Amber: window to the past*. Harry N. Abrams Inc. and American Museum of Natural History, New York, 216 pp.

Grimaldi, D. A., Shedrinsky, A., Ross, A. and Baer, N. S. 1994. Forgeries of fossils in 'amber': history, identification and case studies. *Curator* **37**, 251–274.

Heer, O. 1859. *Flora Tertiaria Helvetiae: die tertiäre Flora der Schweiz*. Volume 3. Wintherthur, 377 pp.

Keilbach, R. 1982. Bibliographie und Liste der Arten tierischer Einschlüsse in fossilen Harzen sowie ihrer Aufbewahrungsorte. *Deutsche Entomologische Zeitschrift N. F.* **29**, 129–286, 301–491.

Klass, K.-D., Zompro, O., Kristensen, N. P. and Adis, J. 2002. Mantophasmatodea: a new insect order with extant members in the Afrotropics. *Science* **296**, 1456–9.

Klebs, R. 1886. Gastropoden im Bernstein. *Jahrbuch der Königlich Preussischen Geologischen Landesanstalt und Bergakademie zu Berlin* **188**, 366–394.

Koch C. L. and Berendt, G. C. 1854. Die im Bernstein befindlichen Crustaceen, Myriapoden, Arachniden und Apteren der Vorwelt. *In* Berendt, G. C. (Menge, A., ed.) *Die im Bernstein befindlichen Organischen Reste der Vorwelt*. Berlin, **1** (2), p. 1–124, pl. I-XVIII.

Kornilovich, N. 1903. Has the structure of striated muscle of insects in amber been preserved? *Protokol Obshchestva Estestvoisptatele pri Imperatorskom Yur'evskom Universitete. Yur'ev. (Dorpat)* **13**, 198–206.

Larsson, S. G. 1978. *Baltic amber – a palaeobiological study*. Entomonograph Volume 1. Scandinavian Science Press Ltd., Klampenborg, Denmark. 192 pp.

Lourenço, W. R. and Weitschat, W. 2000. New fossil scorpions from the Baltic amber – implications for Cenozoic biodiversity. *Mitteilungen aus dem Geologisch-Paläontologisches Institut der Universität Hamburg* **84**, 247–59.

Mierzejewski, P. 1976a. Scanning electron microscope studies on the fossilization of Baltic amber spiders (preliminary note). *Annals of the Medical Section of the Polish Academy of Sciences* **21**, 81–2.

Mierzejewski, P. 1976b. On application of scanning electron microscope to the study of organic inclusions from Baltic amber. *Rocznik Polskiego Towarzystwa Geologicznego (w Krakowie)* **46**, 291–5.

Mierzejewski, P. 1978. Electron microscope study on the milky impurities covering arthropod inclusions in Baltic amber. *Prace Muzeum Ziemi. Warszawa* **28**, 79–84.

Petrunkevitch, A. 1942. A study of amber spiders. *Transactions of the Connecticut Academy of Arts and Sciences* **34**, 119–464.

Petrunkevitch, A. 1950. Baltic amber spiders in the collections of the Museum of Comparative Zoology. *Bulletin of the Museum of Comparative Zoology, Harvard University* **103**, 259–337.

Petrunkevitch, A. 1958. Amber spiders in European collections. *Transactions of the Connecticut Academy of Arts and Sciences* **41**, 97–400.

Poinar, G. O. 1992. *Life in amber*. Stanford University Press, Stanford, California, xiii + 350 pp.

Poinar, G. O. and Hess, R. 1982. Ultrastructure of 40-million-year-old insect tissue. *Science* **215**, 1241–2.

Poinar, G. O. and Poinar, R. 1999. *The amber forest: a reconstruction of a vanished world*. Princeton University Press, Princeton, New Jersey, xviii + 239 pp.

Rice, P. C. 1993. *Amber: the golden gem of the ages*. 1993 Revision. The Kosciuszko Foundation Inc., NY, x + 289 pp.

Ross, A. 1998. *Amber: the natural time capsule*. The Natural History Museum, London. 73 pp.

Schawaller, W. 1978. Neue Pseudoskorpione aus dem Baltischen Bernstein der Stuttgarter Bernsteinsammlung (Arachnida: Pseudoscorpionidea). *Stuttgarter Beiträge zur Naturkunde*, Series B **42**, 1–22.

Schlüter, T. 1990. Baltic Amber. 294–297. *In* Briggs, D. E. G. and Crowther, P. R. (eds.). *Palaeobiology: a synthesis*. Blackwell Scientific Publications, Oxford, xiii + 583 pp.

Schubert, K. 1961. Neue Untersuchungen uuber Bau und Leiben der Bernsteinkiefern [*Pinus succunifera* (Conw.) emend.]. *Beihefte zum Geologischen Jahrbuch* **45**, 1–149.

Selden, P. A. 2002. First British Mesozoic spider, from Cretaceous amber of the Isle of Wight, southern England. *Palaeontology* **45**, 973–983.

Ulmer, G. 1912. Die Trichopteren des baltischen Bernsteins. *Beiträge zur Naturkund Preussens, Königsberg* **10**, 1–380.

Weitschat, W. 1980. *Leben im Bernstein*. Geologisch-Paläontologisches Institut der Universität Hamburg, Hamburg, 48 pp.

Weitschat, W. and Wichard, W. 2002. *Atlas of plants and animals in Baltic amber*. Verlag Dr Friedrich Pfeil, Munich, 256 pp.

Wheeler, W. M. 1915. The ants of the Baltic amber. *Schriften der (Königlichen) Physikalischen-Ökonomischen Gesellschaft zu Königsberg* **55**, 1–11.

Wunderlich, J. 1982. Sex im Bernstein: ein fossiles Spinnenpaar. *Neue Entomologische Nachträge* **2**, 9–11.

Wunderlich, J. 1986. *Spinnen gestern und heute. Fossil Spinnen in Bernstein und ihre heute lebenden Verwandten*. Erich Bauer Verlag, Wiesbaden, 283 pp.

Wunderlich, J. 1988. Die fossilen Spinnen (Araneae) im Baltischen Bernstein. *Beiträge zur Araneologie* **3**, 1–280.

Zompro, O. 2001. The Phasmatodea and *Raptophasma* n. gen., Orthoptera incertae sedis, in Baltic amber (Insecta: Orthoptera). *Mitteilungen der Geologisch-Paläontologisches Institut der Universität Hamburg* **85**, 229–61.

Zompro, O. Adis, J. and Weitschat, W. 2002. A review of the order Mantophasmatodea (Insecta). *Zoologischer Anzeiger* **241**, 269–79.

Chapter Fourteen
ランチョ・ラ・ブレア
Rancho La Brea

背景：第四紀の北アメリカ

　第四紀にはいる250万年前頃のこと，各大陸はすでに現在の位置に近いところにあった．その頃から気候は急速に悪化し（Bowen, 1999），それ以後第四紀のあいだ，各大陸は，短い温暖期が挟まるが，だいたいは寒冷で，北方の大陸の広い地域に氷河が発達するような環境であった．北アメリカの氷河は1300万 km²の土地を覆い，カナダ北部の土地を削り込み，融氷水がその岩屑をはるか南の五大湖あたりまで運んだ．

　第四紀はわずか250万年続いているだけの時代で，他の地質時代のどれよりもはるかに短いので，その区分には通常の地質時代のように，動物や植物の進化的変化を基準にする伝統的な方法を用いることができない．そのかわり，著しい気候変化を基準に区分する．氷河時代には，氷河が前進し成長する気候（氷期）と，現在とあまり違わない温暖な時期（間氷期）とが交互にある，という変動を周期的にくり返した．

　北米では4回の主要な寒冷期があった（英国では6回）．すなわち古い方からネブラスカ，カンサス，イリノイ，ウィスコンシンの4氷期と，これらの間に挟まる温暖期のプレネブラスカ，アフトン，ヤーマス，サンガモンとがくり返されてきた．ネブラスカ氷期はおおよそ100万年前に始まり，10万年ほど続いた．最後のウィスコンシン氷期はおおよそ10万年前頃に始まった氷期で，この氷河時代全体を通して最も寒冷な期間があった*．

*：北米や北半球における近年の気候史研究によると氷期は上記および図252に示す4氷期よりずっと多く，最近の70万年間でも約10万年周期で数回以上くり返している．そこで今では上記の区分も名称も最後のウィスコンシン氷期・サンガモン間氷期を除いて，一般には使われていない．

　氷期の間，海水面は今よりずっと低かった．大量の海水が氷河になったため，海面は全世界で120mも低下した．現在は浅い海でアラスカとシベリアを隔てているベーリング海峡は陸化して，北東アジアと北米北西部を繋ぐ陸橋となった．これは浮遊生物が北極海と太平洋の間を行き来するのを妨げたが，陸上生物が北米とユーラシアの間を移住することを可能にした．北米の種類，たとえばラクダやウマがユーラシアに移住し，ユーラシアの哺乳類，たとえばマンモス，バイソン，それにヒトが北米に侵入した．このような移住の結果，北米の哺乳動物相が次第に変化したが，その変化は北米の陸上哺乳動物群の時代区分や順序を定義するのに用いられている．

　しかしウィスコンシン氷期の終わったとき，1万2000年前と1万年前の間のいつかのこと，哺乳動物群に世界的な激しい変化があった．北米では，大型哺乳類の73%（33属），たとえばマンモス，マストドン，ウマ，バク，ラクダ，オオナマケモノなどが，それらを捕食した剣歯虎のような肉食者とともに絶滅した．これが単に氷期末の気候の変化によるものなのか，あるいは人類による過剰な狩りの影響なのか，いまだに論争の的となっている．

　ロサンジェルス市中，ランチョ・ラ・ブレア（Rancho La Brea）として知られる場所（図249, 250）に，氷期の化石を世界で最も豊富に含む堆積物の一つがある．ここには，アスファルトに富んだ堆積物中に骨が大量に集積しており，これこそ真の密集的ラガシュテッテと考えてよい．その化石の多様さは，4万年前から1万年前までのあいだ，すなわち，北米の氷期末という重要な期間にロサンジェルス盆地に生息していた動物の，事実上完全な記録であるといえる．この例外的な化石群によって，陸上哺乳類のRancholabrean期という時代が定義されている（Savage, 1951）．化石群は哺乳類として巨大なマンモスからカリフォルニアハツカネズミまでおおよそ60種を含む．哺乳類の他にヘビやカメなどの爬虫類，カエルなどの両生類，鳥，魚，貝類，昆虫，クモ，それに大量の植物，顕微鏡的な花粉や種子なども産する．これは，事実上一つの生態系が完全に保存された例といえる．

ランチョ・ラ・ブレア発見と研究の歴史

　この地域では自然に流出するアスファルト（図251

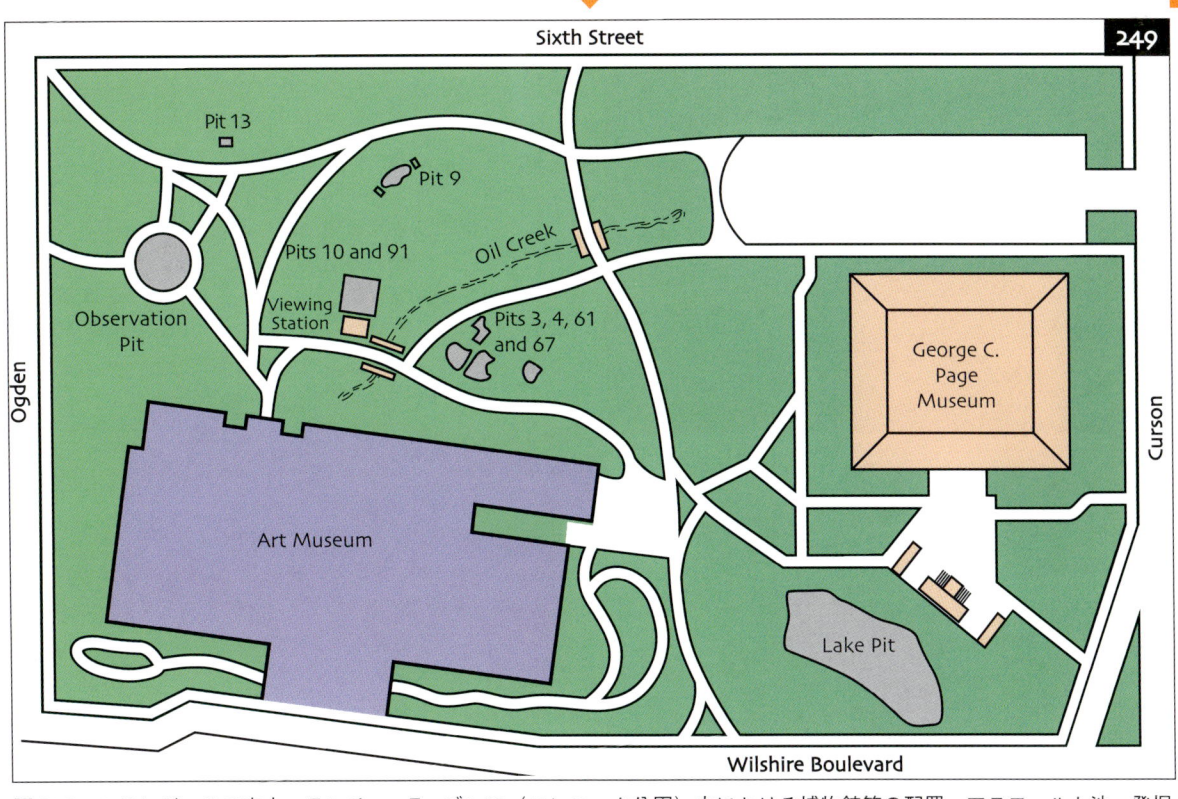

Chapter Fourteen—ランチョ・ラ・ブレア

図249 ロサンジェルス市内，ランチョ・ラ・ブレア（ハンコック公園）内における博物館等の配置，アスファルト池，発掘地点（Pit 3〜91）の位置を示す．公園は市の中心からWilshire大通りを西に約10kmの地点にある．

図250 ロサンジェルス，ランチョ・ラ・ブレア（ハンコック公園）．石油を含む水からメタンガスの泡がわき出しているアスファルト採掘跡．氷期の動物の等身大模型が並んでいる．

図251 ロサンジェルス，ハンコック公園における天然アスファルトの池．

が，先史時代から人々に使用されてきた．この地域のインディアンはタールを接着剤として武器や容器や装飾品を作ったり，防水用としてカヌーや屋根に用いたりしていた（Harris and Jefferson, 1985）．しかしこの堆積物の最古の記録はスペインの探検家 Gaspar de Portolá のもので，かれは1769年に「広大なタールの沼地」と記した．José Longinos Martínez は1792年に「石油が湧いて流れる20の泉……大きなピッチの池があって，そこでは気泡や泡状のふくらみがたえずつくられて破裂している」（Stock and Harris, 1992）などと記した．

1828年，この場所はランチョ・ラ・ブレアとして知られるメキシコ政府の払い下げ地の一部となった．ランチョ・ラ・ブレアとは文字通りには「タールの牧場」という意味である．もっとも厳密にいえば「タール」は正しくない．石油に由来する天然の瀝青質の物質はアスファルトである．19世紀にはアスファルトは採掘され道路建設用に売られた．鉱夫たちは骨を見つけたが，骨は現在の動物の死骸だとして無視されていた．

この化石の年代が理解されたのは，1875年にランチョの所有者である Henry Hancock 少佐が，剣歯虎の歯をボストン自然史協会の William Denton に寄贈したときであった．Denton はロサンジェルスを訪れ，さらにウマと鳥の化石を採集した．1901年，ロサンジェルスの地質学者 W. W. Orcutt が石油の生産を始めるつもりでここを訪れた．Orcutt の1901年から1905年までの発掘で，剣歯虎，オオカミ，オオナマケモノなどが発見され，これらはカリフォルニア大学の John C. Merriam 博士に渡された．Merriam はこの堆積物の重要性に気付き，1906年から1913年まで発掘したが，この年，Henry Hancock の息子の G. Allan Hancock 大尉がこの場所の独占発掘権をロサンジェルス郡に与えた（Harris and Jefferson, 1985）．発掘の最初の2年間で75万個の骨が取り上げられ，1915年には Hancock 大尉は化石をロサンジェルス郡自然史博物館に寄贈し，同時に牧場も保存・研究・展示のために博

物館に寄贈した．ここは後にハンコック公園と改名された．1963年，ハンコック公園（図250）は National Natural Landmark に登録され，1969年には発掘をピット91で再開した．発掘はそれまで無視されてきた小型の動植物，昆虫，貝類，種子，花粉などを集めるのを目的としている．発掘は今も続けられている．

この堆積物の研究に関連した研究者で最も多く名前が出てくる人は Chester Stock（1892-1950）である．この人は John C. Merriam の学生で，ラ・ブレアにおける1913年から行われた初期の発掘に参加し，1918年からは死ぬまでロサンジェルス郡自然史博物館で活動した．そしてラ・ブレアの化石に関する最初の総括的なモノグラフ（Stock, 1930）を出版した．この出版物は1992年までに第7版（Stock and Harris, 1992）にまで達した．

ランチョ・ラ・ブレアの層位とタフォノミー

ランチョ・ラ・ブレアで発掘された化石のほとんどは，炭素-14法の年代測定で1万1000年から3万8000年前の間の年代，と推定されている．このことはこの化石を含む堆積物が更新世の末期，ウィスコンシン氷期の最終段階に堆積したものであることを示している（図252）．北米の陸上哺乳類化石年代の目盛りでいえば，この動物群は Rancholabrean の後半に属する．Rancholabrean の始まりは北米に最初にバイソンが現れた層準と定義され，それはおおよそ50万年前のことである．

ウィスコンシン氷期が10万年前に始まる前，このあたりは太平洋から続く浅い海に覆われていた．氷期の開始とともに海水準が低下し，退いた太平洋と Santa Monica 山地（ロサンジェルス盆地の北を限る山地）との間に平坦な土地が広く現れた．この平地には互いにつながった淡水湖が多数存在していた．山地を侵食した川によって平地に砂や泥や礫が堆積し，12mから58mの厚さに覆った．その結果，平地の高度が増した．

この沖積平野の下には，第三紀の海成層で，泥岩と砂岩からなり油砂（流動性の悪い石油を含む砂）を挟む Fernando 層群があって，Salt Lake 油田の貯留岩となっている．この堆積物は更新世前期に褶曲し，断層で切られ，北西-南東の軸をもつ褶曲構造をつくった．その後侵食を受け，およそ4万年前頃から石油は上方に移動し，背斜に向かって集積して，第三紀層を覆っている後期更新世の河川堆積物中や地表にしみだした．石油のうち軽い成分は蒸発し，地表には天然アスファルトの池が残った．ハンコック公園中にたくさんあるアスファルトの池（図251）は北西-南東方向に配列していて，地下の断層に沿って石油がしみ出してきたことを示唆している．

この浅いアスファルトの池が動物や植物にとって自然の罠となった．ことに温度の高い夏はアスファルトが流動性を増し，危険が増したであろう．寒い冬にはアスファルトが固結し，表面を川の堆積物が覆って，次の夏のために再び罠が準備される．このサイクルが年々くり返

Chapter Fourteen—ランチョ・ラ・ブレア

されて，そこにアスファルトの塊ができる（Shaw and Quinn, 1986）．遺骸は大量に集積していて，最初の犠牲者の遺骸に惹かれてたくさんの腐食者（肉食動物）がアスファルトのプールに集まったことがわかる．

化石のすばらしい保存状態は，急速な埋没のためだけでなく，骨にアスファルトがしみ込んでいるという特別な状態のためであると思われる．軟組織が残っていないので，この骨の堆積物は保存的ラガシュテッテとはいえず，大量の骨が残されている（図 253）ことから密集的ラガシュテッテといえよう．$4m^3$ の堆積物中に，オオカミの頭骨が 50 個以上と剣歯虎の頭骨が 30 個も産出しているのである．

骨や歯は，石油がしみ込んで褐色ないし黒色を呈することを除いてほとんど元の状態で保存されている．骨は元の 80% に達するコラーゲンを保持しており（Ho, 1965），微細構造もよく残っている（Doberenz and Wyckoff, 1967）．骨の表面には神経や血管の位置が跡になって残り，腱や靱帯の付着位置も残っている．しばしば頭骨内部の空洞に石油が詰まっていて，そのため，たとえば中耳の微小な骨や，小型の哺乳類や，鳥，昆虫などまで保存されている．おかしなことに表皮の構造はほとんど残っていない．毛や羽毛は時折見つかるが，哺乳類の爪や鉤爪，鳥の鉤爪や嘴は見つからない．キチン質の昆虫の鞘翅には玉虫色が残っている．完全に石油がしみ通った多肉質の葉や松かさも少なくない．

ランチョ・ラ・ブレアの化石群

ヒトの遺骸：ヒトの女性の頭骨と骨格の一部が発見され，炭素-14 年代で 9000 年前のものとされた．すなわち，ほとんどの化石の年代より新しい．この"ラ・ブレアの婦人"は年齢が 20 から 25 の間で（Kennedy, 1989），身長おおよそ 150cm であった．頭骨が骨折していることからみて，彼女は殺されてアスファルトの池に投げ込まれたらしい（Bromage and Shermis, 1981）．もっとも，彼女は

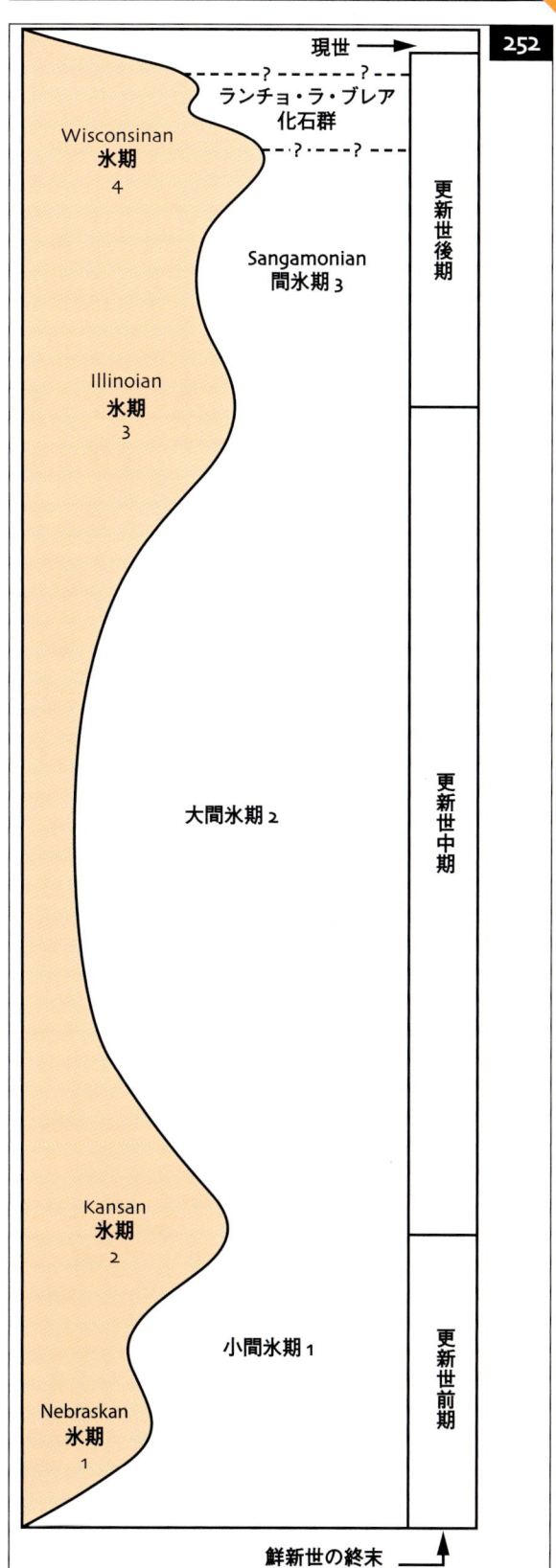

図 252　更新世の氷期・間氷期の変動を示すダイアグラム*．ランチョ・ラ・ブレア動物群の位置を示す（Stock, 1930）．
＊：第四紀気候史に関する本文 p.142 の訳注を参照．

図 253　アスファルト堆積物中の骨の集積．

埋葬されたのだという解釈もある（Reynolds, 1985）．ヒトによる加工品は数多く発見されている．ほとんどは1万年より新しいもので，なかには貝殻製の装飾品や骨製品，木製のヘアピン，槍の穂先などがある．

ダイアオオカミおよびイヌ類：ダイアオオカミ（*Canis dirus*）はラ・ブレアから最も多く発見される哺乳類で，1600個体以上が発見されている（図254, 255）．このオオカミは，群れをつくって動物をタールの池にはまり込ませて狩りをし，自らも落ち込んだのであろう．大きな頭に強力な顎と太い牙をもち，ラ・ブレアの主たる捕食者の地位を占めていた．その他のイヌ類としてハイイロオオカミ（*Canis lupus*）およびコヨーテ（*Canis latrans*）がいる．コヨーテはラ・ブレアの哺乳類で3番目に多く，現生のものより少し大型である（図256）．イヌ（飼い犬）も見つかっていて，その一つはラ・ブレアの婦人の骨に伴っていた（Reynolds, 1985）．

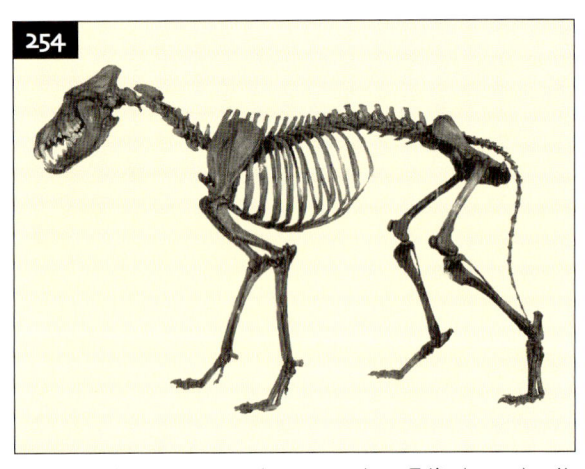

図254 ダイアオオカミ（*Canis dirus*）の骨格（GCPM）．体長1～1.4m．

剣歯虎とその他のネコ類：「カリフォルニア州の化石」に選ばれている *Smilodon fatalis*（剣歯虎）は，ラ・ブレアの全哺乳類の中で最も有名で，数も2番目に多い（図257, 258）．アフリカのライオンとほぼ同じ大きさで，その巨大な上顎犬歯の真の機能は議論になっている．一般にいわれているのは，これで突き刺して獲物を殺した，というのだが，最近の研究では巨大な歯のもろさから，獲物を殺した後で，その軟らかな下腹部を切り裂いて開くのにより適していた，と示唆されている（Akersten, 1985）．このほかの大型ネコ類として，アメリカライオン，ピューマ，ボブキャット（ヤマネコ），ジャガーがいる．

長鼻類：インペリアルマンモス（*Mammuthus imperator*）はラ・ブレアの哺乳類中最大で，高さはほぼ4mに達し，重さ5トンはあった（図259, 260）．アメリカマストドン（*Mammut americanum*）はもっと小型で，高さ1.8m（図261），マンモスが草を食んでいたのに対し，マストドンは木の葉や小枝を主食にしていた．

オオナマケモノ：この，大きく原始的な哺乳類 *Glossotherium harlani* は，南米にいて樹上生活をしている現生のナマケモノに近縁な動物である．だがその平らな臼歯は彼らが草食であったことを示す．高さが1.8mもあるこの動物は，捕食者の攻撃を避けるため，恐竜のアンキロサウルスのように，首から背中にかけて小骨片を敷き詰めた甲羅をもっていた（図262, 263）．

その他の大型哺乳類：食肉類には剣歯虎などのほかに3種のクマ，短面熊，クロクマ，ハイイログマがいた．また植食獣は種類が多く，バイソン（図264），ウマ，バク，ペッカリー，ラクダ，ラマ，シカ，エダツノレイヨウ（図265）などがいた．

小型の哺乳類：肉食性のスカンク，イタチ，アライグマ，アナグマ，昆虫食のトガリネズミとモグラ，膨大な数の齧歯類，これにはハツカネズミ，大型のネズミ，ハ

図255 ダイアオオカミの復元図．

図256 コヨーテの復元図．

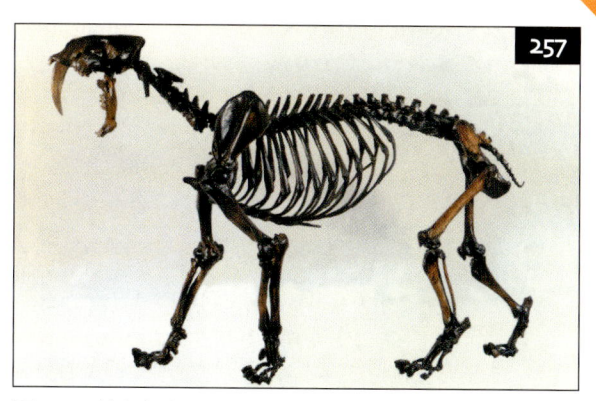

Chapter Fourteen—ランチョ・ラ・ブレア

図 257 剣歯虎（*Smilodon fatalis*）の骨格（GCPM）．体長 1.4〜2m．

図 258 剣歯虎の復元図．

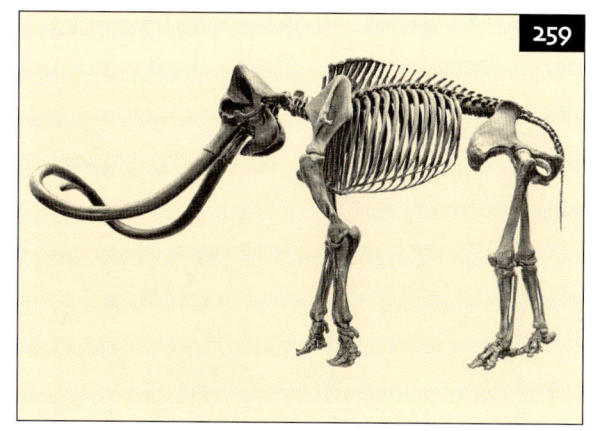

図 259 インペリアルマンモス（*Mammuthus imperator*）の骨（GCPM）．高さ 4m に達する．

図 260 マンモスの復元図．

図 261 マストドンの復元図．

タリス，チリス，ウサギ（大型の野ウサギと小型のウサギ），コウモリなどが含まれる．

鳥　類：アスファルトが骨の表面を覆って保護しているため，ここには世界中のどこよりも多くの鳥化石が残っている．その多くは捕食者，腐食者で，死体を食べているうちにタールの池に捕らえられたコンドル，ハゲワシ，テラトルニスなどである．テラトルニス *Teratornis merriami* は絶滅した巨大猛禽で，高さ 0.75m，翼幅 3.5m，これまでに知られた飛翔する鳥のうちで最大のものの一つである（図266）．サギ，カイツブリ，アヒル，ガン，チドリなど，水鳥の数が多いのは，反射して光るアスファルトの表面を水面と間違えて降りてしまったのであろう．捕食性のワシ，タカ，ハヤブサなどが20種以上おり，なかでも最も多いのがイヌワシである．コウノトリ，シチメンチョウ，フクロウと，無数の小鳴禽類を合わせると完全な鳥類相になる．

爬虫類・両生類・魚類：7種類のトカゲ（Brattstrom, 1953），9種類のヘビ（La Duke, 1991a），ヌマガメ1種，両生類5種（ヒキガエル，アオガエル，樹上性のカエルとサンショウウオ（La Duke, 1991b）がいる．また魚類3種（ニジマス，コクチマス，トゲウオ）（Swift, 1979）が知られており，このことはこの地域に恒久的な水域が存在していたことを示す．

無脊椎動物：淡水生貝類（二枚貝5種，巻貝15種）がいるので，付近に水たまりか川が，少なくとも1年のある季節には存在したことが推定される．また陸生巻貝が11種，おそらく植物デトリタス上に棲んでいたものであろう．昆虫には，バッタ，コオロギ，シロアリ，マダニ，ヨコバイ，甲虫，ハエ，アリ，ハチがいる．サソリ，ヤスデ，それに数種のクモも知られている．これらの多くは陸生で，化石としてはめったに発見されない．甲虫やハエのあるものは，死肉を食べていて捕らえられたもの

図262　オオナマケモノ（*Glossotherium harlani*）の骨格（GCPM）．高さ 1.8m．

図263　オオナマケモノの復元図．

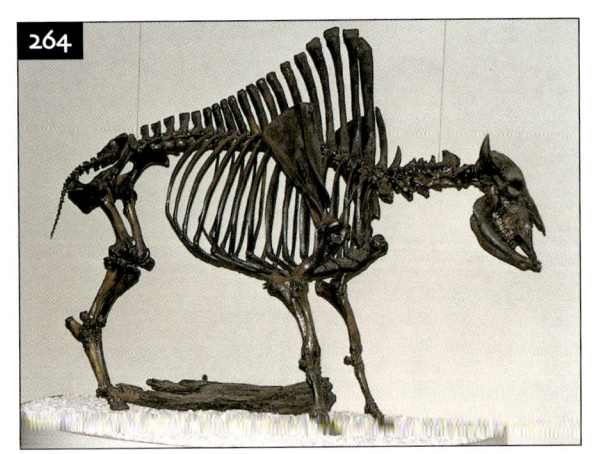

図264　バイソン（*Bison antiquus*）の骨格（GCPM）．高さ 2.0m．

図265　レイヨウの復元図．

か．ほかのものは，粘っこいアスファルトの上に飛ばされてきたか，その上を這っていて動けなくなったか，であろう．

植　物：ラ・ブレアの植物化石としては木材，葉，球果，種子，および顕微鏡サイズの花粉，珪藻がある．

ランチョ・ラ・ブレアの動植物化石は Harris and Jefferson (1985) および Stock and Harris (1992) によって詳細に記載され図示されている．

ランチョ・ラ・ブレア化石群の古生態

ランチョ・ラ・ブレアの"タールピット"中の動物および植物化石は，北米大陸西岸，北緯30度から35度の間の海岸平野における陸上生態系を代表している．ただし気候は冷涼で，氷期の気候であった．植生の多くは今やこの地域には生育していないもので，氷期には，冬は現在の冬と似た気候ではあったが，夏は涼しかっただけでなく今よりもっと湿潤であった（Johnson, 1977a, b）．年間降水量は現在の2倍はあったと思われる．平原には淡水の湖沼や流水がいたるところにみられたであろう．そこに魚，カメ，カエル，貝類，水生昆虫，豊富な植生があった．植生は4つのはっきり違う群落で構成されていた．

Santa Monica 山地の斜面はライラックや，低木性オーク，クルミ，ニワトコなどの深いやぶに覆われていた．一方，風の当たらない深い峡谷には巨木のレッドウッド，ミズキ，ベーラムノキなどの森があった．川岸に沿ってスズカケノキ，ヤナギ，ハンノキ，キイチゴ，トネリコバノカエデ，バージニアカシが林をつくっていたが，川と川の間の平原は，サルビアのやぶ（乾燥に強い木性のやぶ）とその間を占める広い草原に覆われ，ところどころにマツ，ナラ，ビャクシン，イトスギなどからなる木立が散点していた（Harris and Jefferson, 1985）．

このような広い平原の豊富な植生が，蹄をもった哺乳類，バイソン，ウマ，オオナマケモノ，ラクダ，エダツノレイヨウ，マンモス，などの大きな群れを支えていた．時折やってくるイノシシ，シカ，バク，マストドンも植食者の群れに加わった．これらの膨大な数の植食動物たちが，イヌ，ネコ，クマなどさまざまな食肉類を支えていたのである．この地域の更新世哺乳類化石群と現生の生物相との差異を説明するために，気候が現在と著しく違ったと仮定する必要はない．実際，小型の哺乳類（齧歯類，ウサギ，トガリネズミなど）は現在の動物群とよく似ており，また非常に寒冷な気候下に生息する哺乳類（たとえばジャコウウシなど）がいないことは，更新世の気候がそれほど著しく寒くはなかったことを示唆している．

ラ・ブレアからは，動物440種，植物160種，全体で600種以上が記録されている．この中には59種の哺乳類（100万以上の標本で代表される）と135種のさまざまな鳥類（標本数10万）がいる．この統計で最も著しい点は，植食者に対する捕食者の比率が不釣り合いに大きいことで，これは，通常の生態系の数のピラミッドにおいて，肉食者はその頂点にいるが数で植食者に圧倒される，という構造に合わない．

ランチョ・ラ・ブレアの化石群集は，ここの生態系の正しい量的構造を示していない．その最も理解しやすい説明は，以下のようなものである．アスファルトにはまった1個体の植食者が肉食者の群れ全体に狙われたのであろう．これらもアスファルトに捕らえられると，その両者の死骸にさらに腐食者が誘引される．イヌ，ネコ，クマ，それに小型の食肉類，スカンク，イタチ，アナグマなど，を全部合わせると哺乳類化石の90％を占める．いっぽう植食者はわずか10％にすぎない．同様に，肉食鳥類（コンドル，ハゲタカ，テラトルニス，ワシ，タカ，ハヤブサ，フクロウ）が全鳥類群の約70％を占める．

さらに，ラ・ブレアの動物群には，これも明らかな理由から，幼体，老体，不具の個体が多い．標本採取の際の偏りもある．初期の発掘者は大きくて目立つ哺乳類を中心に集めている．アスファルト中に捕まった動物の保存のポテンシャル（保存率）が非常に高いとすると，1頭の植食獣がアスファルトに捕らえられるという事件につづいて，4頭のダイアオオカミ，1頭の剣歯虎，1頭のコヨーテが落ち込む事件が10年に1度だけ起こったとし，それが3万年の間続いたとすれば，収集した哺乳類の標本の数を説明することができる（Stock and Harris, 1992）．

ランチョ・ラ・ブレアと他の更新世の化石産地との比較
シベリアとアラスカの永久凍土

氷期には多くの動植物が氷床の南側のいくらか暖かな地域に移り棲んで生き延びた．ロシアの北部は北極域の

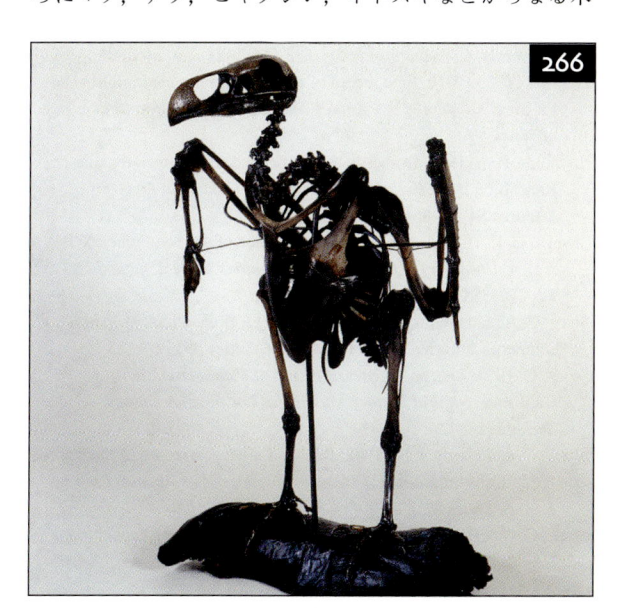

図266　テラトルニス（絶滅した巨大肉食鳥 *Teratornis merriami* の骨格（GCPM）．高さ75cm，翼幅3.5m．

氷床の縁をとり巻く広大なツンドラの草原となった．その気候は大きな氷河が集積するには乾燥しすぎていた．実際，この地域は，現在の暑いアフリカの草原とそっくりで，ただ凍りついている点だけが違っていた．4万年前，ここにはケナガマンモス，毛サイ，バイソン，オオツノジカ，ウマ，捕食性の大型ネコ類などの生息域であった．夏には融解が起こっていくらかの植物が成長できたが，地下は永久的に凍ったままであった．これが究極のラガシュテッテン，シベリアの深層凍結－永久凍土を形成させたのであった．

マンモスや毛サイは，ときに沼地などにはまり込んで永久凍土中で凍結し，そこに残されている．凍結による脱水では湿気は空気中に逃げず，氷の結晶となって遺体の周囲に残り，遺体は乾燥するにつれて収縮ししわが寄っていく（これは凍結乾燥と混同してはいけない．凍結乾燥では湿気は昇華によって取り去られ遺骸は元の形を保持する．Guthrie, 1990 をみよ）．遺骸はこうしてミイラ化する（第13章）．そして外側の剛毛だけでなく柔らかい内側の綿毛までもが完全に保存されている．肉も新鮮に保たれ，イヌたちが食べた，またどうやらヒトも食べた，という．このようなマンモスのうち最初に発掘され科学的に調査されたものがシベリアのBeresovka産のマンモス*で，1900年のことであった．Kurtén (1986) によると発掘した人々はこの4万年前の肉を食べようと試みたが，スパイスをたっぷりと使ったにもかかわらず，呑み込むことができなかったという．このマンモスは口に最後の食べ物をくわえたまま，現在，サンクトペテルブルクの動物学博物館に展示されている．

＊：このあたりの記述には混乱がある．肉をイヌが食べた記録があるBeresovkaのマンモスは明らかにミイラ化しておらず，永久凍土中で生のまま冷凍保存されていたもので，以下のベビーマンモスなどの場合とは異なる．

1970年以後，数頭のマンモス，毛サイ，バイソン，ウマ，ジャコウウシが永久凍土中から発掘されている．最も有名なものの一つが1977年にシベリアのマガダンで発見された完全な赤ん坊のケナガマンモス（*Mammuthus primigenius*）である．若い雄でDimaと名付けられたマンモスは，地下2m，約4万年前の凍ったシルト層から発見された．同様な遺骸はアラスカの永久凍土からも発見されている．1976年に，赤ん坊のマンモスの一部がウサギ，オオヤマネコ，レミング（ハタネズミ）とともにフェアバンクス地域で発見され（Zimmerman and Tedford, 1976），炭素-14による年代測定で現在から2万1300年前のものとわかった．このマンモスは，皮膚，毛，眼が見事に保存されており，水を加えて元に戻したところ，ウサギに肝臓が確認された．だが内臓の大部分はバクテリアによって分解し置換されてしまっていた．

現代のクローニング技術で，マンモスのDNAをゾウの卵細胞に挿入し，マンモスを生き返らせるという期待は，残念ながら空振りであった．コハク中の昆虫の場合（第13章）と同様に，何千年もの間の脱水によって，DNAの鎖が破壊され，わずかな部分しか残っていないのである．

参考文献

Akersten, W. A. 1985. Of dragons and sabertooths. *Terra* **23**, 13–19.

Bowen, D. Q. 1999. A revised correlation of Quaternary deposits in the British Isles. *Geological Society Special Report* **23**, 1–174.

Brattstrom, B. H. 1953. The amphibians and reptiles from Rancho La Brea. *Transactions of the San Diego Society of Natural History* **11**, 365–392.

Bromage, T. G. and Shermis, S. 1981. The La Brea Woman (HC 1323): descriptive analysis. *Society of California Archaeologists Occasional Papers* **3**, 59–75.

Doberenz, A. R. and Wyckoff, R. W. G. 1967. Fine structure in fossil collagen. *Proceedings of the National Academy of Sciences* **57**, 539–541.

Guthrie, R. D. 1990. *Frozen fauna of the mammoth steppe*. University of Chicago Press, Chicago.

Harris, J. M. and Jefferson, G. T. 1985. Rancho La Brea: treasures of the tar pits. *Natural History Museum of Los Angeles County, Science Series* **31**, 1–87.

Ho, T. Y. 1965. The amino acid composition of bone and tooth proteins in late Pleistocene mammals. *Proceedings of the National Academy of Sciences* **54**, 26–31.

Johnson, D. L. 1977a. The Californian Ice-Age refugium and the Rancholabrean extinction problem. *Quaternary Research* **8**, 149–153.

Johnson, D. L. 1977b. The late Quaternary climate of coastal California: evidence for an Ice Age refugium. *Quaternary Research* **8**, 154–179.

Kurtén, B. 1986. *How to deep-freeze a mammoth*. Columbia University Press, New York, vii + 121 pp.

La Duke, T. C. 1991a. The fossil snakes of Pit 91, Rancho La Brea, California. *Contributions in Science* **424**, 1–28.

La Duke, T. C. 1991b. First record of salamander remains from Rancho La Brea. *Abstract of the Annual Meeting of the California Academy of Science* **7**.

Reynolds, R. L. 1985. Domestic dog associated with human remains at Rancho La Brea. *Bulletin of the Southern California Academy of Sciences* **84**, 76–85.

Savage, D. E. 1951. Late Cenozoic vertebrates of the San Francisco Bay region. *University of California Publications in Geological Sciences* **28**, 215–314.

Shaw, C. A. and Quinn, J. P. 1986. Rancho La Brea: a look at coastal southern California's past. *California Geology* **39**, 123–133.

Stock, C. 1930. Rancho La Brea: a record of Pleistocene life in California. *Natural History Museum of Los Angeles County, Science Series* **1**, 1–84.

Stock, C. and Harris, J. M. 1992. Rancho La Brea: a record of Pleistocene life in California. *Natural History Museum of Los Angeles County, Science Series* **37**, 1–113.

Swift, C. C. 1979. Freshwater fish of the Rancho La Brea deposit. *Abstracts, Annual Meeting Southern California Academy of Science* **88**, 44.

Zimmerman, M. R. and Tedford, R. H. 1976. Histologic structures preserved for 21,300 years. *Science* **194**, 183–184.

博物館と産地訪問
Museums and Site Visits

第1章　エディアカラ
博物館
1. 南オーストラリア博物館．アデレード，オーストラリア．
2. 西オーストラリア博物館．パース，オーストラリア．
3. ケンブリッジ大学セジウィック博物館．ケンブリッジ，英国．
4. カリフォルニア大学古生物博物館（バークレイ）．カリフォルニア，USA．（インターネットによる公開 http://www.ucmp.berkeley.edu/）．
5. カリフォルニア州立大学フンボルト校自然史博物館．Arcata，カリフォルニア，USA．
6. マンチェスター大学博物館．オックスフォード・ロード，マンチェスター，英国．

産地
エディアカラ化石群の産地はアデレードの約400km北，Flinders Rangesの山中にある．山地の西側をアスファルト舗装した道路がLyndhurstまで通じ，Wilpenaには簡易舗装の道路で行ける．このほかのこの地域内のルートはすべて砂利道である．Wilpenaのまわりは国立公園で旅行者用の施設がある．4WD車によるツアーもあり，ツアーには地質学的に興味ある地点もいくつか含まれている．

第2章　バージェス頁岩
博物館
1. 国立自然史博物館（スミソニアン協会）．ワシントンDC，USA．
2. ロイヤル・オンタリオ博物館．トロント，カナダ．
3. フィールドビジターセンター．ブリティシュ・コロンビア州，カナダ．
4. ロイヤル・ティレル博物館．ドラムヘラー，アルバータ州，カナダ．
5. ケンブリッジ大学セジウィック博物館．ケンブリッジ，英国．
6. マンチェスター大学博物館．オックスフォード・ロード，マンチェスター，英国．

産地
Walcottのバージェス頁岩採掘場はヨホ（Yoho）国立公園内にあり，そこに行くのは厳しく制限されている．ガイド付きの小旅行があり，事前にYoho Burgess Shale Research Foundationに電話（250-343-6480）で予約できる．このハイクのコースは厳しく，急峻な登りを含むので，あなたが健康で，この登りにたえられないのなら，行くべきでない．化石の採集は厳重に禁止されており，化石を公園外に持ち出すと厳しく罰せられる．バージェス峠からYoho峠を経由するトレールはWalcottの採掘場の近くを通過する．好天に恵まれれば，すばらしい眺望の中の贅沢な一日を過ごすことができる．Walcottの採掘場は，高性能の双眼鏡ならEmerald Lake Lodgeから見ることができる．このロッジは氷河のモレーンが堰き止めたEmerald Lakeのほとりにある．これ以上の情報は下記の公園管理者に問いあわせること．The Superintendent, Yoho National Park, PO Box 99, Field, British Columbia, Canada. Tel 250-343-6324.

第3章　スーム頁岩
博物館
スーム頁岩産の化石は数が少なく，現在，南アフリカ地質調査所に保管されており，展示している機関はどこにもない．

産地
Keurbos農場のスーム頁岩採掘地点は，Clanwilliamの南，Algeriaに至る未舗装の道路を約13km進んだところ．この道路は，農場の4WD車が一般車よりはるかに高速で行き来し，ことに降雨時には滑りやすいので，十分に注意のこと．露頭（図42）は間違うことがない．Keurbosの北，約2kmの地点で道路が小さな谷を渡って曲がるところで，道の東側にある．Theron et al. (1990)に産地の詳細図がある．灰色の頁岩そのものの他はあまりみるべきものがないが，周囲には壮大な砂岩の景観が広がっている（図40）．またClanwilliamは北部Cedarbergを探訪する際の魅力的な中心地である．

第 4 章　フンスリュックスレート
博物館
1. ライン-ウエストファル工科大学地質学古生物学教室．アーヘン，ドイツ．
2. 城址公園博物館およびローマホール．バードクロイツナッハ，ドイツ．
3. フンスリュック博物館．シンメルン，ドイツ．
4. フンボルト大学自然史博物館．ベルリン，ドイツ．
5. ボン大学古生物学教室．ボン，ドイツ．
6. フンスリュック化石博物館．ブンデンバッハ，ドイツ．
7. 市立自然史博物館．ドルトムント，ドイツ．
8. マインツ自然史博物館．マインツ，ドイツ．
9. ゼンケンベルク自然史博物館．フランクフルト・アム・マイン，ドイツ．
10. 鉱業博物館．ボッフム，ドイツ（バーテルス・コレクション）．

産　地
　黄鉄鉱化した最も見事な化石は，コブレンツの南西，Hahnenbach および Simmerbach の谷中にある 2 つの小集落，Bundenbach と Gemünden の周辺から産出する．Bundenbach のフンスリュック化石博物館は近くに廃鉱となったスレート採掘場をもっていて，4 月から 9 月までビジターに公開している．採掘場の外に広い不要スレート片の捨て場があって，化石採集に絶好の場所を提供している．化石はそれほど少なくないのだが，野外でそれと認めるのが難しく，見つけるにはエキスパートによる剖出が必要である．もう一つの良好な露出地は Bundenbach の南西，Eschenbach-Bocksberg の採掘場である．ここに立ち入るには所有者，Johann Backes 氏（info@Johann-Backes.de）に連絡してアポイントメントを取る必要がある．個人あるいはグループの巡検も，地域に住む地質学者 Wouter Südkamp 氏（Gartenstraße 11, D-55626 Bundenbach; Fax +49-6544-9093; website www.hunsrueck.com/）にアレンジしてもらえる．Gemünden から 4km の自然歩道"フンスリュック地質学習コース"があって，集落からそれを辿ると，野天採掘の Kaiser 鉱山の広々とした廃石の上に展望台がある．この鉱山は 4 月から 9 月までビジターに開放される（Tel +49-6765-1220）．ただし月曜は閉鎖．このあたりの博物館の休館日も同じである．

第 5 章　ライニーチャート
博物館
　ライニーチャートの動植物化石は顕微鏡的サイズなので，展示用としては見栄えがあるものではない．しかし，アバディーン大学地質標本室（http://www.abdn.ac uk/rhynie/），ミュンスター大学古植物学研究グループ（http://www.uni-muenster.de/GeoPalaeontologie/Palaeo/Palbot/erhynie.html）などのウェブサイトで拡大された化石写真を見ることができる．エディンバラの国立スコットランド博物館にはライニーチャートに関する展示がある．

産　地
　ライニーチャートの露頭は存在せず，野外では石壁に組み込まれている転石があるだけで，実際にはそれすらほとんど採集しつくしてしまった．1970 年代に掘られたトレンチから採集された標本の多くが，ロンドンの自然史博物館に保管されている．小さな Rhynie の村へ巡礼し，野外（図 72）を歩くのも意義があるだろう．このあたりは気持ちのよい，スコットランドでも人のあまり訪れない地域なのだ．

第 6 章　メゾンクリーク
博物館
1. フィールド自然史博物館．シカゴ，イリノイ州，USA．
2. 国立自然史博物館．ワシントン DC，USA．
3. イリノイ州立博物館．スプリングフィールド，イリノイ州，USA．（オンライン展示 http://www.museum.state.il.us/exhibits/mazon_creek/）．
4. ブーピー自然史博物館．ロックフォード，イリノイ州，USA．

産　地
　メゾンクリークの産地における化石採集は，Mazon Creek Project という団体によってよく組織化されている．これはメゾンクリークの化石の教育と科学的研究に関心があるアマチュアと古生物学の専門家がつくる団体で，コレクションの公開，野外巡検の案内，メゾンクリークの化石に関する情報の提供などを行っている．連絡先：The Mazon Creek Project, Northeastern Illinois University, Department of Earth Sciences, 5500 N. St Louis Ave., Chicago, IL60625 (Tel 773-442-5759).

第 7 章　ボルツィア砂岩
博物館
　ボルツィア砂岩の化石はストラスブールのルイパスツール大学が所蔵しており，展示はされていない．

産　地
　ボルツィア砂岩はボージュ山地の北部で広く採掘されている（図 119）．採掘場に立ち入るときには，いま掘っているいないにかかわらず，所有者の許可を得ること．

第 8 章　ホルツマーデン頁岩
博物館
1. ハオフ古代世界博物館．ホルツマーデン，ドイツ．
2. 古代世界石切場博物館．ホルツマーデン，ドイツ．
3. 国立自然史博物館．シュツットガルト，ドイツ．

産　地
　Holzmaden や Ohmden 周辺の採石場には，わずかな料金を取ってコレクターに開放しているところがいくつかある．これらの集落はシュツットガルトの南東 35km 付近にあり，シュツットガルト–ミュンヘン間のアウトバーン A8 で行くのがよい．Aichelberg でアウトバーンを降り，間違いようのない（ワニの *Steneosaurus** を使っている！）標識に従って行くとホルツマーデンのハオフ古代世界博物館に至る．博物館のすぐ向かい側が古代世界石切場博物館で，ハンマーと石ノミを貸してくれるが，この地点はあまり化石が多くない．もっと化石が豊富なのは Ohmden のクローマー（Kromer）石切場で，ここは 4 月から 10 月の間の月曜から土曜まで開いている（Tel・Fax +49-7023-4703）．ハオフ博物館でクローマー石切場訪問の手続きをしてくれる．

＊：*Steneosaurus* の原標本は，チュービンゲン大学地質学古生物学博物館が所蔵している．

Appendix—博物館と産地訪問

第9章　モリソン層
博物館
1. アメリカ自然史博物館．ニューヨーク，USA．
2. モンタナ州立大学ロッキー博物館．Boseman，モンタナ州，USA．
3. フィールド自然史博物館．シカゴ，イリノイ州，USA．
4. カーネギー自然史博物館．ピッツバーグ，ペンシルバニア州，USA．
5. ワイオミング大学地質学博物館．Laramie，ワイオミング州，USA．
6. ブラックヒルズ地質学研究所．ヒルシティ，サウスダコタ州，USA．
7. ダイナソア国立モニュメント，Vernal，ユタ州，USA．
8. ワイオミングダイナソアセンター．サーモポリス，ワイオミング州，USA．
9. フォッシルキャビン（化石小屋）博物館．Como Bbluff，Medicine Bow，ワイオミング州，USA．
10. 自然史博物館．ロンドン，英国．
11. ソーリエ博物館．Aathal，スイス．
12. フンボルト大学自然史博物館．ベルリン，ドイツ．

産地
　モリソン層は米国西部の広大な地域に分布しているので，これを観察できる場所はたくさんある．最も見事なのはユタのダイナソア国立モニュメントであるが，組織的な発掘作業の展示では，ワイオミングダイナソアセンターと発掘現場（Dig Site）はすばらしく，それに行きやすい．ダイナソア国立モニュメントは，もともと，11種の恐竜の骨1600個が露出している発掘現場を保護するために設立されたものである．Quarryビジターセンターはハイウェー40の11km北，ユタ州Vernalから約32kmの地点にある．ワイオミングダイナソアセンターと発掘現場はワイオミング州，Big Horn Basinの中のThermopolisにある．ここの新しい博物館には，近くから発掘された*Camarasaurus*（愛称"Morris"）の完全な骨格を含む多数の標本が展示されている．発掘現場への解説付きツアーがあって隣接する6000ヘクタールという牧場の数カ所で活発に進められている発掘現場を訪れ，一方，"dig-for-a-day"（一日発掘）プログラムでは，ビジターたちは野外で古生物学の専門家たちの脇で発掘することができる（ウェブサイトはwww.wyodino.org/）．

第10章　ゾルンホーフェン石灰岩
博物館
1. バイエルン国立古生物学地史学資料館．ミュンヘン，ドイツ．
2. ミュラー博物館．Solnhofen，ドイツ．
3. カーネギー自然史博物館．ピッツバーグ，USA．
4. ユラ博物館．Eichstädt，ドイツ．
5. マックスベルグ博物館．Solnhofen，ドイツ．
6. ベルガー博物館．Harthof，ドイツ．
7. ドレスデン大学地質学鉱物学博物館．ドレスデン，ドイツ．
8. フンボルト大学自然史博物館．ベルリン，ドイツ．
9. 自然史博物館．バンベルク，ドイツ．
10. ゼンケンベルク自然史博物館．フランクフルト，ドイツ．
11. 国立自然史博物館．カールスルーエ，ドイツ．
12. 国立自然史博物館．シュツットガルト，ドイツ．
13. タイラース博物館．ハーレム，オランダ．
14. アメリカ自然史博物館．ニューヨーク，USA．
15. マンチェスター大学博物館．オックスフォード・ロード，マンチェスター，英国．
16. 自然史博物館．ロンドン，英国．

産地
　採掘している石切場の多くは化石ハンターたちを立ち入らせない．だが，いくつか入ることのできるところがある．Harthofの小さな私立のベルガー博物館に隣接した石切場はその一つである．EichstädtからルートB13を北西に，Weißenburgに向かってAltmühlの谷を越え，2～3km行ったところでSchernfeld方面に左折，すぐにもう一度Harthof方向に左折する．この博物館にはいくつかの見事なゾルンホーフェンの化石の展示があり，ちょっと料金を払うと，隣接する稼行中の石灰岩石切場に入って化石採集をすることができる．ここでは浮遊性のウミユリ（*Saccocoma*）がごく普通に産する．他の種類は少ないが，ここは1877年に始祖鳥のベルリン標本が発見された場所であることを忘れてはならない．ヘルメットは必要ないが，石切場はしばしば泥んこになる．

第11章　サンタナ層とクラト層
博物館
1. リオデジャネイロ国立博物館．ブラジル．
2. カリニ大学古生物学博物館．Santana do Cariri，セアラー州，ブラジル．
3. 鉱山動力省鉱山局（DNPM），クラト，セアラー州，ブラジル．
4. Jardimにある小さな私立博物館，セアラー州，ブラジル．
5. フンボルト大学自然史博物館．ベルリン，ドイツ．
6. 国立自然史博物館．カールスルーエ，ドイツ．
7. 国立自然史博物館．シュツットガルト，ドイツ．
8. アメリカ自然史博物館．ニューヨーク，USA．

産地
　David Martillによって英国古生物学協会から出版された本（1993）には，ブラジル北東部，セアラー州のクラトおよびサンタナ層の化石産地を訪れる際の実務的問題や物資の補給などの問題について大変役立つアドバイスが載っている．リオデジャネイロへ飛行便はたくさんある．そこでレンタカーを入手するか，36時間の長距離バス旅行に堪えて行く．あるいはリオからFortalezaかRecifeへ空路で行くと，3日間のドライブの2日分が短縮できる．クラトにはホテルがいくつもあり，Nova Olindaの村ではずっと安価なポザーダ（Pousada）も利用できる．この村からはクラト層の小さな石切場まで歩いて行ける距離である．Martill（1993）には，いくつか巡検の日程表も示してある．サンタナ層とその化石を観察するには，台地の北，Santana do Caririに近いCancauの村の付近，あるいは南側のJardimの村の付近が最もよい．
　ブラジルでは化石を採集するのは違法ではないが，化石を買うのは違法だ，ということを知っておくのは重要である．ブラジルでは化石の商業的取引は禁止されているのである．しかし，化石は小さな子供たちから極めて安価に提供しても

らえる．子供たちは Crato Plattenkalk を手で掘っている．また「魚鉱夫」たちからも安価に入手できる．彼らの多くは貧しい村の日干し煉瓦の小屋に住んでいる．化石をブラジルから持ち出すのも違法で，持ち出すには政府の該当部門による適切な認可が必要である．この認可はクラトにある鉱山動力省鉱山局（DNPM）で入手することができる．ただ，このような認可は非常に厳しくコントロールされており，良心的な研究のためか，博物館の展示のためだけに発行される．

*：第 11 章の参考文献をみよ．

第 12 章　グルーベ・メッセル
博物館
1. ゼンケンベルク自然史博物館．フランクフルト・アム・マイン，ドイツ．
2. 化石およびふるさと博物館．メッセル，ドイツ．
3. ヘッセン地方博物館．Darmstadt，ドイツ．
4. 国立自然史博物館．カールスルーエ，ドイツ．

産地
メッセルの採掘場は UNESCO の世界遺産に指定されており，ここを訪れるには，メッセル博物館協会から許可を取って，ガイドをつけなくてはならない．Museumsverein Messel e.V., Albert-Schweitzer-Straße 4a, 64409 Messel, Germany (Tel 06159/5119).

第 13 章　バルトのコハク
博物館
1. 自然史博物館．ロンドン，英国．
2. 地球博物館．ワルシャワ，ポーランド．
3. 動物学研究所．サンクトペテルブルク，ロシア．
4. フンボルト大学自然史博物館．ベルリン，ドイツ．
5. 国立自然史博物館．シュツットガルト，ドイツ．
6. スウェーデンコハク博物館．Höllviken，スウェーデン．
7. コハク博物館．Palanga，リトアニア．
8. コハク博物館．Nida and Vilnius，リトアニア．
9. コハク博物館．Oksbøl，デンマーク．
10. スカーゲンコハク博物館．Skagen，デンマーク．
11. 地質学博物館．コペンハーゲン，デンマーク．
12. カリニングラードコハク博物館．カリニングラード，ロシア．
13. ヤンタルニーコハク博物館．カリニングラード，ロシア．
14. アメリカ自然史博物館．ニューヨーク．USA．

産地
カリニングラードを訪れるツーリストのほとんどがヤンタルニー露天掘りコハク鉱山と博物館に寄っていく．もし独力で行こうという場合，カリニングラードからヤンタルニーまで 1 日 6 本の列車があり，約 1 時間かかる．この地方でつくられた金銀とコハクの飾り石を工場の直売店で買える．コハクはバルト海から北海の東アングリアにかけての広い範囲の海岸で拾うことができる．コハクは軽いので潮線に沿って集まる傾向があり，嵐の後に探すとよい．

第 14 章　ランチョ・ラ・ブレア
博物館 *
George C. Page ラ・ブレア発見物博物館．ハンコック公園，ロサンジェルス，USA．

産地
ハンコック公園はロサンジェルスのダウンタウンから 11km 西，Wilshire 大通りと 6 番街に挟まれ，9 ヘクタールの広さがある．公園は無料で，いくつもの"タールピット"が観察できる．これらはアスファルトと化石を掘った跡にできた穴である．ほとりに実物大の更新世ゾウの模型がおいてある大きな池があるが，これはアスファルトを採掘した跡に水が溜まったもの．油の浮く水にメタンガスが絶えずわいている．公園の西端に特別な観察孔があり，発掘し残した化石とアスファルトの堆積物を囲んでいる．採集はできない．だが，1977 年に公園の東端に開設されたページ博物館にはこの公園の場所で発掘された 200 万を超す標本が収蔵されている．

*：ロサンジェルスのダウンタウン南西約 6km，エクスポジションパークの中にロサンジェルス郡自然史博物館があり，ランチョ・ラ・ブレア化石群の大きな展示がある．

索引
Index

●ア
アイアンストーン（菱鉄鉱） 60
アケボノスケバムシ 66
アスファルトの池 144
アースロプリュリ 57, 58, 66
圧　密 61, 73
アホロートル 130
アメリカマストドン 146
アンモノイド 34, 64, 82, 86, 102

●イ
胃（の内容） 24, 80, 84, 102, 108, 112, 114, 129
イエローストーン国立公園 49
遺骸堆積 7
維管束 52
維管束植物 48, 57
イタヤガイ 64, 74
異地性（的） 63, 87, 102, 107, 112, 119
イチョウ 74, 86, 96, 109
イライト 32
イリノイ州の化石 68
インペリアルマンモス 146

●ウ
ウィスコンシン氷期 142, 144
ウミエラ類 14, 17, 23
ウミグモ 44
ウミサソリ（広翼類） 29, 33, 44, 58, 66, 71
ウミユリ 39, 41, 42, 45, 63, 83, 86, 106, 119, 153

●エ
永久凍土 149
栄養解析 27, 45, 87
エダツノレイヨウ 146
エディアカラ 8, 10-18, 19, 114
エディアカラ紀 11
エビ 44, 63, 65, 78, 97, 105, 107, 113
エマルジョン 134
塩　分 7, 63, 67, 74, 77, 102
塩分躍層 114

●オ
オイルシェール 122, 126
黄鉄鉱化 38, 41, 62, 112
オウムガイ 34, 44, 64
オオトンボ 66
オオナマケモノ 146, 148
オオハナノミ 134
オオムカデ 66
雄　型 12
オパールA 50
オポッサム 127
温室効果 109

●カ
貝殻石灰岩 72
外形雄型 12
外形雌型 12, 61
貝形虫 33, 36, 65, 78, 96, 107, 114, 118, 120
海底地すべり 22
カウリマツ 133
カエル 125
カオリナイト 61
化学共生 16
カカトアルキ 138
過形成 33
カゲロウ 136
化石化過程 7
化石鉱脈 5
化石ラガシュテッテン 5, 7, 19, 20, 28, 29, 71, 76, , 89, 99, 107, 110, 120
甲冑魚（節頸類） 45
仮道管 52
可動性表在動物 27, 45
カニ 105, 114, 120
カニムシ 138
カブトガニ 44, 57, 65, 74
カマキリ 136
カメムシ 106, 125, 136
カレドニア造山運動 40
カリゲラ 136
間欠泉 49, 51
カンブリア爆発 19, 28

●キ
汽　水 30, 34, 42, 55, 58, 59, 65, 68, 73, 77, 114, 119
キチノゾア 32
奇蹄類 129
キヌタレガイ 61, 64, 86
擬浮遊性 83
球果植物 59, 73, 86, 96, 106, 114
級化層理 28, 77
旧赤砂岩 46
旧赤大陸 40
急速埋没堆積物 7
鋏角類 24, 42, 47, 56, 65, 75
夾炭層 59
棘魚類 37, 46
棘皮動物 14, 67
魚　竜 79, 81-84, 87, 104, 119
キリギリス類 114
菌　類 55

●ク
空椎類 68
クスノキ科 124
クツコムシ 66
クモ 75, 114, 125
　―の網 140
クモ形類 51, 56, 65, 125
クモヒトデ 42-45, 106
クラゲ 13, 60
クラゲ型生物 10, 13
クラト層 8, 46, 109-120
グルーベ・メッセル 8, 121-130

●ケ
珪　化 50
珪　華 50
珪質海綿 44
ゲーサイト 112
ゲ　ジ 66
鑿歯類 129
ケナガマンモス 150
原核生物 10
顕花植物 110
嫌気性微生物 23, 82
原真獣類 128
原地性（的） 17, 32, 44, 77, 102, 107, 120
剣歯虎 144, 146, 147

155

剣　竜　88, 97, 109

●コ
コイパー砂岩　72
高塩水　102
光合成藻類　16, 26
洪水堆積物　91, 92
構造色　121, 124
甲　虫　105, 106, 114, 124, 137
コウモリ　128
広翼類（ウミサソリ）　29, 33, 44, 58, 66, 71
硬鱗魚　→全骨類
コオロギ　106, 114, 125
古顎類　127
小型有殻化石群　18
ゴキブリ　66, 114, 125, 136
古生態的解析　27
古虫動物　28
コーツァイト　10
ゴニアタイト　44
コニュラリア　36, 44
コノドント　34
コノドント動物　29, 34
コハク　8, 131
コーパル　131
コルダイテス　59
コールメジャーズ　59, 70
混濁流　23, 27, 28, 41, 42, 45, 108
昆　虫　8, 47, 58, 62, 68, 76, 106, 114, 124, 136, 145

●サ
サソリ　44, 66, 75, 114, 138
サソリモドキ　66
ザトウムシ　139
ザリガニ　65
三角貝　74
三角州　12, 59, 68, 70, 73-77, 119
サンタナ層　8, 109-120
三放射対称　14
三葉虫　21, 29, 33, 44

●シ
シアノバクテリア（藍藻）　10, 19, 50, 54, 101
シアノバクテリアマット　54, 83, 102, 107, 112
嘴口竜　96, 104, 108, 110
四肢動物　47, 59, 69
自生的　→原地的
歯　舌　34
始祖鳥　8, 100, 102
シダ　59, 68, 96, 122, 134
シダ種子植物　59-63, 68, 106
死の行進　61, 102, 105
四放サンゴ　44
刺胞動物　14, 16, 23, 44, 63, 75
車軸藻植物　55
獣脚類　87, 88, 94, 98, 102, 107, 118
出糸突起（クモの）　140
ジュラ紀哺乳類　96
ジュウシマツソウ類　134
条鰭類　37, 46, 76, 96, 104, 116, 120
床板サンゴ　44
初期陸上植物　57
植食者　57, 88, 92-96, 109, 149

食性型　45
植生タイプ　140
食虫類　121, 128
食肉類　129, 149
食物ニッチ　36
書　肺　49, 56
シーラカンス　37, 68, 76, 86, 105, 109, 118, 120
シロアリ　136
真核生物　10
新顎類　127
真骨類　109
真正メタゾア　16
針鉄鉱　112

●ス
スイレン　124
スギナ　73, 149
ストーム堆積物　12
スーム頁岩　8, 29-36

●セ
生　痕　14, 16, 17, 42, 86, 96, 106
生態系　8
　　　――の量的構造　149
生物擾乱　22, 30, 82, 86, 102, 112
生物の上陸　47
脊　索　35
脊索動物　26, 37
脊椎動物　37
石版石灰岩　99, 111, 119
石灰藻礁　22
節頸類（甲冑魚）　45
絶滅イベント　78
扇鰭類　68
全骨類　80, 96, 116

●ソ
底　魚　42
ゾステロフィルム　53
ソテツ　74, 86, 96, 108, 136
ゾルンホーフェン石灰岩　8, 82, 99-108, 114

●タ
堆積物食者　27, 45
大量絶滅　8, 71
タガメ　106, 114
多細胞生物　10
他生的　→異地的
多足類　57, 66, 76, 135
グ　ミ　56, 65, 114, 125, 139, 148
タービダイト　12, 30
タフォノミー　7, 16, 68, 73, 77, 130
多毛類　16, 24, 42, 64, 74, 78
タリモンスター　67
炭酸塩ノジュール　114
淡水域　68
炭竜類　68

●チ
地衣類　55
澄江（チェンジャン）　28
中頸竜類類　9
着生性表在動物　27
チョタテムシ　136
中世ヨーロッパ島列　121

中生代海洋変革　79
中生代哺乳類化石　89
沖積低地　76
中部ドイツ隆起帯　40, 101
チョウ　125, 137, 138
潮間帯　12, 91
潮汐サイクル　69
鳥脚類　88, 96, 107, 109
鳥盤類　88
直角石　29, 32, 44-46, 64

●ツ
ツヅラフジ　124
角　竜　88, 109

●テ
底生群集　26, 42, 44, 83
底生内在性動物　107
底生表在性動物　107
底層遊泳者　42
停滞堆積物　7
堤防決壊堆積物　76
デオキシリボ核酸（DNA）　134
テチス海　82, 101, 109
デトリタス（植物残滓）　34, 50
デトリタス食者　→腐食者

●ト
トクサ　59, 68, 73
土壌生態系　57
トビケラ　137
トビムシ　56, 136
トランスフォーム断層　111
トリゴノタービ　48, 50, 51, 56, 66
トンボ　106, 136

●ナ
内在的腕足動物　67
内在動物　44, 64, 67, 107
中州堆積物　76
軟X線　40
軟骨魚　37, 43, 47, 68, 80, 104, 118, 120
軟組織　7, 23, 41, 82, 83, 102, 111, 114
ナンヨウスギ　131, 133

●ニ
肉鰭類　37, 42, 80, 104, 105, 118, 120
肉食者　57
肉食鳥類　149
日周型（潮汐）　70
ニッチ　59
二枚貝　44, 64, 74, 96, 105, 118, 148

●ヌ
ヌタウナギ　35, 37, 68

●ネ
ネズミギス　116
ネマト植物　52, 54
粘土鉱物　32

●ノ
ノジュール　60-70, 110-119
ノ　ミ　138

●ハ
這い跡　29, 61

索引

肺魚 46, 68
配偶体 52
バイソン 146, 148
ハエ 106, 114, 137, 140
バクテリアマット 73, 102, 107, 112, 114
バージェス頁岩 8, 18-28, 44, 82, 108
ハチ 106, 114, 125, 138, 140
バッタ 106, 114, 136
バラ 134
バリスカン造山運動 41
バルトのコハク 8, 131-141
パレオニクス 68
パンゲア 79
反対側雄型 12
反対側雌型 12
半日周型（潮汐） 70
板皮類 46

●ヒ
ヒカゲノカズラ 52, 59, 63, 68, 77
ヒザラガイ 65
被子植物 110, 114, 121, 135
微生物マット 12, 13, 83
ヒトデ 39, 42
ヒボーダス 109, 118
表在動物 27, 44, 82, 86, 119
氷礫 133
氷礫岩 30

●フ
腐食者 8, 23, 27, 36, 41, 45, 57, 83, 102, 137, 146, 148, 149
プシロフィトン 59
ブッポウソウ 127
浮遊性ウミユリ 107
浮遊生物 8
ブラウジング 129
フランコライト 102, 114
プリオサウルス 79, 84, 87
プレシオサウルス 79, 84, 87
プロジェネシス 33
フンスリュックスレート 8, 37-46, 62
糞石 36, 44, 57, 61, 63, 68, 96, 102, 105, 107
ブント砂岩 72
分類群の名称 5
分類体系 5

●ヘ
ベネチテス 106
ヘビ 126, 142, 148
ベーリング陸橋 142
ベンド紀 11
ベンド生物の分類 16
ベンドゾア 16

●ホ
胞子 52
胞子嚢 50, 51, 52
ポシドニア頁岩 80
捕食者 26, 27, 36, 45, 57
捕食性獣脚類 94
保存的ラガシュテッテ 7, 38, 145
保存トラップ 7
保存のポテンシャル 7
ボルツィア砂岩 8, 70-78, 114
ホルツマーデン（頁岩） 8, 79-87, 99, 114

ボロン濃度 77

●マ
巻貝 64, 68, 74, 86, 148
マストドン 147
マツ 133
マメ 124
マンモス 147

●ミ
ミイラ化 134
ミクライト質石灰岩 99, 110, 111
密集的ラガシュテッテン 7, 89, 142

●ム
無顎類 35, 37, 42, 68
ムカシアミバネムシ 66
ムカシカゲロウ 66
ムカシギス 66
ムカシザトウムシ 66
ムカシトカゲ 96, 104
ムカデ 66, 135
無関節類 32
無酸素 7, 22, 30, 32, 41, 46, 83, 86, 102, 119, 122, 129
ムル砂岩 72, 74

●メ
迷歯類 68
雌型 12
メゾンクリーク 8, 34, 42, 57, 59-71, 78
メタゾア 10
メタン生成バクテリア 62
メッセル層 122
メッセルの孔 121
メッセルのウマ 129

●モ
モササウルス 109
モリソン魚 96
モリソン層 8, 88-99

●ヤ
ヤスデ 66, 68, 76, 135
ヤツメウナギ 37, 68

●ユ
遊泳底生動物 27
遊泳動物 8, 36
有光帯 41
有爪動物 24, 67
有蹄類 121
ユーシカルシノイド 56, 57, 67, 76

●ヨ
幼形進化 33
葉状肢動物 24
ヨークシャー海岸 87
翼手竜 96, 104, 110, 116, 117

●ラ
ライニー地熱地帯 51
ライニーチャート 8, 47-58
ラインスレート山地 38
ライン地溝 121
ラガシュテッテン →化石ラガシュテッテン

裸子植物 71, 86, 96, 105, 111, 122, 133
ラ・ブレアの婦人 145
藍色植物 54
藍藻 →シアノバクテリア
ランチョ・ラ・ブレア 8, 142-150

●リ
陸上植物 35
リニア植物 52
リニア類 44
硫酸還元バクテリア 41
菱鉄鉱（アイアンストーン） 60
菱鉄鉱ノジュール 62
遼寧地方 107
緑藻植物 55
竜脚類 85, 87, 91-98, 109
竜盤類 88
燐灰石 32, 73, 102, 114
燐酸塩化 114
燐酸カルシウム 73, 114

●レ
霊長類 121, 128
レイヨウ 148
濾過食者 27, 36, 45

●ロ
六脚類 136
ローラシア大陸 49, 96

●ワ
ワニ 79, 82, 96, 118, 122, 126

●A
Acanthotelson stimpsoni 65
Acanthoteuthis 106
Achanarran Fish Bed 46
Achistrum 67
Adelophthalmus 66
Aeger tipularius 105
Aenigmavis 127
Aethophyllum 73
Agathis 133
A. australis 131, 133
Aglaophyton major 52
Agnostus 33
Albertia 73
Albertosaurus 88
Alethopteris 63
A. serrata 135
Alken-an-der-Mosel 57
Allosaurus 88, 91, 93, 94, 98
A. fragilis 92
Amphibamus 68
Amynilyspes 66
Angaturama 118
Anhanguera 118
Anisopodidae 137
Anomalocaris 26
Anomopteris 74, 77
Anthracaris 65
Anthracomedusa turnbulli 64
Anthraconaia 64
Antrimpos 75, 77
Apatosaurus 88, 91, 94, 96
Araripelepidotes 119
Araripesaurus 118

Araripesuchus　118
Araripe 堆積盆地　111
Araripichthys　119
Archaeonycteris trigonodon　128
Archaeopteryx lithographica　100, 102
A. bavarica　101
Arkarua　14
Arthurdactylus　116
Asteroxylon mackiei　52
Astreptoscolex anasillosus　65
Atractosteus　125
Aulopora　44
Aviculopecten mazonensis　64
Axelrodichthys　118, 119
Aysheaia　27

● B
Barosaurus　98
Bear Gulch　78
Beipiaosaurus　107
Belotelson magister　65
Bison antiquus　148
Blue Earth　132
Bositra　86
Brachiosaurus　88, 96, 98
Braidwood 化石群　62
Brannerion　119
Brasileodactylus　118
Brontosaurus　88, 91, 96
Bundenbachochaeta　42, 43
Burgessochaeta　24
Buxolestes　128

● C
Calamopleurus　119
Camarasaurus　88, 95, 96
Campylognathoides　85
Canadia spinosa　24
Canis dirus　146
C. latrans　146
C. lupus　146
Cathedral Escarpment　21
Caturus　86, 105
Caudipteryx　107
Cearadactylus　118
Cedarberg 山地　29
Chanos chanos　116
Charnia　14
Charniodiscus　14
Charnwood Forest　14, 18
Cheloniellon　39
Chelotriton　125
Chengjiang　28
Chirotherium　76
Chondrites　44, 86
Chondrosteus　86
Chotecops sp.　44
Cladocyclus　119
Claphurochiton concinnus　65
Clavapartus　76
Clethra　135
Clytiopsis　75, 77
Coal Measures　59, 70
Cocoderma　105
Coelurus　96

Como Bluff　90
Compsognathus　88, 102
C. longipes　103
Concavicaris　67
Confuciusornis sanctus　107
Conway Morris, S.　21
Cope, E.D.　90
Crato 部層　111
Crussolum　57
Ctenoscolex　107
Cycleryon　105
Cycloidea　65, 75, 76
Cyclomedusa　13
Cyclurus　125

● D
Dactylioceras tenuicostatum 帶　82, 86, 87
Dapedium punctatum　85
Dastilbe elongatus　116
Deinonychus　109
Diatryma　127
Dickinsonia　15
Dicraeosaurus　98
Dicranopalpus sp.　139
Dinomischus　27
Diplocynodon　126
Diplodocus　88, 91, 93, 94, 96
Dipteronotus　76
Dithyrocaris　65
DNA　134, 150
Dorset 海岸　87
Dorygnathus banthensis　84
Drepanaspis　41, 42, 45
Drimys　135
Drimysophyllum　135

● E
Ediacaria　13, 14
Ediacara 部層　12
Edmondia　64, 70
Edmontosaurus　88
Elaphrosaurus　98
Electrombia antiqua　136
Encrinaster　42
Encrinaster roemeri　43
Eocyclotosaurus　76
Eopelobates wagneri　125
Equisetum　73
Ernietta　15
Essexella asherae　64
Essex 化石群　62
estheriid 群集　70
Eunicites　74
Euphoberiida　66
Euproops danae　65
Euthycarcinus　76
Exogyra　86

● F
Fedonkin, M.A.　16
Fernando 層群　144
Fleins　80
Francis Creek　60
Francis Creek 頁岩部層　60
Flosculus　10

Furcapartus　76
Furcaster palaeozoicus　43

● G
Gall, J.-C.　72
Gehling, J.G.　12, 17
Geiseltal　130
Geiseltal 褐炭層　122
Gemuendina stuertzi　42, 45
Geralinura carbonaria　66
Gerarus　66
Gervillia　86
Gigantosaurus　98
Gilboa　57
Glaessner, M.　11
Glaphurochiton　64
Glencartholm Volcanic Beds　78
Glossotherium harlani　146, 148
Glyptostrobus　135
Gogo 層　46
Goniomya　86
Gonionemus　74
Gould, S.J.　20, 24
Grauvogel, L.　72
Gyrodus　105

● H
Halicyne　75, 77
H. ornate　76
Halkieria evangelista　18, 27, 28
Hallucigenia sparsa　24, 25
Hancock, H.　144
Harpoceras falcifer 帶　82, 85, 87
Hauff, B.　81
Helianthaster rhenanus　39, 42
Heterocrania rhyniensis　57
Heterohyus　128
Hildoceras bifrons 帶　82, 86, 87
Hirnantian 冰河作用　36
Homaphrodite　74
Horneophyton lignieri　52, 53
Hybodus　86
Hybonoticeras hybonotum 帶　101
Hymenaea protera　140
H. verrucosa　140

● I
Iguanodon　88, 109
Ilyodes　67
Imitatocrinus gracilior　43
Inaria　14
Ipubi 部層　111
Irritator challengeri　118, 119
Ixodes succineus　139

● J
Jeletzkya　64
Juncitarsus　127

● K
Karoo 累層群　71
Kentrosaurus　98
Kidstonophyton discoides　53
Kimberella　15
Konidodon　129

Kouphichnium 74

● L

Langlophyton mackiei 53
Lepidocaris rhyniensis 55, 57
Lepidotes elvensis 84, 86
Leptictidium nasutum 127
Leptolepides sprattiformis 105
Leptolepis 86
Leptus sp. 136
Leverhulmia mariae 57
Liaoning 地方 107
Limulitella bronni 74, 77
Lingula 32, 67, 68, 77
L. tenuissima 74
Liostrea 86
Ludford Lane 58
Lumbricaria 106

● M

Macrocranion 128
Maiasaura 109
Mamayocaris 65
Mammut americanum 146
Mammuthus imperator 146, 147
M. primigenius 150
Marrella splendens 20, 24, 25
Marsh, O.C. 90
Massospondylus 88
Mastixia 124
Mawsonia 109, 118
Mawsonites 14
Mazoscolopendra 66
Mecca Quarry 頁岩部層 60
Mecochirus 102, 105
Medusa Effect 114
Megalosaurus 88
Megatherium 90
Mesolimulus 102
Microcleidus 87
Mimetaster hexagonalis 42, 43
Mistaken Point 18
Monilipartus 76, 77
Montceau-les-Mines 78
Morrolepis 96
Mucronaspis olini 30
Myalina 70
Myalinella 64
myalinid 群集 70
Myophoria 74
Myriacantherpestes 66, 67

● N

Nahecaris stuertzi 44, 45
Naraoia 27, 29, 33
nectoplankton 86
Nematophyton taiti 54
Nematoplexus rhyniensis 54
Nepa 136
Neuropteridium 74, 77
Neuropteris 63
Notelops brama 117
Nothia aphylla 53

● O

Odontosaurus 76

Ohmdenosaurus 85, 87
Old Red Sandstone 大陸 37
Olenoides 27
Oligochernes bachofeni 138
Onychophora 18
Onychopterella 29, 33
Opabinia regalis 26
Orbicula 33
Orcadian Lake 46
Ornithomimus 109
Ottoia prolifica 23, 24
Oviraptor 88
Oxytoma 86

● P

Pachycephalosaurus 88
Palaega pumila 75
Palaeocaris 65
Palaeoglaux 127
Palaeoisopus 44
Palaeonitella cranii 55
Palaeopsylla 138
Palaeopython 126
Palaeosolaster gregoryi 42
Palaeospinax 86
Palaeotis 127
Palaeoxyris 68, 76
Paroodectes 129
Parvancorina 15
Passaloteuthis paxillosa 86
Pecopteris 63
P. humboldtiana 135
Pelagosaurus 85, 87
Peloneustes 84
Pentacrinus subangularis 86
Pericentrophorus 76
Pholidocercus 128
Phragmoteuthis 86
Phylloceras 87
Phyllopod Bed 21, 22
Pikaia 26, 37
Pinites succinifera 133
Pinus 133, 135
Pinna 107
Plattenkalk 99, 111, 119, 120
Platysuchus 85
Plesiosaurus 84
P. brachypterygius 83
Pleurodictyum 44
Pleuromeia 77
Podocarpites 135
Posidonia 8, 80, 86
Posidonienschiefer 80
Pound 累層群 12
Praecambridium 15
Progonioncmus vogesiacus 74, 77
Promissum pulchrum 29, 35
Propalaeotherium 124
P. parvulum 129
Proscinetes 116
Protacarus crani 56
Protarchaeopteryx 107
Protoceratops 109
Proviverra 129
Pseudorhizostomites 13
Psittacosaurus 108, 109

Pteraspis 42
Pteridinium 15
Pterodactylus 104

● R

Rancholabrean 142, 144
Rangea 15
Raptophasma kerneggeri 139
Rawnsley コーツァイト 11
Raymond 採掘場 21
Receptaculites 44
Reticulotermes antiquus 136
Rhacolepis 119
R. buccalis 117
Rhamphorhynchus 102, 108
Rhinobatos 119
Rhomaleosaurus 84, 87
Rhynchaeitis messelensis 127
Rhynchocephalia 107
Rhynia gwynne-vaughanii 53
Rhyniella praecursor 56
Richardson, E.S. 60
Romualdo 部層 111
Rosamygale glauvogeli 75

● S

Saccocoma tenellum 106
Sanctacaris 24
Santanadactylus 118
Santanaraptor 118
Saurerpeton 68
Saurichthys 76
Scaphognathus 104
Schimperella 75, 77
Schizoneura 73
Schram の連続 70
Seegrasschiefer 86
Seilacher, A. 16
Seirocrinus 86
Sierra de Montsech 120
Sinornithosaurus 107
Sinosauropteryx 107
Sirius Passet 27
Smilodon fatalis 146, 147
Solemya 64, 86, 107
Soomaspis 29, 33
Soomaspis splendida 33
Sphenodon 96, 104
Sprigg, R.C. 10
Spriggina 15
Stegosaurus 88, 91, 96, 97
Steneosaurus bollensis 84, 87
Stenopterygius 84, 87
S. acutirostris 87
S. crassicostatus 83
S. quadriscissus 82
Stephen 層 22
Sthenarosaurus 87
Stock, C. 144
Struthiomimus 88
Stürmer, W. 39
Sundance 海 91
Supersaurus 92

● T

Table Mountain 層群 29

Tarsophlebia eximia　106
Temnodontosaurus　87
Temnospondyli　68, 76
Tendaguru 層　98
Tenontosaurus　88, 109
Teratornis merriami　148, 149
Tharrhias araripis　117, 119
Thaumaptilon　15, 18, 23
Thylacocephala　67
Trachymeiopon　86
Tribodus　118
Tribrachidium　14
Triceratops　88, 109
Trichopherophyton teuchansii　54
Trifurcatia flabellata　115
Triglochin　49
Trionyx　126
Triops cancriformis　75, 77

Tullimonstrum gregarium　67
Tyrannosaurus　88, 109

● U
Ultrasaurus　92

● V
Vauxia　23
Velociraptor　88, 109
Vendia　15
Ventarura lyonii　54
Vetulicolia　28
Vinctifer comptoni　117, 119
Vindelicisch 陸塊　87
Voltzia　77
V. heterophylla　73

● W
Walcott, C.D.　20
Walcott 採掘場　21, 23
Whittington, H.　21
Widdringtonites　135
Windyfield チャート　49, 54
Winfrenatia reticulate　55
Wiwaxia corrugata　26

● X
Xyloiulus　66, 67

● Y
Yuccites　73, 77

● Z
Zamiphyllum　135
Zaphrentis　44

訳者あとがき

　化石の教科書としてこれは大変ユニークな本である．世界各地には，ふつうは化石に残らない軟体部が残っているなど特別な保存の産地，あるいは化石が大量に集積している産地，などが知られている．これらの特別な産地の化石群について，近年多角的な研究が進んでいる．生命の歴史に関する最近の進歩は，このような特別な産地から得られた成果であることが多い．たとえばバージェス頁岩の化石群に関する研究から，カンブリアの爆発（第2章参照）という，われわれの生命観を一変させた進化史上の大イベントがみえてきた，などはその例である．これらの産地は，いわば地球生命史に開いた窓のようなものである．ここから謎に満ちた生命の歴史の一端をのぞきみたり，何が起こったかを解く手がかりを得ることができる．本書ではそのよう特別な産地のうちから時代の異なる14産地をとりあげ，それぞれについて個々の化石を解説するだけでなく，産地の地質学的背景，地層の堆積過程や化石の保存過程（すなわちタフォノミー），それらを総合して復元された古環境や群集構造などの古生態を論じ，これら多様なデータを駆使して過去の生物群集の生活と構造，それをとりまく自然環境（すなわち古生態系），そしてその変遷を論ずる．

　本書によって，化石個体の研究と同様に，それを含む地層や化石の産状の研究が重要で，そこから地球生命史に関する新しい地平が開けることを理解していただきたい．産地ごとの発見・研究の歴史や産地の詳細は，専門家にも興味深い記述となっている．ただ，このような産地だけを扱ったため，地球生命史の中から，最も標準的な三葉虫・アンモナイト・腕足類・二枚貝といったふつうの海の動物たちの話が欠落してしまった点は注意したい．

　最近，本書の姉妹編にあたる J. R. Nudds & P. A. Selden "Fossil ecosystems of North America, a guide to the sites and their extraordinary biotas"（University Of Chicago Press, 2008）が出版された．本書と同じ構成で，北米の14産地を紹介している．また，タフォノミーや地球生命史に関する参考書として，鎮西清高・植村和彦編『古生物の科学5　地球環境と生命史』（朝倉書店，2004）がある．

　なお訳出にあたり，植村和彦氏（国立科学博物館）に第4章の植物化石に関する部分について用語や訳文を校閲していただき，前田晴良・松岡廣繁両氏（京都大学大学院理学研究科）には原稿の一部を読んでご意見をいただいた．朝倉書店には通常の編集業務はもちろん，用語の選定などで大変お世話になった．その他多くの方々にご教示いただいた．これらの方々に厚くお礼申し上げる．

　　2008年12月